阴极保护测试技术

（第三版）

[加拿大] W. Brian Holtsbaum 著

毕武喜 滕延平 陈振华 孙 伶 等译

石油工业出版社

内 容 提 要

本书系统地介绍了油气管道阴极保护测试相关内容，包括阴极保护电位测试、储罐电位测试、绝缘接头测试、直流杂散电流检测、交流杂散电流检测、套管检测、阴极保护系统故障排除等。每项检测内容均按照检测原理、检测工具准备、安全注意事项、具体测试程序、数据分析等环节进行了详细阐述。

本书可供从事油气管道阴极保护测试的现场工作人员、研究人员和管理人员及高校相关专业师生参考。

图书在版编目（CIP）数据

阴极保护测试技术：第三版／（加拿大）W. 布赖恩·霍茨鲍姆（W. Brian Holtsbaum）著；毕武喜等译. — 北京：石油工业出版社，2022.1

书名原文：Cathodic Protection Survey Procedures（Third Edition）

ISBN 978-7-5183-3548-0

Ⅰ. ①阴… Ⅱ. ①H… ②毕… Ⅲ. ①阴极保护–测试技术 Ⅳ. ①TG174.41

中国版本图书馆 CIP 数据核字（2019）第 184051 号

Cathodic Protection Survey Procedures, Third Edition
by W. Brian Holtsbaum
© 2016 by NACE International. All Rights Reserved
Authorized Chinese translation published by Petroleum Industry Press.

本书经美国 NACE International 授权石油工业出版社有限公司翻译出版。版权所有，侵权必究。

北京市版权局著作权合同登记号：01-2020-2217

出版发行：石油工业出版社
　　　　　（北京安定门外安华里 2 区 1 号楼　100011）
　　网　址：www.petropub.com
　　编辑部：（010）64523546
　　图书营销中心：（010）64523633
经　销：全国新华书店
印　刷：北京晨旭印刷厂

2022 年 1 月第 1 版　2022 年 1 月第 1 次印刷
710×1000 毫米　开本：1/16　印张：23.25
字数：300 千字

定价：160.00 元
（如出现印装质量问题，我社图书营销中心负责调换）
版权所有，翻印必究

译者前言

阴极保护是埋地钢质管道普遍采用的外腐蚀控制措施之一，对保障管道安全运行意义重大。阴极保护测试是确保阴极保护系统正常运行和评价保护效果的必要手段，系统学习并熟练掌握与阴极保护测试相关的安全防护、设备操作、测试程序、数据分析等技能是对管道阴极保护从业者的基本要求。

本书英文原版 *Cathodic Protection Survey Procedures*，*Third Edition* 于 2016 年由 NACE International 出版发行。该书作者 W. Brian Holtsbaum 先生是加拿大著名阴极保护专家，拥有 60 余年阴极保护从业经验。本书是作者半个多世纪阴极保现场测试经验的结晶，也代表了当前北美地区乃至国际上对阴极保护测试的认知水平和技术现状。

与其他阴极保护图书相比，本书有两个显著特点：（1）每章聚焦一个测试主题，且采用模板化的方式组织内容。除了第 1 章和第 16 章外，其余各章均按照概述、工具和设备、安全设备、注意事项、测试程序、数据分析的顺序编排，非常有助于读者全面掌握阴极保护测试各个环节的要求和快速查询特定内容。（2）内容全面，现场适用性强。本书覆盖了绝大部分阴极保护测试参数和项目，这些测试方法和测试程序均来自长期现场实践，具有很强的适用性。值得注意的是，目前我国管道阴极保护系统直流电源、供电方式与北美地区存在一定差异，建议对本书整流器故障排查（第 1 章）和热电发生器内容（第 16 章）选择性参考阅读。

本书共分为 16 章，分别由毕武喜负责第 1 章至第 4 章、滕延平负责第 5 章至第 8 章、孙伶负责第 9 章和第 10 章、陈洪源负责第 11 章和第 12 章、陈振华负责第 13 章至第 16 章的翻译工作，刘玲莉负责全书校译审定。为了确保英文原版技术内容表述的准确性和中文表达的可读性，译者在成稿后组织了多次内部讨论和审校。

  本书在翻译出版过程中，有幸得到众多领导和专家学者的指导和帮助。首先感谢 NACE 中国总代表顾琲女士积极协调本书版权，感谢刘国博士、杜艳霞博士和宋晓琴教授有益的讨论和建议，感谢赵丑民先生、刘广文先生等时任领导给予的关心和大力支持。

  希望本书中文版的出版，能在提高我国阴极保护测试水平和阴极保护从业者技能方面尽到绵薄之力。由于译者水平有限，难免存在纰漏，敬请读者批评指正！

原书前言

我自 1957 年开始从事阴极保护工作,那时阴极保护测试和设计方面的资料非常有限,但我有幸得到了《管道腐蚀与阴极保护——现场手册》的作者 Marshall Parker 作为导师的机会,多年来我一直参考他的著作。诚然,一个人必须经历过才能理解书中部分语句的含义,在接受了作者的指导后,我发觉这本书非常有用。A. W. Peabody 出版他的知名著作后,该书的第二版仍然被广泛使用。纵然有了不少阴极保护出版资料,但是对于现场测试、设计、调试和排除各种阴极保护系统的故障等而言,仍然需要发展一套详细的测试步骤。

后来,在进行阴极保护授课的时候,我常常希望能有一本详细介绍测试步骤的书供学员学习和参考。受训人员往往有许多其他紧迫的任务,因此受训人员必须从其他地方补充知识。美国腐蚀工程师协会(NACE)对于我们的行业来说是一个巨大的资源库,希望本书能成为现有资源外一个有力的补充。

本书引用了多篇描述阴极保护理论和应用的文章,书中没有重新讨论这些领域,因为这个领域人员应该具有该领域的背景知识,并可熟练、安全地操作仪器。本书旨在为与阴极保护相关的某些测试提供一个循序渐进的测量程序。本书以"独立"方式撰写,因此,这些程序之间难免存在一些重复。即便如此,测试步骤之间的交叉引用仍然是必要的。

建议将能够完成书中所述现场程序作为培训 NACE 阴极保护测试员、NACE 阴极保护技术员或同等人员的最低要求。对此项工作的测评应由当地公认的具有相当于 NACE 阴极保护技术专家水平或 NACE 阴极保护专家认证的人员完成。

本书的第一版主要关注于管道，但同样的过程也适用于许多其他结构。第二版包括第一版测试步骤，同时增加了井套管、地面储罐和地下储罐的测试要求。本版增加了热电发电器的测试，因为这些电器在运行和测试上与整流器有较大不同。此外，本版还对道路套管穿越标准进行了部分更新，并对原始文本中相关内容进行了澄清。

在这里我要感谢 P. E. Kevin Garrity 先生，他不仅完成了原书的技术审查，同时完成了第二版和第三版书籍的技术审查工作。P. E. Kevin Garrity 先生是一位公认的阴极保护和腐蚀专家，我非常尊敬他。非常感谢他能够在百忙之中完成本书的技术审查工作。

最后，希望阴极保护测试人员、技术人员和专家能够坚持学习，安全工作，保存准确、易读及记录良好的资料，以确保基础设施和公众安全。

W. Brian Holtsbaum
NACE 腐蚀专家

目 录

1 整流器调节、检查和基本故障排查 …………………………… (1)
   1.1 概述 …………………………………………………… (1)
   1.2 工具和设备 …………………………………………… (4)
   1.3 安全设备 ……………………………………………… (5)
   1.4 注意事项 ……………………………………………… (5)
   1.5 整流器部件 …………………………………………… (6)
   1.6 测试程序 ……………………………………………… (11)
   1.7 检查步骤 ……………………………………………… (18)
   1.8 故障排查程序 ………………………………………… (23)
   参考文献 …………………………………………………… (35)

2 被保护结构物保护电位 …………………………………………… (37)
   2.1 概述 …………………………………………………… (37)
   2.2 工具和设备 …………………………………………… (37)
   2.3 安全设备 ……………………………………………… (38)
   2.4 注意事项 ……………………………………………… (38)
   2.5 测试程序 ……………………………………………… (46)
   2.6 数据分析 ……………………………………………… (55)
   参考文献 …………………………………………………… (60)
   附录2A 参比电极的维护保养 ………………………… (61)

3 直流电流 ……………………………………………………………… (66)
   3.1 概述 …………………………………………………… (66)
   3.2 工具和设备 …………………………………………… (66)
   3.3 安全设备 ……………………………………………… (67)

3.4　注意事项 ……………………………………………………（67）
　　3.5　测试程序 ……………………………………………………（69）
　　3.6　数据分析 ……………………………………………………（73）
　　参考文献 …………………………………………………………（80）
4　诊断测试（电流需求量）……………………………………………（81）
　　4.1　概述 …………………………………………………………（81）
　　4.2　工具和设备 …………………………………………………（81）
　　4.3　安全设备 ……………………………………………………（82）
　　4.4　注意事项 ……………………………………………………（82）
　　4.5　测试程序 ……………………………………………………（83）
　　4.6　数据分析 ……………………………………………………（97）
　　参考文献 ………………………………………………………（112）
5　调整性测试 ………………………………………………………（113）
　　5.1　概述 ………………………………………………………（113）
　　5.2　工具和设备 ………………………………………………（113）
　　5.3　安全设备 …………………………………………………（114）
　　5.4　注意事项 …………………………………………………（114）
　　5.5　测试程序 …………………………………………………（115）
　　5.6　数据分析 …………………………………………………（123）
　　参考文献 ………………………………………………………（129）
6　投运测试 …………………………………………………………（131）
　　6.1　概述 ………………………………………………………（131）
　　6.2　工具和设备 ………………………………………………（131）
　　6.3　安全设备 …………………………………………………（132）
　　6.4　注意事项 …………………………………………………（132）
　　6.5　测试程序 …………………………………………………（133）
　　6.6　数据分析 …………………………………………………（141）
　　参考文献 ………………………………………………………（146）

7 密间隔电位 (147)
7.1 概述 (147)
7.2 工具和设备 (147)
7.3 安全设备 (149)
7.4 注意事项 (149)
7.5 测试程序 (150)
7.6 数据分析 (163)
参考文献 (169)

8 直流杂散电流 (171)
8.1 概述 (171)
8.2 工具和设备 (177)
8.3 安全设备 (177)
8.4 注意事项 (178)
8.5 测试程序 (179)
8.6 数据分析 (191)
参考文献 (196)

9 电绝缘 (198)
9.1 概述 (198)
9.2 工具和设备 (198)
9.3 安全设备 (198)
9.4 注意事项 (199)
9.5 测试程序 (201)
9.6 数据分析 (216)
参考文献 (221)

10 公路和铁路穿越套管 (222)
10.1 概述 (222)
10.2 工具和设备 (223)
10.3 安全设备 (224)

  10.4 注意事项 …… (224)
  10.5 测试程序 …… (225)
  10.6 数据分析 …… (230)
 参考文献 …… (234)
  附录 10A 套管电绝缘测试流程图 …… (234)

11 交流干扰电压 …… (235)
  11.1 概述 …… (235)
  11.2 工具和设备 …… (237)
  11.3 安全设备 …… (237)
  11.4 注意事项 …… (237)
  11.5 测试程序 …… (238)
  11.6 数据分析 …… (246)
 参考文献 …… (251)

12 土壤电阻率 …… (252)
  12.1 概述 …… (252)
  12.2 工具和设备 …… (252)
  12.3 安全设备 …… (254)
  12.4 注意事项 …… (254)
  12.5 测试程序 …… (255)
  12.6 数据分析 …… (264)
 参考文献 …… (271)

13 油井套管 …… (272)
  13.1 概述 …… (272)
  13.2 工具和设备 …… (284)
  13.3 安全设备 …… (285)
  13.4 注意事项 …… (285)
  13.5 测试程序 …… (286)
  13.6 数据分析 …… (291)

参考文献 （295）

14 地上储罐 （297）
14.1 概述 （297）
14.2 工具和设备 （298）
14.3 安全设备 （298）
14.4 注意事项 （299）
14.5 测试程序 （299）
14.6 数据分析 （314）
参考文献 （321）

15 地下储罐 （321）
15.1 概述 （321）
15.2 工具和设备 （323）
15.3 安全设备 （323）
15.4 注意事项 （324）
15.5 测试程序 （324）
15.6 数据分析 （340）
参考文献 （343）

16 热电发生器 （345）
16.1 概述 （345）
16.2 工具和设备 （348）
16.3 安全设备 （348）
16.4 注意事项 （348）
16.5 设计依据 （349）
16.6 启动和运行操作步骤 （351）
16.7 附件启动流程 （353）
16.8 故障处理 （354）
16.9 设备维护 （356）
参考文献 （358）

1 整流器调节、检查和基本故障排查

1.1 概述

本章的目的是讨论如何对阴极保护整流器进行调节、检查和基本故障排查。为了安全地完成各项测试任务，现场操作人员必须经过培训并获得相关的资质。

一台阴极保护整流器通常包括以下基本部件：

(1) 整流器箱体和面板。
(2) 交流电压输入端子（如果是双电压输入，还有抽头）。
(3) 安装在面板上的交流断路器。
(4) 变压器（如果是恒电压整流器，还有抽头）。
(5) 整流元件。
(6) 面板上安装的电压表、电流表和分流器❶。
(7) 直流输出端子。
(8) 交流/直流保险管❷。
(9) 交流和直流浪涌保护器。

阴极保护整流器可以分为恒电压型、恒电流型和恒电位型。考虑到大部分整流器为恒电压型，因此本章着重讨论这类整流器，另外还将讨论恒电压整流器与其他类型整流器的区别。

根据实际情况，在每个章节合适位置给出测试数据分析。整流器读数、调节、检查和故障排查等工作往往是由工程师独自完成的，因

---

❶ 在有些情况下，可能会缺省。
❷ 熔断管的俗称。

此，安全是至关重要的。在这种情况下，必须严格遵守企业的独自安全工作规程。

虽然在接下来的章节中讨论了可能的危险因素，但并不能包括所有可能遇到的危险。大多数企业有安全工作规程，开始测试前，要依据相关规程识别存在的危险，确定风险的高低，并且针对每项具体任务或项目，制定相应风险预防措施。如果工作期间危险因素发生变化，应该重新评估，并对预防措施进行适当调整。例如，在交流电源通电的情况下，工程师要扩大测试范围，若要测试面板后面的状况，就可能面临新的危险。如果整流器部件需要带电测试来排除故障，必须由经过专业培训的持证人员来完成。在此情况下，可能需要采取以下措施：

（1）从事本项工作的人员需要有更高的技术资质。

（2）如有必要，需要申办新的工作许可证。

（3）如果可能的话，重新审查单独开展这项工作流程合理性，当风险增加时，可能需要加强与安全监督员之间沟通协调。

表 1.1 列出了开展本书特定测试内容与推荐持有的 NACE 认证的对应关系。当然，经过其他适当培训的人员（如电工）也可能是胜任的。

表 1.1　开展特定测试任务与推荐持有的 NACE 认证对应表

阴极保护测试流程 1	阴极保护测试员[①]或等同人员	阴极保护技术员[②]，含阴极保护的腐蚀技术员或等同人员	阴极保护技师[③]，含阴极保护的腐蚀技师或等同人员	阴极保护专家[③]，含阴极保护的腐蚀专家或等同人员
1.1	×	×	×	×
1.2	×	×	×	×
1.3	×	×	×	×
1.4	×	×	×	×
1.5	×	×	×	×

1 整流器调节、检查和基本故障排查

续表

阴极保护 测试流程 1	阴极保护 测试员[①] 或等同人员	阴极保护技术员[②]， 含阴极保护的 腐蚀技术员或等 同人员	阴极保护技师[③]， 含阴极保护的 腐蚀技师或等 同人员	阴极保护专家[③]， 含阴极保护的 腐蚀专家或等 同人员
1.6				
1.6.1(1)至(6)	×	×	×	×
1.6.1(7)和(8)		×	×	×
1.6.1(9)至(16)	×	×	×	×
1.6.1(17)和(18)		×	×	×
1.6.1(19)			×	×
1.6.2	×	×	×	×
1.6.3(1)	×	×	×	×
1.6.3(2)		×	×	×
1.6.3(3)	×	×	×	×
1.6.4	×	×	×	×
1.6.5	×	×	×	×
1.7				
1.7.1	×	×	×	×
1.7.2	×	×	×	×
1.7.3(1)至(5)	×	×	×	×
1.7.3(6)至(9)		×	×	×
1.7.3(10)	×	×	×	×
1.8				
1.8.1		×	×	×
1.8.2		×	×	×
1.8.3	×	×	×	×
1.8.4		×	×	×
1.8.5	×	×	×	×
1.8.6		×	×	×

续表

阴极保护测试流程 1	阴极保护测试员① 或等同人员	阴极保护技术员②, 含阴极保护的腐蚀技术员或等同人员	阴极保护技师③, 含阴极保护的腐蚀技师或等同人员	阴极保护专家③, 含阴极保护的腐蚀专家或等同人员
1.8.7(1)	×	×	×	×
1.8.7(2)		×	×	×
1.8.7(3)至(5)	×	×	×	×
1.8.8	×	×	×	×
1.8.9	×	×	×	×
1.8.10		×	×	×
1.8.11	×	×	×	×
1.8.12	×	×	×	×

①CP1；②CP2；③CP3；④CP4。

工作中需要时刻保持警觉，注意安全。如果遇到本章中规程没有提到的危险，应及时警告其他人注意此种危险，并采取有效措施消除这种危险。

1.2 工具和设备

应该选择适用于电气部件操作的工具和设备，并提供与涉及危险等级相匹配的个人安全防护措施。至少应包括以下工具：

（1）能够测量直流电压 0.001~100V 和交流电压 250V（或超过交流输入电压）的万用表，并配备带有绝缘表笔的测试导线。根据实际交流电源电压情况，可能需要更高的交流电压量程。

（2）量程可调交直流钳形电流表，它的测量参数指标应与整流器交流和直流电流额定值相匹配。

（3）其他工具还包括：

①用于调节整流器抽头的扳手/套筒扳手（如果适用的话）。

②螺丝刀，型号和大小应与抽头和端子相匹配。

③如果适用的话，小号螺丝刀可以用来调节面板上的电压表。

④如果整流器采用临时电阻负载方式运行，临时电阻大小应与整流器的额定电流和功率相匹配。

⑤扳手应与直流输出端子相匹配。

1.3 安全设备

（1）按照公司安全手册和规章要求配备的标准安全设备和工作服。

（2）电气上锁和挂牌设备。

（3）测量仪表导线上配备的电绝缘夹子和绝缘表笔。

（4）从外部切断整流器供电电源的开关。

（5）"高压危险不可触摸"警示牌。

1.4 注意事项

（1）注意！裸露在外的接线端子可能带有高压电（见参考文献[6]整流器的安全设计）。应尽可能在关闭整流器，并在上锁挂牌的情况下进行测试。

（2）在整流器上工作的人员必须具有相应的技术资质，并且按照当地的法规和公司的规程取得相应的上岗证书后，才可以在整流器上进行有关的测试和调整。

（3）在触碰整流器箱体之前，应先测量整流器箱体对地的交流电压，以确认设备安全，或利用靠近危险电压就会亮灯的仪器进行安全测试。千万不要直接用手去抓箱体的插销或门锁，危险电压可能会导致手指收缩，无法安全脱离。

过去曾建议用手背去触碰箱体，认为这样即使手指收缩，手也能够很容易地安全脱离，然而，这也会引起电击。因此，现在认为用手背去触碰箱体方法也是不安全的。

（4）对整流器的所有调节都必须在切断整流器电源的情况下完

成。在整流器内进行操作之前，必须关掉外部交流电源。在整流器部件上操作之前，必须首先上锁挂牌。

（5）对于停机状态下的整流器，通电前，应先将抽头设置在低挡位。

（6）打开整流器箱门时要非常小心，因为里面可能有一些危险的昆虫（蜜蜂、胡蜂、马蜂）、蛇或啮齿类动物。如果存在这种情况，应堵塞它们进入箱体的孔洞。

（7）对于空冷型整流器，应确保过滤网清洁，使所有整流器部件有充分的空气循环，如果过滤网出现孔洞，应该及时修补或更换。

（8）对于油冷型整流器，应确保油品清澈，通电前确保油品液位适当。对于使用了多年的整流器，应确保油品里不含有多氯联苯（PCB）。如果确实存在上述物质，不要接触这样的油品，并要穿上防护服装。

（9）检查整流器的监测数据，掌握整流器历史工作情况。

（10）如果直流电压或直流电流输出异常，在调整这台整流器之前，应对整流器进行仔细检查，或对包括跨接线在内的被保护结构物进行诊断排查，确定整流器输出异常的原因。

（11）如果没有搞清楚整流器输出异常的原因，贸然调整整流器，有可能对被保护结构物产生更严重的损坏。例如，被保护结构物的跨接线断了，提高电流可能会增加该部位的杂散电流干扰。

1.5　整流器部件

1.5.1　概述

必须对阴极保护整流器部件及功能有全面了解[1]。在实际应用中，虽然每一台整流器未必需要所有部件，但一台恒电压整流器通常包括以下部件：

(1) 交流电源。

(2) 初级变压器抽头组（如果是双交流电压输入）。

(3) 交流浪涌保护器。

(4) 交流断路器。

(5) 变压器。

(6) 次级抽头。

(7) 交流保险管。

(8) 整流单元。

(9) 直流保险管。

(10) 分流器/电流表和电压表。

(11) 直流浪涌保护器。

(12) 直流输出端子。

(13) 噪声/效率滤波器（可选）。

1.5.2　交流电源和初级交流变压器抽头

(1) 通常交流电源会接入整流器后部或底部的接线板。

(2) 如果整流器采用双交流电压输入，那么初级线圈可分为两部分，这样可以串联更高的输入电压，或并联以达到更低的输出电压。跨接片或跨接导线位于交流电源附近，上有明确标识，说明哪个是较低的交流电压输入，哪个是较高的交流电压输入。注意：如果整流器额定工作电压高于实际的输入电压，整流器能正常工作，但是直流输出相应降低。当实际输入电压高于整流器额定工作电压时，整流器会损坏。

1.5.3　交流断路器和交流浪涌保护

(1) 断路器是个机械开关，按照机理可分为有热力脱扣器或电磁跳闸元件，当电流超过断路器的额定值时，断路器就会动作并切断电源。现在大多数整流器采用磁力断路器。

（2）开启断路器要分两步，首先轻触断路器按钮，然后进一步推它，直至锁定到位。如果试图迅速开启断路器，并同时锁定它的话，可能会导致断路器跳闸。

（3）交流浪涌保护器的位置可以跨越断路器，也可以跨越交流电源，这种浪涌保护器用于防止大电流穿过整流器。当电力线发生大电流故障时，保护器瞬间短路，并触发断路器跳闸。

1.5.4　变压器和次级抽头

（1）变压器有初级线圈和次级线圈，线圈分别绕在磁性钢芯上。初级线圈和次级线圈的匝数比，决定了初级线圈交流输入电压与次级线圈的交流输出电压的分配。比较一下交流电源电压与电源铭牌上的额定值，以确定交流供电是否符合要求。

（2）在恒电压整流器中，次级线圈有可调抽头，以便选择输入整流单元的交流电压（图1.1）。沿着次级线圈，均匀分布了粗抽头。在次级线圈粗抽头的外侧，还配备有细抽头，以便更精细调制。这些细抽头电压的总和，近似等于一个粗抽头标准跨距的电压。

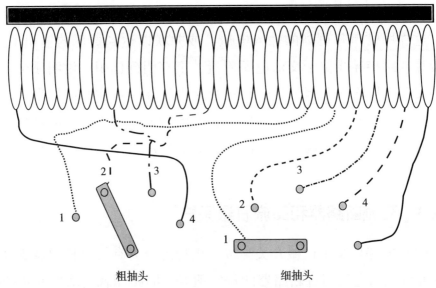

图1.1　恒电压整流器典型的次级线圈抽头设置

（3）三相整流器有三组粗抽头和细抽头，每相一组。这些粗抽头和细抽头设定值必须相同，以保持相平衡。

1.5.5 交流保险管

（1）保险管是一种低熔点金属元件，用于保护昂贵的部件。

（2）变压器和整流单元之间的交流保险管可以作为一种备选器件，其规格应符合保护整流器单元和变压器次级绕组的要求。

（3）保险管前后是没有电压的。如果保险管前后存在电压差，表明保险管已经烧坏。

（4）切断整流器的电源后，取下保险管检查其性能是否良好。

1.5.6 整流单元

（1）整流单元的作用是将交流电转换为直流电。

（2）整流单元的特性是只允许电流从单一方向通过，阻止电流反向通过（极性）。阴极保护整流器中使用最多的材料是硒板或硅二极管。

（3）单个二极管只允许半个周期的交流电通过，并阻止另半个反向周期的电流，由此只能提供高纹波的半波直流输出。若在电路中安装第二个元件，导通方向与反向周期相同，则可允许反向周期的电流通过。

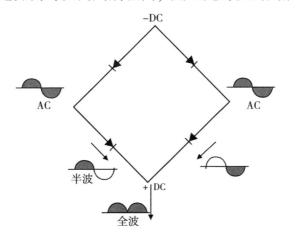

图 1.2 整流器桥式整流电路

如图 1.2 所示，这样电路就可以提供全波输出。

（4）对于 20V 以上的电压硒板可以串联安装，因为它的低势垒电压为 25~30V。硅二极管的规格则可以根据额定输出选取。

1.5.7　直流保险管

（1）直流保险管安装在整流单元和直流输出端子之间，用于保护这些元件免遭来自管道的浪涌破坏。

（2）并非所有整流器都安装有直流保险管。

1.5.8　电表与分流器

（1）大多数整流器上装有表盘式直流电压表和电流表，用于显示整流器的状态。

（2）直流电压表显示直流输出端子之间的电压。

（3）直流电流表可以附带一个内部分流器，但绝大多数情况下，这个分流器安装在整流器的面板上。电流表必须按照分流器给出的电流值进行校验。

（4）面板上安装的电表往往与校验值不符，这有可能与仪表所处的环境有关。电表往往仅用作整流器运行情况的参考指示器，而实际直流输出值需要用便携式仪表进行测量。

1.5.9　直流输出与直流浪涌保护

（1）直流输出端子上贴有正极（+）和负极（-）标签，也可能正极端子还贴有阳极标签，负极端子贴有被保护结构物标签。按照规定，正极端子应该连接到阳极上，而负极端子应该连接到被保护结构物上。如果接反，会加速被保护结构物的腐蚀。必须用便携式仪表确认端子的极性。

（2）通常配有直流浪涌保护功能，确保来自被保护结构物的浪涌经由阳极导入大地，而不是流入整流元件。

1.6 测试程序

（1）必须具有相应技术资质和（或）拥有符合当地法规的从业资格证（表1.1）的人员才能完成这项测试工作。否则，需要得到具有相应技术资质和（或）拥有相应从业资格证的人员帮助才可以完成。

（2）切断整流器电源（断开外部交流电源），包括上锁并挂上警示牌等操作。

（3）在整流器通电后，应测量被保护结构物对电解质的通电电位和断电电位，以确保启动整流器后，被保护结构物的电位向负向偏移。这就可以确认整流器正极连接到阳极，负极连接到被保护结构物上。如果极性接反了就会加速被保护结构物的腐蚀。

1.6.1 抽头型恒电压整流器的通电及再通电

（1）通电前，应测量整流器附近的结构物对电解质的电位❶，通电后再重复进行此项测量。

（2）确保通电前整流器外部的交流电源处于断开状态。

（3）如果整流器为双交流电压输入型，应检查交流输入跨接片的接线柱或跨接线，确保它们与交流电源电压相匹配（图1.3）。如需要进行调整，应确保整流器外部的交流电源处于断开状态。

（4）通电前，应测量被保护结构物与阳极之间的直流电压。由于被保护结构物金属与阳极材料或焦炭回填料之间存在电位差，因此往往会存在与整流器的直流电压方向相反的反电动势（图1.3）。

（5）断开直流负载（阳极电缆或阴极电缆），保持电流断开状态，反电动势会降到0V。

（6）应确保交流电源与变压器之间的整流器交流断路器处于断开状态。

---

❶ 见第2章。

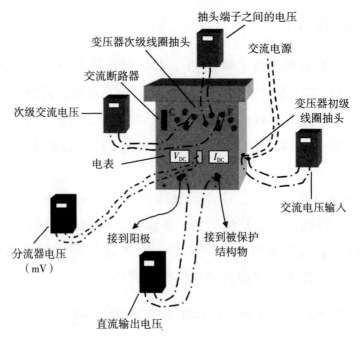

图 1.3　初始整流器电压测量

（7）测量初级抽头的交流电源电压（图 1.3）。

（8）开启整流器交流断路器。

（9）测量变压器次级线圈抽头之间的交流电压（图 1.3）。粗抽头之间的电压应大致相等，细抽头之间的电压也应近似相等，并且这些细抽头电压总和应等于一粗抽头标准跨距之间的电压。如果抽头之间的交流电压等于 0V，表明次级抽头接线故障或线圈有断路。

（10）关断整流器交流断路器，重新连接直流电缆。

（11）将交流次级线圈抽头设定在一个比较低的抽头值，但直流电压需要大于（4）中测量的反电动势。

（12）按以下操作步骤调节交流次级线圈抽头，以控制整流器的直流输出电压：

①将粗调端子（C）设定在表示最低挡的数字或字母（1 或 A）。

②将细调端子（F）设定在最低挡（通常为 1）。

③整流器通电,并记录直流电压和直流电流值。

④注意:在按照步骤(4)实测的阳极与被保护结构物之间的电压值超过开路状态下的反电动势之前,整流器不会给结构物施加任何电流。

⑤每次调整抽头设置之前,都应关闭整流器电源。

⑥将细抽头的调高到2(F-2)来提高电压,直至达到所需要的电流,或者直到调到细调最高挡位(图1.4)。

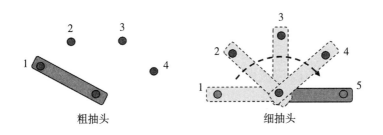

达到细抽头最大设定值时,回到细抽头1,并且增加粗抽头设定值

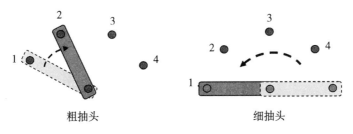

图1.4 改变整流器抽头设置以增加次级线圈交流电压及电流的操作步骤

⑦如果需要更大的电流,应将细抽头重新连接到1,将粗抽头转接到2(C-2)。

⑧增加细抽头挡位,直至达到所需要的电流或细调的最高挡位。

⑨如果需要更大的电流,应将细抽头返回到1(F-1),而将粗抽头转接到3(C-3)。

⑩重复上述步骤,直至达到所需要的电流。

⑪如果需要降低抽头值,可以反向执行此步骤,将细抽头调低到较低的挡位。细调达到最低挡位时,可将粗抽头调低到下一个较低挡位,并按需要提高细调挡位。

（13）如果在一台三相交流电压整流器上操作，将三组粗抽头调到相同的设定值，并将三组细抽头调到相同的挡位（详见1.6.3节）。

（14）利用下列步骤可以计算出抽头的近似挡位。

①整流器通电，并测量直流电压（V）、直流电流（A）、次级线圈交流电压（V），记录抽头设定挡位。

②用式（1.1）计算直流荷载电阻（阳极与被保护结构物之间）：

$$R_a = \frac{E_{DC} - \text{Back EMF}}{I_{DC}} \tag{1.1}$$

式中，R_a为阳极与被保护结构物之间电阻，Ω；E_{DC}为直流输出电压，V；Back EMF为阳极与被保护结构物之间在开路状态下的直流电压（通电前），V；I_{DC}为直流输出电流，A。

示例：如果整流器输出为10.0V(DC)和4.0A(DC)，开路反电动势为2.0V(DC)，则

$$R_a = \frac{10.0\text{V(DC)} - 2.0\text{V(DC)}}{4.0\text{A(DC)}}$$

$$R_a = 2.0\Omega$$

注意：如果不考虑反电动势，简单地将输出电压除以输出电流，这样得出的结果是不正确的。例如在此示例中，会得出电阻等于2.5Ω的错误结果。

③如果知道了所需要的电流，用式（1.2）就能够计算出直流输出电压：

$$E_{DC} = I_{DC} R_a + \text{Back EMF} \tag{1.2}$$

式中，E_{DC}为直流输出电压，V；I_{DC}为需要的直流电流，A；R_a为阳极与被保护结构物之间电阻，Ω；Back EMF为阳极与被保护结构物之间在开路状态下的反电动势，V。

④按步骤（9）进行测量，获得次级线圈每个相当粗细抽头端子之间交流电压，再适当考虑整流器电压降，就可以预测交流抽头合适

的设定挡位。

示例：相邻粗细抽头端子之间的交流电压是 2.0V(AC)，相邻粗抽头端子之间的交流电压是 10.0V(AC)。假定启动后通过整流单元有 15% 的电压降，而需要的直流电压是 12.0V(DC)，那么，次级线圈对应交流电压应为：

$$E_{AC} = 12.0V(DC) \times 1.15(15\%) = 13.8V(AC) \quad (1.3)$$

最可能设定值应该是在粗抽头产生 10V 电压，在细抽头上产生 2V(AC) 的电压，因此可尝试将抽头设置为粗抽头 2（B）和细抽头 2。

1.6.2 调节单相抽头型整流器

(1) 确定必须调节输出电流的原因，并且要确认通过调节输出电流是有效的。例如，通过提高电流输出的方法来改善跨接失效部分的保护水平是行不通的。

(2) 每次调节抽头之前，关闭整流器。

(3) 调节细抽头和粗抽头可以改变电压及电流，直至达到需要的电流量。

(4) 如果碰到异常的电流输出，例如保险管或断路器烧毁或跳闸的情况，可按照 1.7 节的步骤进行故障排查。

1.6.3 调整三相抽头型整流器

除完成 1.6.1 节或 1.6.2 节描述的操作步骤外，还要进行下列操作：

(1) 测量三相中各相间的初级线圈交流电压，如果各相平衡，这些电压值应近似相等。

(2) 三相对应有三组粗细抽头挡位设置装置：每相有一组(图 1.5)。测量每组粗细抽头端子之间的交流电压。

（3）调整抽头挡位时，将粗抽头设置在相同数值或字母处，同样将细抽头设置在相同数值或字母处（图1.5），否则，相与相之间会不平衡。

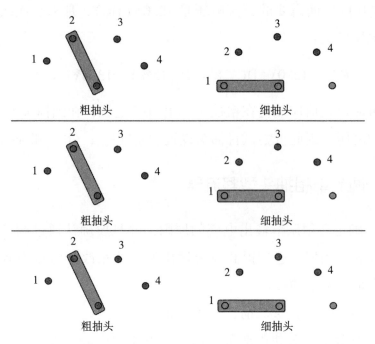

图1.5　三相整流器抽头设定操作示例：设置相同的粗抽头挡位和细抽头

1.6.4　调整恒电流整流器

（1）如图1.6所示，恒电流整流器通过在额定值范围内改变直流输出电压来补偿外部电阻（阳极）的变化，以此维持恒定输出电流。

（2）恒电流整流器可以用饱和电抗器或硅控二极管控制。

（3）按照整流器厂家的说明书调节电流值。

（4）一般来讲，整流器上都贴有标签标明控制特征，顺时针方向转动旋钮就会增大给定输出电流，而逆时针方向转动就会减小给定输出电流。电流将维持在给定的电流值，这个给定电流值最高为整流器额定输出电流。

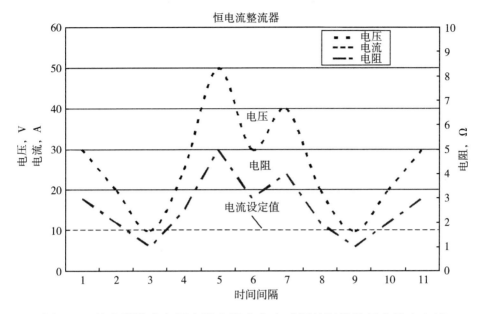

图1.6 整流器输出电压会随电阻变化自动调整以维持恒定输出电流

（5）如果整流器也有电压调节功能，可以将此控制旋钮设定为最大值，有特定上限要求的情况除外。

（6）值得注意的是，对于同样的输出电流，当阳极地床电阻持续增加时，会加快阳极地床的干燥和过早失效。

1.6.5 调整恒电位整流器

（1）如图1.7所示，恒电位整流器能使被保护结构物与长效参比电极之间电位保持恒定，这是通过在额定值范围内调节输出电流来实现的。当保护电位开始向比设定值更正的方向偏移时，恒电位整流器将通过提高输出电压来增大输出电流；当电位向更负的方向变化时，整流器就会减小输出电流，由此使保护电位保持恒定不变。图1.7中所示负载电阻是假设恒定不变的，实际上，在整流器能力范围内，回路电阻的变化也会得到补偿。

（2）确认所用的长效参比电极与给定保护电位是匹配的［即采用铜/硫酸铜参比电极（CSE）或锌参比电极］。

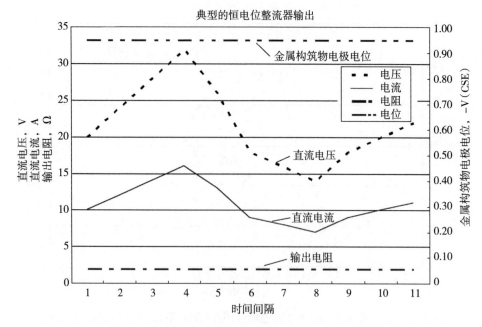

图 1.7 整流器通过改变电压输出来改变电流以维持恒定不变的电位

（3）一般情况下，顺时针方向旋转电位调节钮可使被保护结构物保护电位向负向偏移，逆时针方向旋转可使保护电位向正向偏移。

（4）如果整流器有电压控制调节功能，可以将此控制旋钮设定为最大值，有特定上限要求的情况除外。

（5）如果整流器有电流控制调节功能，可以将此控制旋钮设定为最大值，有特定上限要求的情况除外。

1.7 检查步骤

1.7.1 概述

（1）相关安全事项详见 1.4 节，不可从事超出资质范围之外的操作。

（2）触碰整流器箱体前，测试是否存在危险电压。

(3) 任何整流器部件、连接导线、接头本身或外部电路都可能发生失效问题。

1.7.2 初步检查

(1) 触碰整流器之前,应测量箱体对地电压。如果有危险,应断开整流器外部交流电源。也可以用电压报警仪测试箱体,如果存在危险电压,仪器会发出灯光报警。

(2) 检查整流器支架和箱体是否损坏。

(3) 确认整流器箱体已正确接地。

(4) 听一下整流器内有无异常声响,例如电弧声响或严重振动声响。

(5) 注意整流器的运行温度。

①如果是一台空气冷却型整流器,应确保滤网清洁,并且整流器应位于空气循环良好的环境中。清扫过滤网,除去堵塞滤网的灰尘污垢,如有破损应及时更换,防止昆虫、爬行动物或啮齿动物进入。如果整流器所处位置空气循环不良,应重新选择整流器的安装位置。

②如果是一台油冷型整流器,应确定整流器四周有足够的空间,以便从四周和顶部散发热量。除去任何搭接到箱体的物件,清除任何可能减少热量辐射的绝热涂层。如果油已经变浑浊,应及时更换。检查箱底积水,定期排放积水。

(6) 查看有无高温迹象,例如铜接线端子变色或面板上出现电弧烧痕。整流器在通电或未完全冷却的情况下,不要用手触摸。

(7) 在整流器断电情况下,清洁并拧紧所有接头。

(8) 记录铭牌数据。

(9) 记录当前直流输出设定值。

(10) 如果是恒电压整流器,应记录次级线圈抽头交流电压,并与直流输出电压进行比较(单相整流器,两者相差应在15%范围内)。

(11) 如果直流输出电压还不足次级交流电压的一半,可能处于半波导流状态（见1.8节）。

（12）检查次级线圈抽头到直流输出之间是否存在连接不良现象。

（13）保险管端子发热会导致保险管过早烧坏。对于螺栓型保险管，应清洁并拧紧螺栓。对于弹簧型保险管盒，应更换保险管盒座，过热可能使弹簧失去弹性。

1.7.3 检查

（1）日常检查。

①对整流器检查越频繁，故障发生时被保护结构物失去保护的时间越短，因此建议至少每月记录一次读数，除非有其他保护措施。例如，如果每年按两个月一次进行检查，而整流器恰好在某次检查后发生了故障，这意味着每6年里被保护结构物可能共有一年时间得不到有效保护。

②作为最低要求，应记录整流器直流输出电流和直流输出电压以及抽头设定值或控制值，后者可用于分析输出变化的原因。利用连续绘制的回路电阻图，可以确定阳极开始失效的时间。

③如果有台电表，记录千瓦时（kW·h）读数、转速以及仪表面板上的功率（K_h）系数。

（2）年度检查。

每年至少完成一次整流器的详细检查，需要收集下列信息：

①记录铭牌数据或确认以前的信息依然准确。

②用便携式仪表测定直流输出电压与直流输出电流，如果可行，校正面板上仪表读数。

③测量变压器次级（降压）线圈粗抽头与细抽头之间的电压。

④比较直流输出电压与线圈抽头之间电压。如果两个电压差不在15%~20%范围内，就应检查整流器的桥式整流电路，必要时应进行修理。

⑤临时关闭整流器，测量正极端子与负极端子之间的直流电压。

这个电压称为反电动势，用于计算阳极床电阻。

⑥通过调整到准确值或记录偏差来校正面板上的电压表和电流表。

⑦比较面板电压表读数与便携式电压表❶读数，确定面板电压表的准确性。

⑧将面板上安装的电流表读数与根据面板上分流器计算出的电流值进行比较，可以确定面板电流表的准确性。如果采用分流器，用便携式毫伏计测量分流器端子间的毫伏读数。再将毫伏读数换算成安培读数❷。常用方法之一如下式所示：

$$I_{\text{caLculated}} = I_1(V_{\text{measured}}/V_1) \tag{1.4}$$

式中，$I_{\text{calculated}}$ 为计算出的输出电流，A；V_1 为分流器的额定电压值，mV；I_1 为分流器的额定电流值，A；V_{measured} 为实测的分流器上的电压降，mV。

（3）切断整流器电源，仔细检查有无发热的接线端子。除查看是否有烧灼痕迹、熔融现象之外，还要用手背感知是否发烫。将手背放在可能的发热部件附近，感受一下这些部件是否散发热量。必须格外小心，不要让手背真的接触这些部件，避免烫伤。

（4）如果是油冷型整流器，记录油位和油的澄清度。如果油位偏低，应及时加油。如果油已经变得十分浑浊，用肉眼无法看清整流器部件，应及时按照制造商说明书换油。

（5）空冷型整流器的排风口必须清洁，必须装有防尘滤网。必须清除箱体内的巢穴和碎屑。经验表明，巢穴可能会藏有昆虫、蛇或其他生物。

（6）阳极地床接地电阻可能随季节周期性变化，一般情况下，阳极地床接地电阻占整个阴极保护回路中总电阻［式（1.5）］绝大部分。

---

❶ 便携式仪表默认已经校正，读数准确。

❷ 见第3章。

$$R_a = \frac{E_{DC} - \text{Back EMF}}{I_{DC}} \quad (1.5)$$

式中，R_a 为阳极对被保护结构物的电阻，Ω；E_{DC} 为直流输出电压，V；Back EMF 为阳极与被保护结构物之间的开路直流电压［整流器断电情况下测量的钢与焦炭填料之间的电位差值，在此情况下，通常介于 1.0V(DC) 和 2.0V(DC) 之间］；I_{DC} 为直流输出电流，A。

如果阳极发生地床接地电阻随时间连续增加或快速增加，表明阳极地床状态正在不断退化。可在浅埋阳极上方进行密间隔电位测量，电压梯度增加表明阳极正在工作（1.8.5 节）。

（7）如果适用的话，可以用式（1.6）和式（1.7）计算出整流器的效率。注意：式（1.6）是近似值，因为交流功率数（$V_{AC} I_{AC}$）里没有考虑到功率系数。

$$\text{Eff} = \frac{V_{DC} I_{DC}}{V_{AC} I_{AC}} \times 100\% \quad (1.6)$$

式中，Eff 为效率，%；V_{DC} 为直流输出电压，V；I_{DC} 为直流输出电流，A；V_{AC} 为交流输出电压，V；I_{AC} 为交流输出电流，A。

如果有配套电表，可以用式（1.7）计算整流器的效率。此公式中的 K_h 系数可以查看一下功率计上的铭牌。

$$\text{Eff} = \frac{V_{DC} I_{DC} T}{3600 K_h n} \times 100\% \quad (1.7)$$

式中，Eff 为效率，%；V_{DC} 为直流输出电压，V；I_{DC} 为直流输出电流，A；K_h 为电表系数；n 为转数；T 为运转的时间。

（8）整流器的效率是变化的，取决于工作状态下额定电压与输出电流的百分比[2]。在额定电压和额定电流下，将达到最大效率。

（9）用式（1.8）可以计算出一定时间内整流器的平均效率：

$$\text{Eff}_{ave} = \frac{V_{DC} I_{DC} T_{DC}}{(\text{KWH}_2 - \text{KWH}_1) \times 1000} \times 100 \quad (1.8)$$

式中，Eff_{ave} 为一定时间内（T_{DC}）的平均效率，%；V_{DC} 为直流输出电压，V；I_{DC} 为直流输出电流，A；KWH_1 为开始时的电量读数，$kW \cdot h$；KWH_2 为结束时的电量读数，$kW \cdot h$；T_{DC} 为从开始到结束的时间，h。

如果从式（1.8）得出的效率值高于从式（1.6）和式（1.7）计算出的效率值，表明整流器存在故障，因为计算直流输出功率是假定整流器连续工作，而交流功率是实际的量。按照整流器正常工作时的效率，用式（1.8）能够计算出整流器关断的实际时间［见式（1.9），根据式（1.8）导出］：

$$T_{DC\ actual} = \frac{Eff_{inst}(KWH_2 - KWH_1) \times 1000}{V_{DC}I_{DC} \times 100} \quad (1.9)$$

式中，Eff_{inst} 为瞬间效率或一定时间内的平均效率，%；V_{DC} 为直流输出电压，V；I_{DC} 为直流输出电流，A；KWH_1 为开始时的电表读数，$kW \cdot h$；KWH_2 为结束时的电表读数，$kW \cdot h$；$T_{DC\ actual}$ 为从开始到结束的时间，h。

（10）检查整流器期间，必须在整流器附近测量被保护结构物保护电位，当整流器工作时，如果保护电位向负向偏移，由此可以确定整流器极性连接是正确的，并且要注意被保护结构物的保护水平。这些工作也要作为整流器月度检查和整流器年度检查的一部分，或作为任何整流器维护保养和移机重新安装调试的一部分。

1.8 故障排查程序

1.8.1 概述

（1）除整流器自身外，故障也可能发生在交流电源或外部直流电路中[3-4]。可以采取几种不同的方法排查故障点的位置，其中一种方法是对整流器进行故障排查，迅速确定故障的大致区域，然后对该区域进行详细检查。如果不能立即确定故障点，最好将这些部件检分别隔离，直至找到失效的部件（图1.8和表1.2）。

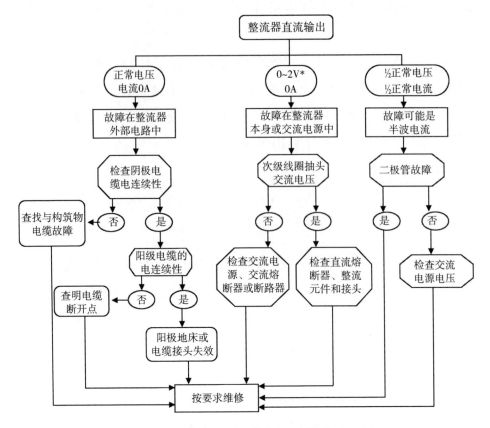

图1.8 一种查找阴极保护电路故障流程图

* 如果等于或小于2V，应断开阴阳极电缆，确认其是反电动势

（2）如果直流输出电压正常，电流为0A，那么故障可能出现在外部电路中，并且故障原因可能是阳极地床退化、电缆接头故障、电缆断线或被保护结构物接线故障。

（3）如果整流器输出读数为（0~±2）V(DC)和0A(DC)，那么故障应在整流器本身或在交流电源上。±2V(DC)很可能是金属结构物与焦炭填料之间的反电动势。断开电缆，测量阴阳极电缆之间的直流电压。如果这个读数是由反电动势产生的，那么整流器正负极端子的直流电压趋近 0V(DC)，而阳极电缆与负阴电缆之间的直流电压维持不变。

表1.2 直流电源故障排查汇总表

直流电源		交流电源	次级交流电压	断路器跳闸/保险管烧坏	被保护结构物电位	怀疑故障	测试与检查	纠正措施
电压 V	电流 A							
0~2①	0	0	0	—	P+	没有交流供电	测试交流供电，检查电源、交流断路器或电力线保险管	恢复交流供电
0~2①	0	V	0	是	P+	抽头挡位设定值太高，断路器故障或直流电源短路，包括浪涌保护或外部电路	断开直流输出电缆。测量外部电阻并且确定抽头是否设定值太高。如果正常，关断电源，断开断路器和浪涌保护。开启交流和断路器并测量没有断路器时的交流电压。如果正常，关断交流电源，重新连接断路器并开启。如果断路器跳闸，说明变压器内部短路，或断路器损坏。如果正常，那么测试整流单元和连接导线有无短路	降低抽头挡位设定值，或修理、更换短路的部件
0~2①	0	V	0	否	P+	断路器或变压器或次级线圈抽头存在开路	测试进出断路器的交流电压。如果正常，则变压器或次级线圈抽头里存在开路	根据需要，更换断路器、变压器或修理次级线圈抽头

续表

直流电源		交流电源	次级交流电压	断路器跳闸/保险管损坏	被保护结构物电位	怀疑故障	测试与检查	纠正措施
电压 V	电流 A							
0~2①	0	V	V	断路器正常	P+	交流保险管，整流单元失效，直流保险管或电源连接线故障	如果适用，测试交流和直流保险管。如果保险管良好，断开输出电缆，测试外部电阻。必要时可降低抽头设定值。否则应测试电源、接头和整流单元元件	根据需要更换或修理
约1/2	约1/2	V	V	否	P+	半波输出，即整流电桥一侧断开或硒老化	比较次级交流电压与直流电压。如果两者的比值约为1/2，那么整流元件失效	必要时更换整流元件
0	A	V	V	否	P	电压表出错	测量输出电压	按需更换或修理
V	0	V	V	否	P+	外部电路故障	测试电缆电连续性、结构物连接和阳极地床	按需更换或修理
V	A+	V	V	否	P-	阳极接地电阻减小	测量外部电阻，减少次级线圈抽头	调整抽头
V±	A±	V	V	否	P±	连接和仪表太差	测试电源和外部电路的连接	按需进行修理

注：V 表示正常电压；A 表示正常电流；V+表示电压大于正常值；V-表示电压小于正常值；A+表示电流大于正常值；A-表示电流小于正常值；P+表示金属结构物电极电位比正常值更正；P-表示金属结构物电极电位比正常值更负；V±、A±和 P±表示电压、电流以及金属被保护结构物电极电位是变化的。

①由于钢和阳极地床焦炭填实之间存在电位差，-2V 是可能的，并非表示有电。

1.8.2 外部电路

常见的外电路故障形式主要有阳极主电缆存在断点、接头虚接、接线或阳极组地床本身失效。随着时间推移，往往会发生后一种情况，可以看到刚开始的时候地床接地电阻逐渐增加，之后迅速增加，表明最终剩余的阳极组完全失效。

（1）查看电缆或阳极地床上方是否有开挖迹象。

（2）按照下列步骤，确定阳极电缆或阴极电缆中是否有断点：

①安装接地棒，并连接到整流器正极，记录整流器电流是否有变化（图1.9，连接C）。如果阳极电缆中有断点，整流器电流表会有响应；如果在阴极电缆中有断点，电流表不会有任何响应。

②断开上述临时接地棒，并将其连接到整流器负极（图1.9，连接B），记录整流器电流表是否有变化。如果阳极电缆中有断点，整流器电流表不会有任何变化；如果阴极电缆断点或连接中有虚接，电流表就会有响应。注意：此时的电流变化与正常输出值是不同的。

③用一根临时电缆连接整流器的负极和测试桩或直接连接到结构物上（图1.9，连接A）。如果在阴极电缆或接头中有断点，整流器电流表就会指示一个接近正常的输出值，这取决于临时导线的电阻；如果阳极电缆或阳极组中有断点，电流表就不会有任何变化。

④用一根临时电缆连接整流器正极和阳极地床的端部或阳极接线盒（图1.9，连接D）。如果在阴极电缆或被保护结构物连接中有断点，整流器电流表就不会有任何变化；如果在阳极电缆或阳极组中有断点，电流表就会指示一个接近正常值输出值，这取决于临时导线的电阻。

（3）另外一种可选择的方案是断开阴极电缆并测量电缆端部与被保护结构物之间的电阻（图1.10）。注意：使用交流电阻表时，不要在线轴上缠绕导线，缠绕导线的阻抗会给测量带来误差。

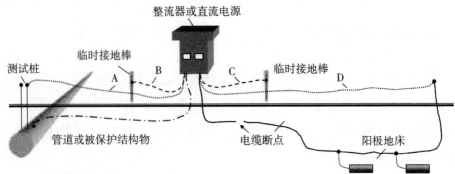

如果阳极电缆有断点,整流器电流表将显示:
(1)连接A或B没有任何响应;
(2)连接C有响应;
(3)连接D有接近正常的电流值。
如果阴极电缆有断点(未显示),整流器电流表将显示:
(1)连接A有接近正常的电流值;
(2)连接B有响应;
(3)连接C或D没有任何响应

图1.9 测试阴极电缆和阳极电缆观察整流器电流表响应

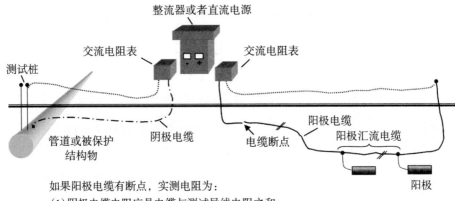

如果阳极电缆有断点,实测电阻为:
(1)阴极电缆电阻应是电缆与测试导线电阻之和;
(2)阳极电缆电阻应远高于阳极电缆与测试导线电阻之和;
(3)如果阳极汇流电缆有断点,可以是不同阳极电阻的组合
(测量一组阳极通过大地到另一组阳极的电阻)。
如果阴极电缆有断点,电阻为:
(1)阴极电缆的电阻会非常高;
(2)阳极电缆电阻应是阳极电缆与测试导线电阻之和

图1.10 测量阴极电缆与阳极电缆的电阻

（4）测试导线的电阻影响。应从测量电阻值里减去测试导线电阻，得到的结果才是阴极电缆和被保护结构物的连接电阻。

（5）如果可以连接到阳极地床的阳极电缆上，可连接到阳极地床端部电缆的端部或阳极地床接线盒上，断开整流器阳极电缆并测量电缆电阻（图1.10）。同样，要减去测试导线的电阻。在此情况下，不要使用直流电阻表。如果阳极有断点，断点前后将会有电位差，导致电阻表测量数值出现误差。

①如果阳极电缆中有断点，那么阴极电缆测量的电阻将是阴极电缆电阻与测试导线电阻之和。如果阳极电缆在阳极床之前存在断点，那么阳极电缆的电阻会非常高；如果是阳极组汇流电缆存在断点，那么阳极电缆电阻将是汇流电缆断点前每支阳极接地电阻的总和。

②如果阴极电缆中有断点，那么阴极电缆测量的电阻会非常高，阳极电缆实测电阻应是阳极电缆与测试导线电阻之和。

1.8.3　电缆断点定位

用管道电缆定位仪查找断点，将信号发生器连接在临时接地的阳极电缆或阴极电缆之间，跟踪查找信号。注意：正常情况下，这个信号越过电缆断点后延伸距离会很短，并且信号强度比较弱。如果在电缆沟里有一条或多条平行的电缆，并且其他电缆是连续的，那么将在并行电缆上产生感应信号，这个信号还会越过电缆断点继续在好的电缆上传播。此时就需要用其他方法来确定电缆断点的位置。

1.8.4　中间开挖定位法

（1）在大约一半距离的位置开挖电缆，剥离出小部分电缆铜芯。测量从此开挖点到整流器电缆的电连续性和电阻。如果是电连续性的，说明电缆的断点已经超过了这个开挖点；如果不是电连续性的，说明电缆的断点就在所测试的两个点之间。

(2) 在非电连续的电缆上,在前一个测试位置和电缆末端大约一半位置再次开挖电缆。测量这个开挖点和前一个半距开挖点以及与电缆末端之间的电连续性和电阻。

(3) 重复上述开挖定位过程,直至在很小范围内找到电缆断点的位置。通常情况下,断点附近的电缆会存在弯曲,可以拉出。

(4) 修复电缆断点,并用防水材料包覆所有的外露铜线。

1.8.5 阳极失效

(1) 一般情况下,如果观察到阳极地床接地电阻随时间推移逐渐增大,就能确定阳极正在不断退化。接地电阻增大开始比较缓慢,随着有效工作阳极数量不断减少,接地电阻会快速增大。

(2) 如果浅埋阳极地床出现了故障,但是依然会有一定量电流输出,此时可在该阳极地床区域进行密间隔电位测量。根据每个阳极中央的电压梯度的增加,可以用曲线描绘出正在工作的阳极。在消耗殆尽的阳极区域,电位变化非常小。

1.8.6 整流器

1.8.6.1 交流电源和变压器抽头

(1) 测量输入的交流电压,并与整流器的额定值进行比较。如果是双交流输入整流器,确认设定的抽头与交流电源相符合。

(2) 如果整流器是台 115/230V(AC)设备,供电电压 115V(AC),但是交流输入接电端子连接到230V(AC)电源上,那么最大直流输出电压就只有额定值的一半。有些情况下,可能有意要这样做,以便在低阳极地床接地电阻情况下,对直流输出进行更精细控制,但这种情况下,应在整流器和交流输入上贴上标签,因为这可能是违反有关技术规范的。如果整流器配备了电子设备,它必须连接到额定的交流电源上。

(3) 如果整流器输入抽头是按115V(AC)设定的,但是设备供电电压却是230V(AC),那么变压器很容易损坏。

1.8.6.2 交流浪涌保护器

(1)检查交流浪涌保护器的状况。如果浪涌保护已经失效,通常就会出现过热情况。浪涌保护器的目的是保护整流器,防止受到来自交流电源故障电流或雷电的破坏。

(2)多数故障都是由短路导致的,触发断路器跳闸,任何试图重置断路器的操作将会立刻导致断路器再次跳闸。

(3)断开交流浪涌保护器,并且重新合上断路器。如果断路器没有跳闸,应该更换交流浪涌保护器。如果断路器跳闸,则说明整流器或外部电路短路。

(4)注意:如果交流浪涌保护器处于断开状态,那么整流器得不到浪涌保护。

1.8.6.3 断路器

(1)断路器可能因短路而失效,比如触点被电弧熔在一起,或脱扣器失效导致触点处于常闭状态。需要通过测量交流电压来确认交流电源确实已断开。

(2)分别在断路器开启和关断状态下,测量输入的交流电压(通常在顶部)和输出的交流电压。表1.3列出了交流断路器可能的状态。

表1.3 可能的断路器状态

断路器关闭		断路器合上		问题
交流输入	交流输出	交流输入	交流输出	
正常V_{AC}	$0V_{AC}$	正常V_{AC}	正常V_{AC}	良好状态
正常V_{AC}	正常V_{AC}	正常V_{AC}	正常V_{AC}	触点熔合在一起
正常V_{AC}	$0V_{AC}$	正常V_{AC}	$0V_{AC}$(跳闸)	断路器故障或断路器、浪涌保护、整流器、外部电路短路

1.8.6.4 变压器

双交流电压电源情况下，初级线圈可以串联或并联。通过交流电源接线端子附近的跨接片（导电）来实现。需要确认这些跨接端子的设定与交流电源电压相符（见 1.8.6.1 节）。

1.8.6.5 次级线圈

（1）测量次级线圈抽头之间的交流电压。细抽头电压之和应近似等于相邻粗抽头之间的电压。将电压表一只表笔夹在细抽头 1 上，测量电压会随着抽头挡位升高而持续增大，由此可确认所有抽头连接正确无误。

（2）如果抽头之间实测的交流电压为 0V(AC)，表明次级线圈抽头故障。如果随着抽头挡位的增加，交流电压没有继续增加，说明这些抽头可能标识有误。

1.8.7 交流保险管

（1）如果在变压器次级抽头与整流元件之间安装了保险管，并且在这些次级线圈抽头上存在交流电压，但在整流元件处却没有交流电压，应拆下交流保险管进行测试，或检查抽头到整流元件的连接状况。

（2）如果保险管已经熔断，表明整流元件外部电路过载，或保险管仓内触点过热。

（3）检查保险管仓内触点有无过热现象。更换过热的弹簧型保险管仓。清洁螺栓型保险管仓，确保连接处均已拧紧。

（4）更换保险管之前，可用下列方法之一确定保险管烧毁的原因：

①测试输出电路电阻，并根据次级线圈抽头设定值计算输出电流。如果直流电流过大，应调整抽头。

②测试整流元件，查找短路的二极管，必要时更换。

③检查整流器箱体有无电弧迹象，并确定原因，必要时进行修复。

1.8.8 整流单元

（1）如果整流元件由硒板构成，其失效一般表现为效率低下，并且硒板上会有电弧灼烧痕迹。硒板灼烧或翘曲变形使焊点疏松，造成的失效后果将是灾难性的。

（2）开路或短路的硅二极管可能正常工作，也可能完全失效。

（3）当直流输出电压小于交流次级抽头一半电压时，表明整流单元的一个支路失效，或称为半波整流。

（4）拆下整个整流单元，分别测试每个元件，或者按照步骤（5）进行测试。如果是二极管整流电路，可以用仪表二极管档测试二极管的正向导通电压和反向导通电压。表1.4列出了二极管测试典型读数。

（5）可以按下列操作步骤和图1.11测试二极管桥式整流电路。

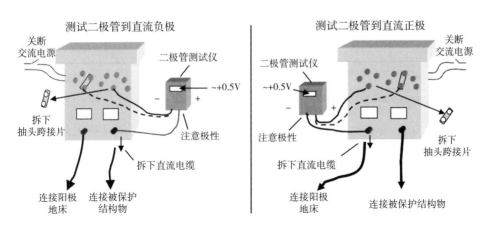

图1.11 现场测试整流单元的方法

注意：必须关断电源并上锁。如果显示开路，应检查保险管是否已经熔断，或是否存在连接失效

表1.4 二极管测试读数与状态对应表

二极管状态	正向导通电压，V	反向导通电压，V
良好	约0.5	OL
短路	约0	约0
开路	OL	OL

①关闭整流器，上锁并挂上警示牌。

②如果适用，确认所有保险管处于良好状态。

③至少拆下一根次级线圈抽头的跨接片。

④阳极电缆或阴极电缆至少拆下一根（如果有超过一根的阳极电缆或阴极电缆，那么必须拆下这个接线端子上连接的所有电缆）。

⑤按照二极管测试要求设置仪表。

⑥将仪表正极测试导线接到交流次级线圈中央抽头端子上，负极测试导线接到整流器正极端子上，读数应约为0.5V。

⑦对换仪表测试表笔反向连接到相同端子上，读数应为"OL"。

⑧将仪表正极表笔接到整流器负极端子上，负极表笔接到两个交流次级线圈抽头任意一个中央端子上，读数应为约0.5V。

⑨对换仪表表笔反向连接到相同端子上，读数应为"OL"。

1.8.9　直流保险管

（1）如果在整流器单元和直流输出端之间装有保险管，且在整流单元的直流端有直流电压，但在直流输出端子上却没有直流电压，应拆下直流保险管进行测量。测量保险管上的直流电压。如果保险管是好的，那么基本上没有电压。

（2）如果保险管已经熔断，表明整流器内部电路或外部电路过载，或保险管座触点过热。

（3）检查保险管座的触点有无过热迹象。更换过热的弹簧型熔断器座。清洁螺栓型熔断器座，确保按照要求拧紧连接部位。

（4）更换保险管之前，应按照下列步骤查明故障的原因：

①测试输出电路电阻，并根据次级抽头设定值计算电流输出。如果直流电流过大，应调整抽头。

②测试整流器单元，查看有无短路的二极管，必要时进行更换。

③检查整流器箱体有无电弧放电的迹象，必要时应查明故障原因并进行修理。

1.8.10 仪表

(1) 大多数整流器的直流输出参数是由面板上内置的电压表和电流表来显示,并往往配合内置或外置的分流器使用。

(2) 如果仪表有问题,显示值就不准确。例如,如果电流表出问题,而直流电压读数正常则可能认为外部电路存在故障,实际上故障在电流表自身。

(3) 进一步开展调查之前,首先用便携式仪表测量并校正直流输出值。

1.8.11 直流浪涌保护器

(1) 在整流器重新通电之前,应先检查有没有电弧放电或接头断开的迹象。

(2) 表1.3归纳了常用变压整流器断路器的故障排查方法。

1.8.12 最终测试

(1) 任何阴极保护电源在维修后再次启动之前,都要测量直流输出的极性,确认正极已经连接到阳极上。

(2) 比较通电前后被保护结构物对电解质电位。整流器开启后,保护电位应该更负。如果不是这样,应停止给整流器供电,调查整流器直流输出接线的极性。如果整流器极性接反了,就会加速被保护结构物的腐蚀。

(3) 确保整流器柜体内或附近备有图纸,清楚显示地下布线位置、极性和阳极位置。在某些国家这是一项法规要求[5]。

参 考 文 献

[1] Appalachian Underground Corrosion Short Course, 2000 Revision, *Intermediate Course*, Chapter 7.

［2］ A. W. Peabody, *Control of Pipeline Corrosion*, 2nd ed., R. L. Bianchetti, ed. (Houston, TX: NACE, 2001), p. 164.

［3］ W. von Baeckmann, W. Schwenk, W. Prinz, *Handbook of Corrosion Protection*, 3rd ed. (Houston, TX: Gulf Publishing Company, 1997), p. 229.

［4］ M. E. Parker, E. G. Peattie, *Pipe Line Corrosion and Cathodic Protection*, 3rd ed. (Houston, London, Paris, Tokyo: Gulf Publishing Company, Book Division, June 1995), p. 126.

［5］ CSA Standard C22.1-02, *Canadian Electrical Code*, *Part* 1 (Ontario, Canada: Canadian Standards Association, Etobicoke, 2002), p. 226.

［6］ Canadian Association of Petroleum Producers (CAPP). "Impressed Current Cathodic Protection Rectifier Design-for-Safety Guide," publication no. 2009-0019 (October 2009).

2 被保护结构物保护电位

2.1 概述

本章的目的是测试埋地或水下金属结构物与处于同一电解质中的参比电极之间的电位。

测试被保护结构物的保护电位有许多用途，例如可以开展下列项目的评价：

(1) 确认符合阴极保护准则。
(2) 电绝缘效果。
(3) 电连续性。
(4) 穿越公路或铁路套管的状态。
(5) 屏蔽。
(6) 杂散电流干扰。
(7) 防腐涂层性能。

上述每一项测试在本书其他章节中都有详细的论述。被保护结构物电位的测量点数量和位置取决于具体测试目的。

2.2 工具和设备

(1) 电压表：高输入阻抗（$\geqslant 10M\Omega$），直流电压测量范围 $0 \sim 4000mV$，最大至少为20V；输入阻抗可变（$10 \sim 200M\Omega$）的直流电压表，或可用附加电阻插件改变内阻的电压表；任选带有编程存储器的直流电压表/数据记录仪，可以按照指令或按照一定的时间间隔存储数值、单位、极性、时间和日期。

注意：小于$10M\Omega$内阻的电压表需要有电位计电路。

（2）参比电极：铜/硫酸铜参比电极；银/氯化银参比电极；任选长度的参比电极导线。

（3）配备电绝缘弹簧夹子的测试导线。

（4）绕线轮。

（5）交流电压表。

2.3 安全设备

（1）公司安全手册和规程所要求的标准安全设备。

（2）电绝缘夹子，特别是在高压交流电力线附近测试时。

（3）交流电压表：要测量的电位可能是危险的，首先应要测量被保护结构物与大地之间的交流电压。

2.4 注意事项

2.4.1 电压表

（1）阴极保护行业常用的电压表有两种类型，分别为指针式电压表（图2.1）和数字式电压表。

（2）指针式电压表非常敏感，使用和运输期间必须非常小心。

（3）使用指针式电压表时，必须注意刻度盘上每一格代表的数值。

（4）虽然安装了阻尼电阻可以降低线圈和指针的偏转速度，但是，如果实际电压超过了电压表的量程，电压表还是会损坏。

（5）数字式仪表是个采样器，其采集数据并显示平均值。当数值迅速变化时，数字会不断变化，这样就很难捕捉到读数。注意：液晶显示屏在低温条件下可能会结冰。

（6）即使在没有连接导线，或导线连接不当，或断线的情况下，数字式电压表依然能够显示读数。在这样的情况下，得出的读数可能是错误的。如果导线连接不当或导线破损，读数一般是很不稳定的。

2 被保护结构物保护电位

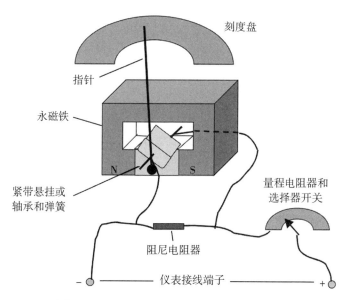

图 2.1 D'Arsonval 指针式电压表结构

测量每根仪表导线的电阻，可以轻轻拉扯导线，就很容易识别仪表导线是否有破损。此外，清洁触点也有助于导线的良好连接。

（7）图 2.2 显示了测量被保护结构电位时所包含的各部分电阻。

（8）相对于测试电路其余部分的总电阻（$R_w+R_p+R_o+R_e+R_c$），电压表的内阻（R_v）必须非常高。在大多数潮湿的土壤条件下，10MΩ 内阻的电压表就可以满足要求。如果在干燥土

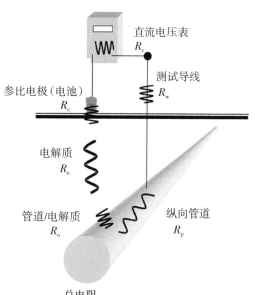

图 2.2 带电阻性部件的金属结构物电极电位电路

总电阻
$R_t=R_v+R_w+R_p+R_o+R_e+R_c$

39

壤、沙土、砾石或岩石的情况下，有必要采用更高内阻的电压表。在这样的土壤中加水，可能有助于降低参比电极的接触电阻。但是加水量必须控制，以免改变被保护结构物周围的环境。

（9）直流电压表必须具有抗交流干扰功能。

（10）通过测量已知的标准电压，可以测试电压表的精度。

（11）按照下列步骤，可确认测量精度：

①采用两种或多种内阻电压表测量的结果相同。

②指针式电压表上两个不同刻度盘上的读数相同。

（12）高速模数转换器能够记录阴极保护电流中断后可能发生的电位冲击峰。应读取此峰值平息后真实的瞬间断电电位或极化电位。由于这些峰值出现的时间大多不足0.6s（图2.3），因此应在电流中断后0.6~1s内读数，记录瞬间的被保护结构物断电电位。

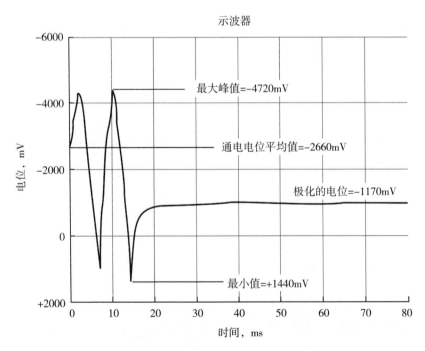

图2.3 阴极保护电流中断后被保护结构物出现的电位冲击峰

2.4.2 低接触电阻

应确保仪表接线端子与导线之间、导线与接线器之间、弹簧夹子和导线以及参比电极之间连接状态良好,接触电阻低。

2.4.3 载流导线

载流导线不能用作测试导线,载流导线如图 2.4 所示。载流导线上的 IR 降会增加读数误差,这个误差取决于电流大小、导线电阻和电流流动方向,可根据图 2.4 计算。

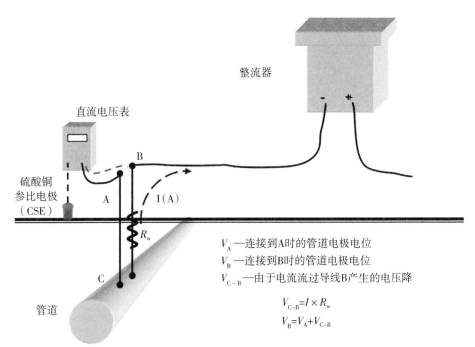

V_A —连接到A时的管道电极电位
V_B —连接到B时的管道电极电位
V_{C-B} —由于电流流过导线B产生的电压降

$$V_{C-B}=I \times R_w$$
$$V_B=V_A+V_{C-B}$$

示例:I=20A(20000 mA),R_w=0.01Ω,V_A=-800mV(CSE)
V_{C-B}=20A×0.01Ω=0.200V(200 mV)
由于电流的流动方向,在B的电位比C更负
V_B=-800mV+(-200mV)=-1000mV(CSE) 误差=-200mV

图 2.4 在连接载流导线(B-C)时,电压误差会增加(或减少)电位测量值,测量电位时只能用非载流导线(A-C)

2.4.4 参比电极

(1) 被保护结构物电位不同位置的电位可能是不同的,因此参比电极电位必须保持稳定。参比电极需要日常维护❶。

(2) 在土壤或淡水中的结构物,通常采用铜/硫酸铜(CSE)参比电极(图 2.5),而在海水这样氯化物含量高的电解质中,通常要用银/氯化银(SSC)参比电极。如果在氯化物含量高的环境中使用硫酸铜参比电极,氯化物容易污染堵塞电极的多孔塞。

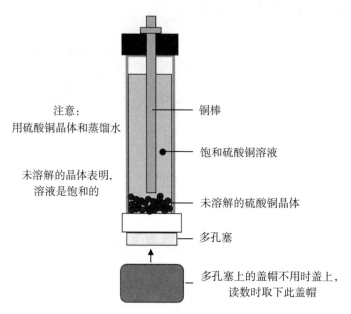

图 2.5 硫酸铜参比电极结构

(3) 也可以使用其他类型的参比电极,例如饱和甘汞电极(SCE)和氢电极,但是这些电极通常只在实验室条件下使用。

(4) 不同类型参比电极测量同一个电位,读数是不同的。如果已知两种参比电极之间的电位差,就可以对测量电位进行换算。示例见

---

❶ 见附录 2A。

2.6.3 节。

（5）参比电极必须保持干净，没有污垢。必须定期用从未使用过的新参比电极对参比电极进行校验。

（6）硫酸铜参比电极的铜棒应采用纯电解铜制成，铜棒应浸泡在盛有饱和硫酸铜溶液中，参比电极是圆柱形并附带一个保护帽。一端是一个用非金属材料做的多孔塞。配制此溶液时，只能使用实验室等级的硫酸铜和蒸馏水。溶液里应有未溶解的硫酸铜晶体，以此保证溶液是饱和的。

（7）多孔塞必须有足够的孔隙度，以便溶液与电解质之间充分的接触，且硫酸铜溶液不会泄漏。

（8）多孔塞不用的时候，要套上保护帽，使它保持潮湿状态，并能保留住溶液。

（9）测量时应取下参比电极保护帽。

（10）有两种类型的氯化银（SSC）参比电极：一种是开放式，即海水（SW）型，另一种是饱和型。开放式氯化银参比电极必须在海水里使用，否则，必须按照 NACE SP 0176[1] 标准对读数进行校正。饱和型氯化银参比电极结构与硫酸铜（CSE）参比电极相似，其读数不需要校正。二者区别在于电极是银材料，电解液是模拟海水。步骤（4）和（5）的要求也适用于银/氯化银电极。

（11）测量时参比电极必须靠近结构物放置。

（12）如果在测量过程中参比电极顶部会变潮湿，那么顶部接线端子和导线接头应用防水帽密封，确保它不会变成电极的一部分，否则会出现误差。

（13）温度对参比电极电位是有影响的，影响规律见式（2.1）[2]：

$$E_t = E_{25℃} + K_t (T - 25℃) \qquad (2.1)$$

式中，E_t 为温度 t 时的参比电极电位；$E_{25℃}$ 为 25℃时的参比电极电位；K_t 为温度系数（硫酸铜参比电极约为 0.9mV/℃或约为 0.5mV/℉；

氯化银参比电极为-0.13mV/℃或-0.07mV/℃)。

2.4.5 IR降

(1) 按照欧姆定律($V=IR$),IR降是一种电阻性电压降。

(2) 虽然在被保护结构电位测试电路中有几个IR降,但通常最关注的是参比电极与被保护结构对电解质界面间的IR降(图2.6)。这个IR降是由于阴极保护电流在电解质中流动而产生的,是测量误差。

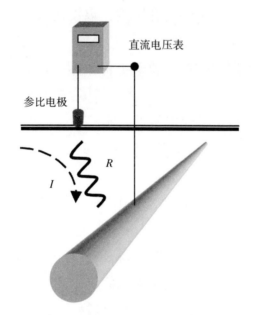

图2.6 参比电极与被保护结构对电解质界面间的IR降误差

I—电流;R—电阻

(3) 降低IR降的方法之一是将参比电极尽量靠近被保护结构,以减小电解质的电阻。虽然该方法在没有绝缘涂层的结构上比较有效,但在有绝缘涂层的结构上,这种方法并没有什么效果,因为在该测试电路中,可能最近的涂层漏点离参比电极的距离依然很远(图2.7)。

(4) 消除IR降的另一种方法是在同一个时刻,中断所有影响测试电位的电流源(如果$I=0$A,则$IR=0$V)。

（5）如果被保护结构的测点与参比电极距离很远，由于结构的纵向电流（I_p）和纵向电阻（R_p），依然会产生 IR 降（图 2.8）。2.6 节介绍了此种情况下的校正方法。

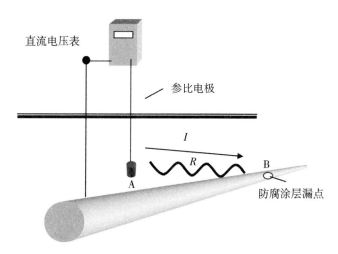

图 2.7　远处防腐涂层漏点增加 IR 降

A—假设读数位置；B—到防腐涂层漏点实际读数位置；I—电流；R—电阻

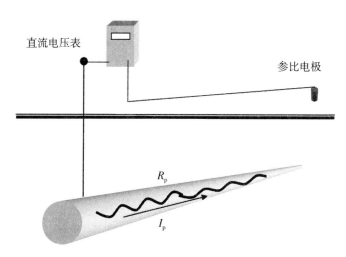

图 2.8　管道中电流引起的 IR 降

I_p—管道电流；R_p—管道电阻

2.5 测试程序

2.5.1 被保护结构物保护电位测试设备

用于被保护结构物保护电位测试的设备包括高阻抗电压表、参比电极和连接导线。

2.5.2 电压表

2.5.2.1 数字式电压表

(1) 数字式电压表是电子仪器,有数据读取功能,通常采用液晶显示屏。数字式电压表除具有交流电压挡、欧姆挡、二极管测试挡、直流电流挡(A、mA、μA)外,还有自动变换量程、数据保持、显示频率等功能。特殊的数字式电压表或数据记录仪,可存储读数、极性、日期和时间。在被保护结构物电位测试中要关注的功能包括直流电压、自动变换量程范围、数据保持和数据记录。

(2) 没有自动变换量程功能的数字式电压表必须按照测量要求,设定适合的量程。检查后确认在不存在危险的交流电压的情况下,按最大直流电压量程启动,然后降低到能够捕获测量数值的最小量程,同时显示单位和极性。

(3) 数字式电压表会显示单位和极性,带有自动变换量程功能的电压表会根据数值自动改变量程。当测量值超出量程时,仪表会自动改变量程,可能还会在不经意间改变单位,例如从毫伏挡变为伏特挡。因此,每次测试时,除要注意数值外,单位和极性也非常重要。

(4) "数据保持"功能使操作者捕获读数,以便记录。

(5) 不同仪表数据记录功能可能是不同的,需要仔细阅读仪表制造商提供的操作手册。有些仪表可以编程,按照指令或按照一定的时间间隔读数。虽然电位值可以标记时间,并且可以精准到秒,但是必须进行确认。例如,当多台数据记录仪设置同步时,每个显示屏可以显示到秒；但是，一台仪表可能是某一秒开始时启动的，而另一台仪表可能是同一秒接近结束时启动的。事实上，另一台仪表记录的可能是迟了1s的数据。通过比较杂散电流电位类似的波动图就可证实这一点。

2.5.2.2 指针式电压表

（1）指针式电压表的基本部件是固定的永磁铁，内部是动线圈，线圈连接一个弹簧或绷紧带。通过线圈的电流产生一个与永磁铁相反的磁场，使线圈转动。线圈中电流越大，指针随线圈转动并转动幅度也就越大。线圈上附有指针，指针随着线圈的转动沿刻度盘偏转，偏转程度与线圈转动幅度成正比，提供连续读数。线圈中的电流来自测量电路，按照欧姆定律，电流的大小取决于电压表接线端子前后的电压。这被称为达松发尔式仪表运动（图2.1和图2.9）。

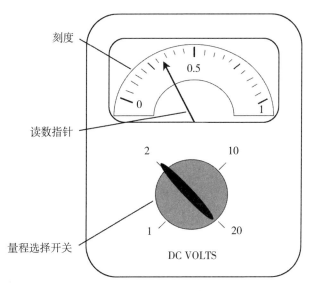

图 2.9　指针式电压表表盘

（2）指针式电压表的刻度零位可能在左侧，也可能在中央。如果是左侧零位，电路的正极必须接到电压表的正极端子上，电路的负极必须接到电压表的负极端子上，这样指针才会朝右摆动；否则，指针会被卡住，无法摆动。如果极性反了，电压表导线也要调换极性，或改用极性反向的开关。零位在中央的电压表的指针可以朝刻度正向或反向摆动，这取决于极性。

2.5.2.3 指针式电压表读数

（1）如果指针式电压表为单量程，那么在表盘上将会标有满量程数值。

（2）如果电压表有多量程，将通过量程选择开关来决定满量程的数值（图 2.9）。

（3）根据从零到满量程的刻度数，计算出每个大格和每个小格代表的数值。

（4）注意指针停留的位置。如果指针有箭头，那么就可以按照箭头得出读数。如果指针是个直杆，会有一定的宽度。使指针与眼睛成一直线，读取最窄点对应的读数。如果标度上有面镜子，将指针与镜面上的影像对齐，直至镜面上看不到任何阴影，读取该点对应的读数。

（5）检查一下刻度数，再乘以量程系数，就可以计算出读数。

（6）以图 2.9 为例，满量程为 2V(DC)，依据量程选择开关，这意味着量程下读取的数据必须乘以 2；读数 0.5 就表示 1.0V(DC)。从零到满量程有 20 格刻度，因此每格刻度等于 0.1V(DC)［2.0/20＝0.1V(DC)］。指针位于离零位第 6.5 个刻度，因此，这个读数是 0.65V(DC)。在此情况下，可以从刻度上直接得出读数，然后再乘以量程选择开关对应的数值，但是这种方法并非总是适用的。

（7）另外一种方法是采用大刻度作为起点。在指针下面的这个大的刻度是 0.5V(DC)。指针在 1.5 刻度，高于这个点，因此读数应为 0.5V(DC)＋［1.5 刻度×0.1V(DC)/刻度］＝0.65V(DC)。

2.5.3 参比电极

（1）采用另一个新的标准参比电极校验现场用的参比电极。如果两个电极的测量值相差超过 5mV，那么应按照附录 2A 的维修保养说明进行操作。记录测试结果、日期和时间。标准电极应经常用实验室甘汞电极来校准。

（2）如果使用数字式电压表，建议参比电极连接到负极端子或共用端子上。当参比电极连接到正极端子上时，操作者记录时必须将极性反过来。也就是说，如果是正值读数必须记录为负值，因为电压表的接线是反向的，这样极性也是反的。

2.5.4 极性

（1）被保护结构物保护电位测量的极性是极为重要的。不管电压表是如何连接的，只有一种记录读数的方法。

（2）测试结构物对电解质电位时（即相对参比电极），结构物一般作为正极。电压表的正极端子要连接到此被保护结构物上，负极端子要连接到参比电极上。如果测试钢对硫酸铜参比电极电位，正常情况下，这个电位值应是负的，必须作为负值进行记录。在此情况下，数字式电压表会显示一个负值符号（当读数为正值时，大多数的数字式电压表不会显示任何符号）。

（3）当使用零位在左侧的指针式电压表测试保护电位时，正常情况下应调换接线端子的极性，使指针向右摆动（上方标度），这样才能在刻度盘上看清读数。然后将结构物连接到负极，参比电极连接到正极，操作者必须记住，此时的接线是反向的，事实上，读数依然是负值，应按负值记录下来。

2.5.5 数据记录

（1）采用直流电压表测量被保护结构物与参比电极之间的电位来获得结构物的电位（图2.10）。

（2）如果使用数字式电压表，电压表的正极端子应连接到被保护结构物上，确保仪表表笔或夹子与结构物接触良好（如果使用指针电压表，电压表的负极必须连接到被保护结构物上才能获得测量值，但是读数依然作为负值记录）。

（3）电压表的另一个端子应连接到参比电极上。应取下参比电极多孔塞的保护帽，将多孔塞一端插入被保护结构附近潮湿的土壤或浸没在水里。不要将参比电极的另一端浸没在水里，除非参比电极端部已经密封。

（4）同样，在正常情况下，电压表上直接读出的数值应是负值，也应记录成负值。

（5）如果读数发生波动，表明可能接触不良，或部分导线有破损。

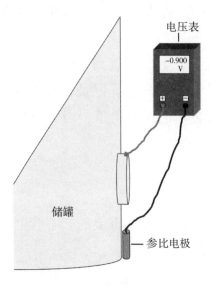

图 2.10　典型的金属结构物电极电位

（6）所有测量必须包括极性、数值、单位以及参比电极的类型。例如，用硫酸铜（CSE）参比电极得到一个 -850mV 的被保护结构物保护电位，可以记录为 -850mV（CSE）。

（7）如果数字式电压表的正极连接到结构物上，负极连接到参比电极上，那么电压表就会显示数值、极性和单位。

（8）如果是自动变换量程型数字式电压表，那么每次读数的单位和显示数字可能会改变。每次测量应注意数值单位。

（9）使用指针式电压表中可以看到结构物对电解质瞬时断电电位的响应，因为电压表指针向小刻度偏转时有明显的停顿。

（10）数字式电压表的响应往往很难预测。如果数字式电压表有自动变换量程功能，那么这个问题就会更加严重。因为电压表在显示数值之前，必须要决定采用什么样的量程。如果从通电电位值到断电电位值有很大的变化，并且变化频率非常快，可能无法正确显示断电电位。在这样的情况下，应关闭自动变换量程功能，将量程固定在最大值。通常要多次按下量程按钮，直至获得想要的量程。

(11) 数字式电压表是个采集器，第一个读数可能包含中断电流产生的 IR 降（图 2.11）。为此，推荐用中断电流后显示的第二个读数作为瞬间断电电位值。

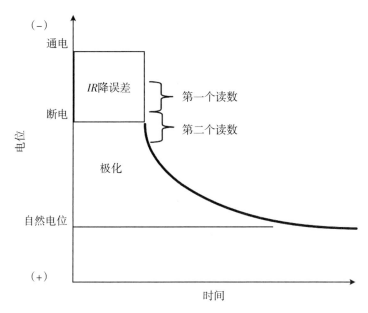

图 2.11 电流中断后被保护结构物保护电位响应曲线

2.5.6 被保护结构物通断电电位

(1) 在给被保护结构物供电的所有直流电源和所有跨接线中安装同步电流中断器。

(2) 选择长通电周期和短断电周期，以尽量维持极化状态。断电周期必须足够长，允许测试员或自动记录电压表捕获瞬间的断电电位值。

(3) 记录通电/断电周期。

(4) 根据通电/断电周期，读取通电电位和断电电位。不要假定最负的读数总是通电电位，因为实际情况可能并非如此。测量并通断电位的反转问题应该被如实记录。

(5) 如果要进行极化量测量，通常要测量被保护结构物的通断电位,并将断电电位与自然电位比较。

(6) 如果使用自动记录的电压表(数据记录仪)记录读数,应确定是否存在"峰值";否则,应选择中断电流后至少 0.6s 的数值。

(7) 如果使用数字式电压表,应选择显示的第二个读数,因为读数从通电电位转向断电电位时,第一个读数可能依然含有 IR 降(图2.11)。

(8) 如果使用指针式电压表,可看到指针的下降速度有一个明显减小的过程,此时应取这一点作为断电电位值。

(9) 要中断多个电流源时,建议安装固定式数据记录仪,以观察多台电流中断器的同步功能是否正常。图2.12 表明,通电周期里一台整流器断开,与另一台并未同步(地电流的干扰比较明显)。

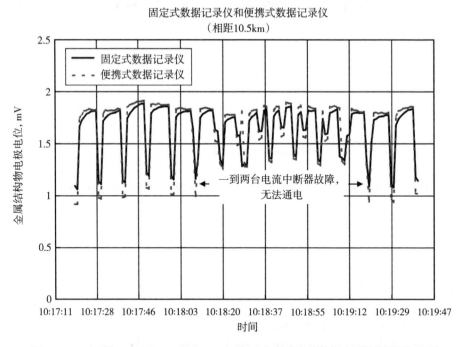

图 2.12 相距 10.5km(6.5mile)的两台数据记录仪电位波形图对比
除地电流活动外,还存在电流中断器故障

2.5.7 动态杂散电流

（1）应确定被保护结构物是否受到动态直流杂散电流的影响❶。

（2）如果相邻时刻的电位变化超过20%，应加以验证。应立刻测试电位峰值，首先确认参比电极与土壤是否恰当接触，可通过加水或放置在潮湿土壤中来观察。

（3）如果测试期间两个峰值之间的断电电位波动超过20mV，那么可确定存在地电流或其他需要验证的动态杂散电流干扰。

（4）如果检测出地电流或其他动态杂散电流，应在每段被测管道两端附近安装数据记录仪，用于记录结构物的电位（管对地电位）随时间的变化情况，并且根据实际情况记录22~24h。

（5）也可以人工测量被保护结构物的保护电位，记录数值和每次读数的时间。绘制电位曲线以观察变化趋势。

（6）如果测试管段长度不足1.6km（1.0mile），可以在现场安装一台数据记录仪。

（7）另用一台数据记录仪记录每个测点的保护电位，记录时间5min。除标记时间外，还要按照正常操作程序，进行密间隔电位测量。

（8）用便携式数据记录仪和固定式数据记录仪记录的电位波形图十分相似，如图2.12所示，两台记录仪相距10.5km（6.5mile）。

虽然在这个时间段内有少量地电流干扰，但也能看出通电周期内两台电流中断器失效的问题，通过全球定位系统控制的电流中断器常有这种情况，可能导致人工读数错误。

2.5.8 土壤管试片测试

（1）在不能中断所有直流电源的情况下，可以安装一个土壤管试片测试桩，用于预测无IR降的保护电位（图2.13），试片的大小要能

---

❶ 参见第8章。

够代表典型的防腐层漏点。一个试片与结构物相连，第二个试片不与结构物相连，置于自然条件下。可以临时中断阴极保护试片电流并读取瞬间断电电位。用零电阻电流表可测量这个试片吸收电流。

（2）典型土壤管试片装置如图2.13所示。

（3）现场测试时，至少应进行下列测量：

①试片的通电电位。

②试片的断电电位（打开试片接线板的开关）。

③试片的自然电位。

④试片极化量或退极化量。

（4）采用专门设备，完成下列测试：

①试片吸收电流。

②用线性极化法测量腐蚀速率。

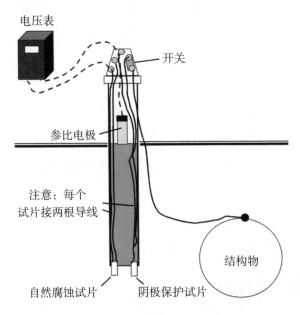

图2.13　进行电位测量的土壤管试片

2.6 数据分析

根据测试目的，被保护结构物对电解质电位的分析是不同的。测量被保护结构物对电解质电位的主要目的是确定其是否符合阴极保护准则。还有其他用途，如确认直流电源连接正确，确认绝缘或穿路套管绝缘有效绝缘，测试杂散电流干扰，排查故障等。其他测试项目包括在其他相应的章节中，下文仅给出了一些基本分析。

2.6.1 阴极保护准则

（1）NACE SP 0169—2007[3]标准第6章及其他工业认可的规范中，详细规定了阴极保护准则[6-7]❶。由于这些标准和规范会定期复审并修订，因此要始终关注这些规范的变化。阴极保护测试人员必须充分了解这些阴极保护准则，以及阴极保护准则的适用条件和注意事项。

（2）如图2.14所示，对于水下或埋地钢结构，表明得到充分阴极保护准则有三条，具体内容如下：

①已在特定管道系统上验证确实有效的准则，可用于特征相似的其他管道系统或结构物。

②无论是在极化形成还是极化衰减过程中测量极化量，满足最小极化量大于100mV。如式（2.2）所示，极化是从自然电位或自腐蚀电位到瞬间断电电位的变化量。可在开启或关闭全部有影响电流源情况下，在极化形成或衰减期间测得[式（2.3）]。

极化：

$$\Delta E_p = E_{off} - E_{native} \quad (2.2)$$

去极化：

---

❶ 采用最新版本的ISO 15589-1标准[7]，6.1.2.2节和6.1.2.3节包含仅有的阴极保护准则。

$$\Delta E_{\text{depol}} = E_{\text{off}} - E_{\text{depol}} \tag{2.3}$$

式中，ΔE_{p} 为阴极保护准则要求的极化量（最小 100mV）；E_{off} 为所有电流瞬间中断时的电位，mV；E_{native} 为阴极保护电流接通前的自然电位（自然腐蚀），mV；ΔE_{depol} 为阴极保护准则要求的去极化量（最小 100mV）；E_{depol} 为电流保持断开状态下的去极化电位，mV。

③相对铜/硫酸铜参比电极测出的结构物对电解质电位-850mV或者更负。这个电位可以是直接测量的极化电位或通电电位。通过同步中断对该结构物有影响的所有直流电流源，直接测量出瞬间断电电位可作为极化电位。解读通电电位时需要充分考虑大地和金属通路中的电压降。根据 NACE SP 0169—2013[1] 建议，考虑上述电压降时应依据可靠的工程实践经验。正如式（2.3）所示，参比电极与结构物电解质界面间的电压降（IR 降）是读数误差，在应用此项阴极保护准则前，必须从通电电位中除去 IR 降。NACE SP 0169—2013 标准讨论了评估 IR 降的方法，IR 降本质上是通电电位与瞬间断电电位的差值：

$$E_{\text{c}} = E_{\text{on}} - IR \tag{2.4}$$

式中，E_{c} 为阴极保护准则要求的电位[-850mV(CSE)或更负电位值；E_{on} 为通电电位，mV；IR 为参比电极与结构物到电解质边界之间的电压降，mV。

（3）图 2.14 左侧为施加阴极保护电流，右侧为中断阴极保护电流（注意：接通阴极保护电流后，电位变得更负）。接通阴极保护电流的瞬间以及中断电流的瞬间都可以直接测量到 IR 降。剩余的变化是由于极化造成的。因此，要测量结构物判断是否满足 100mV 极化准则，必须利用板化形成或退极化过程。

（4）这些阴极保护准则仅需要满足其中一条即可。例如，如果极化电位达不到-850mV(CSE)，有可能去极化测试证实已经达到 100mV 阴极保护准则。

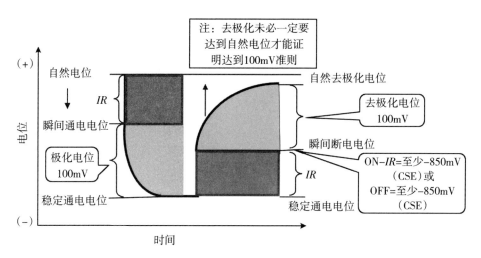

图2.14 钢的阴极保护准则示意图

(5) 有两种或多种金属连接时,不能采用100mV极化准则,除非知道最活泼金属的电位。

(6) 其他金属有不同的保护准则,详见NACE SP 0169标准。

2.6.2 IR 降

(1) 考虑IR降意味着需采用合理的工程实践方法,确定被保护结构物对电解质电位中所包含IR降。IR降是的参比电极与结构物之间以及特定情况下结构物本身的IR降。

(2) 在实际可行时,通过测量结构物对电解质瞬间断电电位可消除IR降。如果使电流为零,那么IR降也会变为零。

(3) 如果在给定位置上通电电位保持不变,施加相同的电流,在类似条件下测量通电电位,并且结构物没有任何变化,那么最近一次在相同位置,通过通电/断电电位测量确定的IR降也不变。

(4) 注意:一个固定的IR降不能用于所有测试位置,除非已经过足够充分的测试,证明这个值是真实可靠的。

(5) 如果证实没有发生腐蚀,即使不满足阴极保护准则,只要过去的和现在的结构物对电解质通电电位是相似的,那么现在的包含IR

降的通电电位也是可以接受的。

（6）使用土壤管试片时，应将试片对电解质的瞬间断电电位与极化电位准则比较。通过比较试片对电解质的断电电位与自然电位，可以确定极化量。

2.6.3 参比电极换算

（1）采用多种参比电极时，应将其换算成同一种参比电极，通常换算成铜/硫酸铜参比电极。进行换算时，一种电极应对照另一种电极进行校验。

（2）图2.15为换算示例，相对于铜/硫酸铜参比电极，银/氯化银参比电极电位为-50mV，饱和甘汞参比电极电位为-70mV，锌参比电极电位为-1100mV。在有些文献中，这些换算系数可能有所不同，应以实际测量数据为准[1-5]。此示例中，用锌参比电极得出的+250mV（Zn）应换算为用硫酸铜参比电极的-850mV（CSE），并且用硫酸铜参比电极得出的-850mV（CSE）可换算成用氯化银参比电极的-800mV（SCE）。

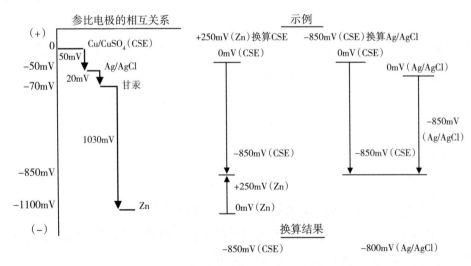

图2.15 参比电极的相互关系和换算示例

注意：校验差值将随温度发生变化

2.6.4 中断直流电源

(1) 查看固定式数据记录仪记录的图形,确认在测试期间,所有安装在整流器回路中的电流中断器都正常工作(图2.12)。

(2) 识别任何因为电流中断器故障而受到影响的被保护结构物电位读数。

(3) 注意在电流中断期间发生的去极化量。

2.6.5 动态杂散电流

(1) 如果在测试期间峰值与峰值之间断电电位的波动超过20mV,那么就需要确认是否存在地电流或其他动态杂散电流。

(2) 应首先根据测试期间平静期的测试数据或整个测试期间的平均值,确定固定式数据记录仪所在位置的真实电位。对沿线测出的每个电位测量值,确定其与同一时刻固定式数据记录仪数据之间的电位差值。这个差值加上固定式数据记录仪记录数据与真实电位的差值就是便携式数据记录仪读数的校正系数。下列情况下,计算公式如下:

①如果使用两台固定式数据记录仪,采用式(2.5)和式(2.6)进行计算:

$$\varepsilon'_b = [\varepsilon'_a(c-b)/(c-a)] + [\varepsilon'_c(b-a)/(c-a)] \quad (2.5)$$

式中,a 为第一台固定式数据记录仪的里程数,km;b 为便携式数据记录仪的里程数,km;c 为第二台固定式数据记录仪的里程数,km;ε'_a 为在 a 位置 x 时刻测量电位的误差;ε'_b 为在 b 位置 x 时刻测量电位的误差;ε'_c 在 c 位置 x 时刻测量电位的误差。

$$E_p = E_{p\text{measured}} - \varepsilon'_b \quad (2.6)$$

式中,E_p 为便携式数据记录仪所在位置的真实电位;$E_{p\text{measured}}$ 为便携式数据记录仪所在位置的测量电位。

②如果使用一台固定式数据记录仪,可采用式(2.7)进行计算:

$$E_p = E_s - \Delta(E_{sa} - E_{pa}) \tag{2.7}$$

式中，E_p 为便携式数据记录仪所在位置的真实电位；E_s 为固定式数据记录仪所在位置的真实电位；E_{sa} 为数据记录期间在 a 时刻固定式数据记录仪的测量电位；E_{pa} 为数据记录期间在 a 时刻便携式数据记录仪的测量电位。

（3）也可使用其他方法校正动态杂散电流。

（4）固定式记录仪也用于验证多台同步中断电流是否同步，验证是否在检测期间发生了去极化。

参 考 文 献

[1] NACE Standard SP0176-2007, "Corrosion Control of Submerged Areas of Permanently Installed Steel Offshore Structures Associated with Petroleum Production" (Houston, TX: NACE International), Figure 1.

[2] F. J. Ansuini, J. R. Dimond, "Factors Affecting the Accuracy of Reference Electrodes," MP 33, 11 (1994): pp. 14-17.

[3] NACE Standard SP0169-2013, "Control of External Corrosion on Underground or Submerged Metallic Piping Systems" (Houston, TX: NACE International).

[4] W. von Baekmann, W. Schwenk, W. Prinz, *Handbook of Cathodic Corrosion Protection*, 3rd ed. (Houston, TX: Gulf Publishing Company, 1997), p. 80.

[5] M. H. Peterson, R. E. Grover, *Tests Indicate the Ag/AgCl Electrode Is Ideal Reference Cell in Sea Water*, MP 11 (1972): pp. 19-22.

[6] CGA Recommended Practice OCC-1-2005, *Control of Corrosion on Buried or Submerged Metallic Piping Systems* (Ottawa, Ontario: Canadian Gas Association, 2005).

[7] International Standard, ISO 15589-1, *Petroleum and natural gas industries-Cathodic protection of pipeline transportation systems-Part 1: On-land pipelines*, (International Standards Organization, Web: www.iso.org. Published in Switzerland, 2003).

附录 2A 参比电极的维护保养

2A.1 硫酸铜参比电极（CSE）

2A.1.1 概述

饱和硫酸铜参比电极（CSE）包括纯铜棒和饱和硫酸铜溶液，装在一根塑料管内，塑料管一端有个多孔塞，另一端有个塑料盖帽固定铜棒。塑料管是不透明的，有个直立视窗，可以观察电极棒内硫酸铜溶液的液位和晶体（图2A.1）。

图 2A.1　饱和硫酸铜参比电极（图片来自 NACE 阴极保护技术人员课程）

饱和硫酸铜参比电极正常情况下是在淡水或土壤中使用的。硫酸铜溶液必须处于饱和状态，只要硫酸铜晶体没有全部溶解，就可确认处于饱和状态。当溶液中不再有晶体时，应及时加入硫酸铜晶体，直至可以观察到没有溶解的晶体。

加入其他金属离子（如铁离子）会污染硫酸铜参比电极，水里含有铁离子，或用金属砂纸清理铜棒时，都可能造成污染。在含有高浓度氯化物的环境中使用时，电极也会被污染，因为氯离子会通过多孔塞迁移至硫酸铜溶液中。每天使用前，应对电极进行校准。

2A.1.2 校准

（1）用标准参比电极测量参比电极之间的电位差。在现场，标准参比电极是校准专用硫酸铜参比电极。最好将此标准硫酸铜参比电极用实验室甘汞电极进行校准。

（2）将这些电极一起放入盛有不含氯离子的去离子水的塑料容器（图2A.2）。测量现场用的硫酸铜参比电极与标准硫酸铜参比电极之间的电位差。如果电位差不大于5mV，那么现场这支硫酸铜参比电极可以继续使用。如果电位差大于5mV，那么现场这支硫酸铜参比电极必须进行维修保养后方可重新使用。

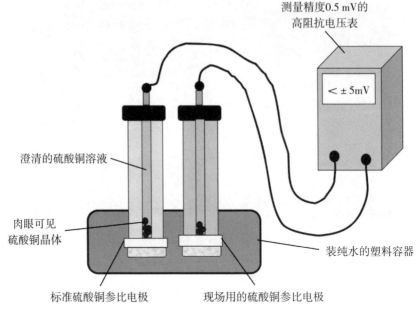

图2A.2 校验参比电极

2A.1.3 维修保养硫酸铜参比电极

（1）倒空硫酸铜参比电极，并对废液进行合理处置。

（2）取出铜棒，拆下盖帽和多孔塞。

（3）用蒸馏水或去离子水冲洗塑料管。

（4）将多孔塞浸泡在蒸馏水或去离子水里。

（5）用非金属砂纸（如硅砂纸）清理铜棒表面，直至铜棒表面出现铜的金属光泽。

（6）检查 O 形密封圈，如果已经损坏，应及时更换。

（7）将多孔塞拧到塑料管一端（或者安装铜棒，塑料管另一端敞开口以便灌装溶液）。

（8）加入硫酸铜晶体，最多达到塑料管容量的 1/4。

（9）加入蒸馏水或去离子水，确认有部分硫酸铜晶体没有完全溶解。如果没有看到硫酸铜晶体，应加入更多的硫酸铜晶体，直至看到溶液中确实有部分硫酸铜晶体没有完全溶解（可以事先在一个干净的非金属容器里配制饱和硫酸铜溶液。在这种情况下，电极管里可以加入较少的硫酸铜晶体）。

（10）安装铜棒，确保塑料管两端都已经恰当密封。

（11）摇晃溶液，确认塑料管里装满了大约95%的溶液，而且很明显能够看到溶液中有未溶解的硫酸铜晶体。

（12）重复 2A.1.2 节的校准流程。

（13）如果校准结果依然大于 5mV，那么就应拆开电极，检查铜棒是否夹杂了其他颗粒。

（14）应确认所用的水是蒸馏水或去离子水，并且硫酸铜晶体没有被污染。

（15）重复上述维修保养程序。

（16）如果经过反复的维修保养，依然无法达到校验的要求，那么现场用的硫酸铜参比电极必须及时更换。

2A.2 海水中用的氯化银参比电极

2A.2.1 概述

海水中用的氯化银参比电极（SCE_{SW}）需要海水作为配套电解液。如果用于电阻率大于海水的水里，必须按照 NACE SP 0176 标准校正读数。

2A.2.2 校准

（1）测量海水中用的银/氯化银参比电极（SSC_{SW}）相对于标准SSC_{SW}的电位差值。所谓标准参比电极就是校验专用电极。

（2）将这些电极一起放入类似图2A.2所示盛有海水或人造海水的塑料容器里。测量现场用的SSC_{SW}参比电极与标准SSC_{SW}参比电极之间的电位差值。如果这个电位差值不大于5mV，那么这支现场用的SSC_{SW}海水中用的氯化银参比电极可以继续使用。如果这个电位差值大于5mV，那么这支现场用的SSC_{SW}海水中用的氯化银参比电极需要维修保养后方可重新使用。

2A.2.3 维修保养海水中用的氯化银参比电极

（1）取下配重块和保护银电极用的多孔管。

（2）用干净柔软的棉布仔细清洁银电极。切勿用砂纸或磨料。

（3）按照2A.2.2节，重新组装并重新校准。

（4）如果无法达到校验要求，应将氯化银参比电极寄给制造商或弃置。

2A.3 密闭式银/氯化银参比电极

2A.3.1 概述

密闭式银/氯化银参比电极（SSC_C）包括涂有氯化银的银棒，装在一支塑料管内，塑料管里装有人造海水，塑料管的一端有多孔塞，另一端是塑料盖帽。塑料管是不透明的，但是有个直立视窗，可以观察液位。

2A.3.2 校准

（1）测量相对于密闭式标准SSC_C参比电极的电位差值。所谓标准参比电极就是校验专用电极。

（2）将这些电极一起放入类似图2A.2所示盛水的塑料容器里。测量现场用的密闭式SSC_C参比电极与密闭式标准SSC_C参比电极之间的电位差值。如果这个电位差值等于或者小于5mV，那么这支现场用的密闭式SSC_C参比电极可以继续使用；如果这个电位差值大于5mV，那么需要维修保养后方可重新使用。

2A.3.3 维修保养密闭式氯化银参比电极

（1）倒空密闭式 SSC_C 参比电极，恰当处置电极管里的废液。

（2）取出银棒，拆下盖帽和多孔塞。

（3）塑料管里用蒸馏水或去离子水冲洗。

（4）将多孔塞浸泡在蒸馏水或去离子水里。

（5）用干净柔软的棉布仔细清洁银电极。切勿用砂纸或磨料。

（6）检查 O 形密封圈，如果已经损坏，应及时更换。

（7）将多孔塞拧到塑料管端部（或者安装银棒，塑料管另一端保留敞开口，以便灌装溶液）。

（8）加入人造海水。

（9）安装银棒（多孔塞），确保塑料管两端已经恰当密封。

（10）确认塑料管里已经灌满了大约95%的溶液。

（11）重复 2A.3.2 节的校验程序。

（12）如果校验结果依然大于 5mV，那么就应拆开电极棒，检查银棒是否夹杂了其他颗粒。

（13）确认溶液与海水相当。

（14）重复上述维修保养步骤。

（15）如果连续维修保养无法达到校准要求，必须更换现场用的密闭式 SSC_C 参比电极。

3 直流电流

3.1 概述

本章的目的是测试阴极保护相关直流电流。

可以用电流表或钳形电流表测试直流电流,也可以通过测量一个分流器或已知阻值电阻上的电压降(mV)来计算出电流。在阴极保护实践中,有多处需要测试直流电流,例如阴极保护直流电流输出量、电连续跨接线中电流、干扰减缓跨接线中电流,以及其他相关场合。

只有具有相应技术资质的人员才可以进行直流电流测试,包括阴极保护测试人员、阴极保护技术人员、阴极保护技师以及阴极保护专家等。

进行直流电流测试前,应进行危险评估。在串入电流表之前,必须断开电路,上锁并挂上警示标牌。

3.2 工具和设备

根据电流测试的要求,需要以下全部或部分工具和设备:

(1) 直流电流表。

(2) 直流钳形电流表。

(3) 带钳形直流探头的直流电压表(可选)。

(4) 电压表:

①可以测量 0~4000mV 的高输入阻抗直流电压表。

②带有可编程的直流电压表/数据记录仪(可选),可以按照指令或一定的时间间隔存储数值、单位、极性、时间和日期。

③交流滤波电路。

（5）分流器：

①额定电流应大于预计测试电流。

②低阻值以降低对原电路的影响。

（6）测试导线（包括电绝缘的弹簧夹子或接线器）。

（7）绕线轮。

（8）常规便携直流电源或6~12V电池，以及1.5Ω可变电阻。

（9）100W变阻器。

3.3 安全设备

（1）公司安全手册和法规所要求的标准安全设备。

（2）上锁/挂牌工具箱。

（3）带绝缘套仪表表笔和接线夹。

（4）假定测量电位超过安全电压阻值，应首先测量交流电压，特别是在交流输电线附近。

3.4 注意事项

3.4.1 电流方向

依照惯例，电流的方向应该是从正极（+）流向负极（-）。数字式仪表显示负数，表明仪表正负表笔与电流的流动方向相反，即仪表的负表笔实际上接到了电路的正极一侧。

3.4.2 电流表

使用电流表时，必须将其串联到电路中，因此在接入电流表前，必须确保电路已经断开，并上锁并挂牌。应当注意接入电流表后会增加电路的电阻，因此，接入电流表后，电路电流会有所减少。

3.4.3 钳形直流电流表[1]

钳形直流电流表是一种通过测量导体中电流产生电磁场来工作的电流表，其原理是可开合钳口内置铁芯和线圈通过产生反向磁场，抵消测量载流导线产生的磁场。使用该仪表时，被测量载流导线应为单根导线且置于钳口中央位置。注意测量电流值的极性，可以通过转换钳口方向再次获取数据，以确认测量电流值。

3.4.4 电压表

电压表可用于测量分流器两侧的电压降，这个电压降是由电流和分流器电阻造成的。电压表的内部电阻足够高，以免电压表从分流器上分走太多电流，影响测量结果。

3.4.5 分流器

分流器是一个经过精确校准的低阻电阻，用其电阻值或毫伏安培来表征（如 50mV，10A）。每个分流器都有一对电流接入端子和一对电压降测量端子。注意这两对端子不要混用，否则会产生测量误差。

3.4.6 管中电流

管中电流的测量方法可以分为两大类：一是采用钳形电流表（电流环）；二是将被测量管段视为一个分流器，通过标定该"分流器"获得管中电流，通常被称为"电流跨距法"。

3.4.6.1 钳形电流表（电流环）法

测量铁芯环的口径必须与被测量管道直径相匹配，在测量铁芯的接口部位要规范连接，且将被测管道置于中央位置。记录数据时，应注意仪表挡位、倍数和极性。调转测量铁芯方向，重复测量。

3.4.6.2 电流跨距法

电流跨距是指一定间距管道两端分别引出一根或以上的测量导线，该管段应足够长，其纵向电阻两端产生的电压降至应大到能被准确测量。

（1）双线制电流跨距：在被测量管段两端各引出一根测量导线，该段管道纵向电阻需通过标准管道纵向电阻表格查得。这就要求必须已知该电流跨距的长度、管道直径、管道壁厚和管道重量，且在跨距内不能有变壁厚和其他金属连接的附属设施。

（2）四线制电流跨距：在被测管段两端各引出两根测量导线，按照 3.5.4 节介绍的方法，标定这个电流跨距。值得注意的是，推荐使用与被测电流值相近的电流来标定目标电流跨距。

3.5 测试程序

3.5.1 直流电流表

（1）切断被测电路电源，上锁并挂牌，在安装电流表前，再次确认电源已经断开。电流表应串入电路中，确保电流表的正极朝向电源的正极，负极朝向电源的负极。如果发现读数是负数，应确认被测电路中是否存在另一个电源。

（2）将电流表设置到最大量程，确认安全后，开锁并取下警示标牌，接通电源。

（3）减小电流表量程，使两个量程下的电流读数相近。注意随着量程减小，电流表电会阻增加，进而，降低电路中的电流，这可能会带来不可接受的测量误差。

（4）记录电流的方向、数值与单位（A 或 mA）。

3.5.2 钳形直流电流表

（1）直流钳形电流表可以一种配备读数显示屏、可独立使用的仪表，也可以作为直流毫伏表的一个插件。无论是哪种形式的直流钳形电流表，测量前都应仔细阅读说明书，了解操作步骤和归零方法。对于插件式直流钳形电流表，计算直流电流时应乘上一定的系数。

（2）如果测量点附近没有外露的电气接线端子，不需要关断电源。但是如果在有外露电气接线端子时，在加装电流表前，应关断交流电源，并上锁挂牌。

（3）如果不是自调量程型仪表，应设定在最高的电流量程。

（4）将单根载流导线置于测量铁芯中央位置，铁芯正极一侧朝向电流的正极方向。如果读数不是正值，确认电路中是否还存在其他电流。

（5）参照测量值，将仪表调整到最接近的量程。

（6）调换测量铁芯方向，确认读数是否相近。两个读数的平均值往往接近真实值。

（7）记录直流电流的方向、数值和单位（A 或 mA）。

3.5.3 分流器

（1）分流器是一种精确校正过的低电阻器件。其工作原理是测量分流器两端的电压，计算出电流值。实际上，电流表的工作原理就是分流器原理，用一块电压表测量分流器两端电压，经过标定刻度，就可以直接显示出安培数。电流表的分流器是外置的，也可以是内置的。

（2）如图 3.1 所示，分流器可以有不同样式。但是所有的分流器

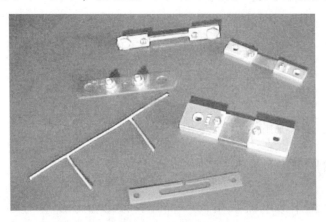

图 3.1　分流器的类型

在内测小螺栓之间或者突起的销钉（不是电流接入的外侧螺栓）之间进行测量

两个测试触点之间的材料都是经过校准的。对于线形分流器,也就是图3.1左下角所示,必须在两个突起的销钉之间读取毫伏数。其他分流器上的内侧小螺栓是读取毫伏数的触点。

(3) 分流器必须串联在电路中,因此安装前必须关闭电路电源,上锁挂牌。通常情况下,一旦安装后,分流器就永久性留在电路中了。在后续测试中,分流器电阻不会影响电路电阻。

(4) 首先用电压表测量分流器两侧的毫伏数,可以从分流器测量触点引出两根导线,也可以用表笔直接在分流器内侧小螺栓测量触点上测量(图3.2)。图3.2还显示了两种不同极性显示下的电流方向。

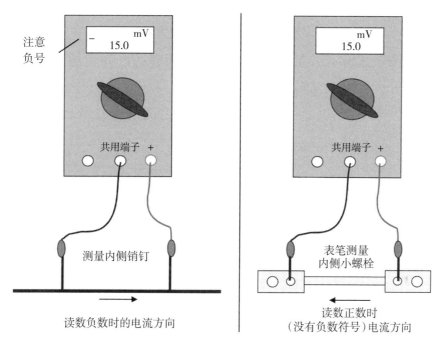

图3.2 用电压表测量分流器的连接方式

(5) 注意图3.2左侧仪表的负读数表明仪表接线是反向的,也就是说,正极导线实际上连接到分流器的负极一侧,而负极(共用端)接线端子连接到分流器正极一侧。

(6) 然后按 3.6.3 节所述，计算出电流数值。

3.5.4 电流跨距[1-2]

(1) 双线制跨距。

①确定管道外径和壁厚。

②确定两测试导线之间的间距，被测跨距上不应存在变壁厚、阀门和附属管件。

③测量两根导线之间的毫伏数，按照 3.6.4 节所述，计算出电流数。

(2) 四线制跨距。

如果不知道被测管段的电阻或校正系数，可以通过下列测试步骤来确定：

①如图 3.3 所示，在两根外部导线之间馈入已知量的电流。采用双极双掷开关，可以实现馈电电流反向。

②在馈入电流前，测量内侧测试导线之间的毫伏数，注意极性、数值和单位 [mV(off)]。

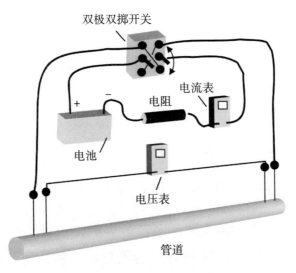

图 3.3 四线制管道电流跨距的标定

③馈入接近预估管中电流值的试验电流（I_{on}），记录极性、数值和单位。

④测量馈入电流后内侧测试导线之间的毫伏数[mV(on)]。

⑤通过双极双掷开关，反转电流方向，重复测量电流和毫伏数。

（3）为确定管中电流，如图3.4所示，用电压表测量内侧两根测量导线之间的毫伏数。

①记录极性、数值和单位，以及仪表正负极所连接的导线颜色和端子编号。

②按照3.6.4节所述，计算管中电流。

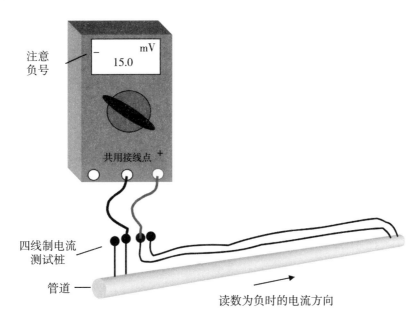

图3.4 测量四线制电流跨距时电压表的连接

3.6 数据分析

3.6.1 直流电流表

（1）直流电流表可以直接给出安培（毫安）读数，或可以用量程系数计算出电流读数。

（2）注意极性、数值和单位（例如，+1.5A）。

3.6.2 直流钳形电流表

（1）独立式直流钳形电流表可以直接读出安培（毫安）数，或可以用量程系数计算出电流量。

（2）插件型直流钳形电流表可以从电压表上读出毫伏数，并由厂家会给出安培/毫伏校正系数。用式（3.1）可以将毫伏数换算成电流量：

$$I = mV_{measured} \times CF_p \qquad (3.1)$$

式中，I 为测量电流值，A；$mV_{measured}$ 为分流器两侧电压，mV；CF_p 为钳形电流表校正系数，A/mV。

（3）结合读数的极性和测量铁芯朝向确定电流流向。如果读数是正值，那么被测电流方向是从测量铁芯的正向侧流向负向侧；如果读数是负值，表明电流方向相反。

3.6.3 分流器

可以用三种方法计算出电流，包括比值法、校正系数法以及基于欧姆定律的电阻法。下文将讨论这些方法，并举例说明。

3.6.3.1 比值法

分流器中的电流会在分流器两端产生电压降（毫伏），电压降的大小与分流器的标称值成正比。被测电流值可以通过式（3.2）计算得到：

$$I = \frac{mV_{measured}}{mV_{rated}} \times I_{rated} \qquad (3.2)$$

式中，I 为测量电流值，A；$mV_{measured}$ 为分流器两端电压降，mV；mV_{rated} 为分流器标称电压，mV；I_{rated} 为分流器标称电流，A。

注意：必须使用规定的单位，即 mV 与 A。

如果在一个 50mV、10A 分流器两端实测的电压为 20mV，那么分流器中的电流为：

$$I = \frac{20\text{mV}}{50\text{mV}} \times 10\text{A} = 4.0\text{A}$$

3.6.3.2 校正系数法

表3.1列出了阴极保护行业普遍采用的分流器校正系数，也可以按式（3.3），根据分流器标称值计算出校正系数：

$$\text{SF} = \frac{I_\text{rated}}{\text{mV}_\text{rated}} \qquad (3.3)$$

式中，SF为分流器校正系数，A/mV；I_rated为分流器标称电流，A；mV_rated为分流器额定电压，mV。

用式（6.4），根据分流器两端实测的电压值，然后乘以校正系数，就可以计算出电流：

$$I = \text{mV}_\text{measured} \times \text{SF} \qquad (3.4)$$

式中，I为测量电流值，A；$\text{mV}_\text{measured}$为分流器两端电压降，mV；SF为分流器的校正系数，A/mV。

例如，可以从表3.1查明标称值为50mV、10A的分流器的校正系数，也可以用标称电流（A）除以标称电压（mV）计算出校正系数：

$$\text{SF} = \frac{10\text{A}}{50\text{mA}} = 0.2\text{A/mV}$$

如果实测的电压降是20mV，那么用式（3.4）可以计算出电流：

$$I = 20\text{mV} \times 0.2\text{A/mV} = 4.0\text{A}$$

3.6.3.3 电阻法

可以用欧姆定律确定分流器中的电流。表3.1列出了阴极保护常用的分流器电阻。表3.1中前两种分流器可能没有任何详细资料，但是采购时，分流器上或面板上应贴有标签，告知其电阻值，标签必须妥善保留在上面。

表 3.1　分流器电阻和校正系数

分流器标称值		分流器电阻，Ω	校正系数
mV	A		A/mV
—	—	0.01	0.1
—	—	0.001	1.0
50	1	0.05	0.02
50	2	0.025	0.04
50	3	0.0167	0.06
50	4	0.0125	0.08
50	5	0.01	0.1
50	10	0.005	0.2
50	15	0.033	0.3
50	20	0.0025	0.4
50	25	0.002	0.5
50	30	0.00167	0.6
50	40	0.00125	0.8
50	50	0.001	1.0
50	60	0.0083	1.2
50	75	0.00067	1.5
50	100	0.0005	2.0
100	100	0.001	1.0

如式（3.5）所示，可以按欧姆定律另一种形式计算出分流器中的电流：

$$I = \frac{V_{measured}}{R_s} \tag{3.5}$$

式中，I 为分流器中的电流，A；$V_{measured}$ 为分流器两端实测的电压降，V；R_s 为分流器的标称电阻，Ω。

注意：采用电阻法时，分流器的电压必须从毫伏换算成伏特。如果不知道分流器的电阻（R_s），但是知道标称电压和标称电流，用式（3.6）就可以计算出电阻值：

$$R_s = \frac{V_r}{I_r} \tag{3.6}$$

式中，R_s 为分流器的标称电阻，Ω；V_r 为分流器的标称电压，V；I_r 为分流器的标称电流，A。

同样要注意，如果电流要以安培（A）为单位时，分流器的电压标称值必须从毫伏换算成伏特，这样才能计算出以欧姆为单位的电阻值。

以前面的50mV、10A分流器两端实测电压降20 mV为例，分流器的标称电阻为：

$$R_s = \frac{0.050\text{V}}{10\text{A}} = 0.005\Omega$$

以及

$$I = \frac{0.020\text{V}}{0.005\Omega} = 4.0\text{A}$$

三种方法的任何一种都可以用于确定分流器中的电流。

3.6.4 管中电流[1-2]

3.6.4.1 双线测试

（1）确定管道直径和壁厚。

（2）确定两根测试导线之间的间距，被测跨距上不应存在变壁厚，阀门和附属管件。

（3）用式（3.7）至式（3.9）计算出电流跨距的电阻值：

$$R = \rho \frac{L}{A} \tag{3.7}$$

式中，R 为电流跨距纵向电阻，Ω；ρ 为钢的电阻率，$\Omega \cdot m$；L

为电流跨距的长度，cm；A 为管道的横截面积，cm^2。

$$A = \pi \frac{(OD^2 - ID^2)}{4} \tag{3.8}$$

式中，OD 为管道的外径，cm；ID 为管道的内径，cm。

$$ID = OD - 2w_t \tag{3.9}$$

式中，w_t 为壁厚，cm。

（4）也可以通过查找管道数据表，确定单位长度管道的纵向电阻。该方法必须知道管道的直径、壁厚或单位长度的质量。

（5）管道长度乘以单位长度的电阻值，就可以得到总电阻值。

3.6.4.2 四线制电流跨距

（1）根据校验正测试结果，用式（3.10）就能够计算出该段管道跨距的电阻：

$$R_p = \frac{mV_{on} - mV_{off}}{(I_{on} - I_{off}) \times 1000} \tag{3.10}$$

式中，R_p 为跨距的纵向电阻，Ω；mV_{on} 为馈入电流后内侧测试导线之间的电压降，mV；mV_{off} 为未馈入测试电流时内测测试导线之间的电压降，mV；I_{on} 为外侧测试导线馈入的电流值，A；I_{off} 为中断临时馈电电源后的电流，通常情况下为 0A；1000 为毫伏换算成伏特的倍数。

（2）根据如下公式计算管道跨距的校正系数（CF_{span}）：

$$CF_{span} = \frac{I_{on} - I_{off}}{mV_{on} - mV_{off}} \tag{3.11}$$

式中，CF_{span} 为管道跨距的校正系数，A/mV；I_{on} 为外侧测试导线馈入的电流值，A；I_{off} 为中断临时馈电电源后的电流，通常情况下为 0A；mV_{on} 为馈入测试电流后内侧测试导线之间的电压降，mV；mV_{off} 为未馈入测试电流时内侧测试导线之间的电压降，mV。

3.6.4.3 管中电流

(1) 已知电流跨距的电阻后,就可以用式(3.12)计算出管中电流:

$$I_{span} = \frac{V_{span}}{R_{span}} \quad (3.12)$$

式中,I_{span} 为管道电流跨距中的电流,A;V_{span} 为电流跨距两端的电压降,V;R_{span} 为电流跨距的电阻,Ω。

(2) 已知电流跨度校正系数后,就可以用式(3.13)计算出管中电流:

$$I_{span} = mV_{span} \times CF_{span} \quad (3.13)$$

式中,I_{span} 为管道电流跨距中的电流,A;mV_{span} 为电流跨距两端的电压降,mV;CF_{span} 为电流跨度的标定系数,A/mV。

如果在两个电流测试桩处测得了管中电流的大小和方向,就可以推导出之间管段的吸收(或排放)电流情况:

$$I_{section} = I_1 - I_2 \quad (3.14)$$

式中,$I_{section}$ 为从管段吸收(或排放)电流,A;I_1 为在位置 1 实测的管中电流,A;I_2 为在位置 2 实测的管中电流,A。

要准确确定管段吸收或排放电流情况,绘制一幅电流方向图是十分必要的。如图 3.5 所示,各端实测的电流数值相同,但是不同情况下,电流方向不同,因此进入或流出管道的净电流是不同的。

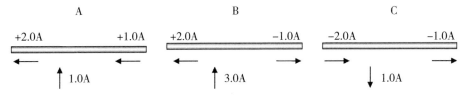

图 3.5 影响电流获得排放的管道电流方向示例

用式（3.14）可以计算图3.5所示每种示例的电流值：

$$I_{section}A = +2.0A - 1.0A$$
$$= +1.0A（吸收）$$
$$I_{section}B = +2.0A - (-1.0A)$$
$$= +3.0A（吸收）$$
$$I_{section}C = -2.0A - (-1.0A)$$
$$= -1.0A（排放）$$

参 考 文 献

[1] A. W. Peabody, *Control of Pipeline Corrosion*, 2nd ed., R. L. Bianchetti, ed. (Houston, TX: NACE, 2001), p. 77.

[2] M. E. Parker, *Pipeline Corrosion and Cathodic Protection*, ed. E. G. Peattie, 3rd ed. (Houston, TX: Gulf Publishing Company, Book Division, Houston, London, Paris, Tokyo, 1984), p. 31.

4 诊断测试（电流需求量）

4.1 概述

本章将讨论如何开展阴极保护系统失效相关测试，包括如何确定阴极保护失效原因和如何改善阴极保护水平。

对于已经投运的阴极保护系统，如果出现了欠保护情况，可首先尝试用诊断性测试直接消除。如果不能直接消除，就需要开展进一步测试，以确定在什么地方，采取何种方式，增补多少额外阴极保护电流。

阴极保护技术人员必须十分熟悉阴极保护准则，以及这些阴极保护准则的适用条件和注意事项❶。

4.2 工具和设备

根据所选择的测试项目不同，下列设备可能有所不同：

(1) 万用表量程：0.001~40V(DC)，包括测试导线和绝缘表笔。
(2) 硫酸铜参比电极。
(3) 绝缘测试仪。
(4) 土壤电阻率测试仪，包括测试导线和4根测试电极。
(5) 万用表，具备交流、直流电压和电阻测量功能。
(6) 电流中断器。
(7) 与测试电流匹配的直流电流表。

---

❶ 见第2章。

(8) 电池和限流电阻，或便携式可控直流电源。

(9) 探管仪发射机和接收机。

(10) 必要的测试导线。

(11) 便携式工具箱。

4.3 安全设备

(1) 标准安全设备，应符合公司安全手册和规程要求。

(2) 电绝缘接线夹和表笔。

(3) 对直流电源进行操作和测试的人员，必须经过专业培训，持证上岗。

4.4 注意事项

除必须遵守特定设备安全规程外，还应遵守下列一般性安全注意事项：

(1) 触碰整流器箱体前，应首先测量整流器箱体与大地之间的电压。

(2) 如果整流器箱体内可能存在昆虫、啮齿类动物或蛇，应事先采取防范措施。

(3) 检查整流器有无异常声响、温度或气味，如果发现异常时，应关断整流器。

(4) 安装电流中断器或每次调整整流器输出抽头设置之前，应关闭交流电源开关。

(5) 整流器正常工作状态下，应确保所有裸露的接线端子锁在箱体之内。

(6) 进行阴极保护测试之前，应首先测试结构物对大地的交流电压。如果结构物对大地的交流电压不小于15V(AC)，必须严格遵守NACE SP 0177标准中规定的安全规定，并且必须及时告知在该结构物上工作的其他人员。

（7）在高压交流（HVAC）输电线附近工作时，要定期测量结构物对大地的交流电压，因为随着输电线负荷和相对位置的变化，交流电压也会发生变化。

（8）如果该地区出现雷雨天气，切勿在结构物上工作。

（9）在围栏附近工作时，应首先确认围栏是不是圈养牲畜用的带电围栏。如果附近有高压输电线路，应进一步确定围栏上是否有危险的感应电压。

4.5 测试程序

4.5.1 诊断性测试前应收集的资料

（1）历年检测数据。

（2）整流器日常监测和历年运行数据。

（3）图纸类：被保护结构物走向详图，阴极保护系统安装和位置详图，测试桩类型和位置详图，跨接线和位置详图。

（4）交流干扰电压测试报告（如果有）。

（5）直流杂散电流测试结果和减缓效果相关资料（如果有）。

（6）重要跨接线监测数据。

（7）结构物电绝缘资料。

（8）公路和铁路穿越套管资料（如果有）。

（9）密间隔电位测试数据（如果有）。

（10）管道防腐层相关资料。

（11）内检测或其他检测报告（如果有）。

（12）诊断测试报告。

4.5.2 调查阴极保护不达标的原因

（1）检查整流器工作参数，并与正常的输出电压和电流相比。如果发现当前工作参数明显低于正常值，开展下列检查：

①如果整流器输出为 0~2V(DC)❶ 和 0A(DC)，查找整流器本身或交流供电源故障。判断 2V(DC) 是源自整流器本身输出电压还是反电动势的方法如下：首先，关闭整流器，拆掉一根直流输出电缆，然后测量整流器输出端子之间的电压。如果电压仍在 2V(DC)，说明这个电压源自整流器本身；如果电压降到 0V(DC)，说明 2V(DC) 源自被保护结构物与阳极地床或阳极焦炭填包料之间的电位差（反电动势）。

②如果电压输出正常，但输出电流是 0A(DC)，查找整流器外部的电缆、阳极地床、结构物故障或外部接线是否良好。

③如果电压和电流均降为正常值的一半左右，检查整流器二极管是否存在故障，导致出现半波整流。

④开展诊断性测试前，应修复整流器本身或外部直流电路中的故障❷。

（2）检查跨接点，并修复所有烧毁的跨接线。

（3）测试所有绝缘设施的绝缘性❸。

（4）测试所有公路或铁路的穿越套管，并确认绝缘良好❹。

（5）如果找到了导致阴极保护欠保护的原因，改正后，恢复了有效的阴极保护，则诊断性测试结束。

（6）如果消除了故障后，结构物仍然达不到阴极保护准则，则继续开展下一步诊断性测试。

4.5.3　结构物对电解质电位

（1）采用结构物对电解质电位❺来确定是否满足阴极保护准

---

❶　见第 1 章。
❷　见第 1 章。
❸　见第 9 章。
❹　见第 10 章。
❺　见第 2 章。

则[2-3]。

（2）利用高内阻电压表（≥10MΩ）和饱和硫酸铜参比电极（CSE）来测量结构物和电解质电位。

（3）通过如下步骤校准野外用硫酸铜参比电极：首先，用蒸馏水和硫酸铜晶体灌装一个新的无污染的标准参比电极；然后，准备一个盛满净水的非金属容器，将两只校准参比电极放入其中，也可以将陶瓷多孔塞相互接触；最后，将电压表调到小量程档上，测量两支参比电极之间的直流电位差。电位差小于5mV，正常使用，否则，更换野外用的参比电极❶。

（4）测量电位推荐的方法是电压表正极接结构物，负极接参比电极。按照上述方式连接后，结构物电位可能是负值，如实记录负读数。虽然将电压表负极连接结构物的做法依然允许，但是测试人员必须明白，当得到一个正的结构物电位时，实际读数是负数，记录时必须记录为负数。

（5）在石方段、沙质、非常干燥的土壤中，或在冻土地区测量电位时，可在地表浇水或用湿海绵绑在参比电极上，在极端条件下，可尝试采用不同参比电极接触条件或内阻可调电压表。采用低内阻电压表测量电位需与高内阻电压表测量的电位相同，否则，必须进一步采取措施降低电路中参比电极接地电阻。

（6）记录所有改进读数准确性的措施和原始测量数据。

（7）如果可行，中断所有可能有影响的直流电源，测量结构物瞬间断电电位。

（8）记录延时0.6~1.0s读取的瞬时断电电位。如果使用数字电压表，应记录中断后第二个读数，因为第一个读数可能包括了从通电电位开始下降过程中仪表采样电位的平均值。

（9）常规管道电位测试桩应2~3km设置一个，有特殊加密电位

---

❶ 见第附录2A。

测试需求的除外。

4.5.4 动态直流杂散电流

(1) 确认测试的结构物没有受到动态直流杂散电流影响❶。

(2) 如果相邻测试点电位变化超过20%，应立即重新测试，可以通过浇水或将参比电极置于潮湿土壤中的方法，确保接触良好。

(3) 如果发现在测试期间断电电位峰—峰值波动超过20mV，则可以确定存在需要校正的地电流或其他动态杂散电流。

(4) 如果发现有地电流或其他动态杂散电流，在测试段两端安装数据记录仪，记录结构物电位（管地电位）随时间的变化。如果可行，要连续记录22~24h。

(5) 或者人工测量结构物保护电位，记录数值和对应的时间，将记录数据绘制成曲线，查看变化趋势。

(6) 如果测试段长度不足1.6km（1.0mile），可在现场安装一台数据记录仪。

(7) 用另一台数据记录仪在每个测试桩处连续记录至少5min管地电位，利用数据记录仪记录的电位数据，修正同步进行的密间隔电位数据。

(8) 如图2.12所示，相距10.5km（6.5mile）的便携式数据记录仪与固定式数据记录仪波形可以很相近。虽然在这段时间里有轻微的地电流干扰，但可以从图中看出：其中一台中断器出现故障，一直处于通电状态（ON），这类故障在一些GPS同步中断器上比较常见，还发现存在通断不同步问题。因此，如果不掌握这些问题，人工采集的电位数据可能出现错误。

---

❶ 见第2章中，2.5.7节和2.6.2节以及第8章。

4.5.5 整流器和电流中断器的安装

（1）记录整流器铭牌信息、抽头设定、输出电压和电流值，以及原有和测试期间的接线方式。

（2）对于牺牲阳极阴极保护系统，记录分流器规格、分流器两侧毫伏压降和对应电流输出值。

（3）关闭整流器，安装电流中断器。在所有涉及的整流器上安装电流中断器，中断器可以串入外部交流供电电源上，降低后的次级抽头上，或直流输出端，如图 4.1 所示。在牺牲阳极和跨接线上也要串入电流中断器。

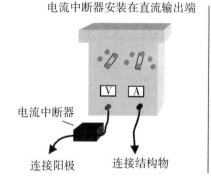
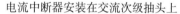
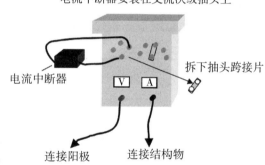

注：只有有资质人员才能安装电流中断器

图 4.1 电流中断器典型安装方式

（4）如果有一个以上的整流器，应使用同步功能，最好是 GPS 同步电流中断器。

（5）选择长通电（ON）周期和短断电（OFF）周期，使检测期间去极化量最小，记录周期设置。

（6）根据需求，对整流器进行调节❶。

（7）如果中断器有编程功能，应对中断器工作时段进行控制，使

---

❶ 见第 1 章。

中断器在每天检测完毕后自动接通,以恢复结构物的极化水平。第二天开始检测前,中断器自动启动通断功能。

4.5.6 密间隔电位测试(CIPS)

(1) 详细操作步骤见第 7 章(参见 NACE SP 0207—2007 标准)。

(2) 将结构物与绕线轮连接,移动带着电压表及参比电极的绕线轮,如图 4.2 所示。这样的接线和移动方式,即使延长的测试导线上出现绝缘破损,仍然是结构物的一部分,但是如果连接参比电极的导线出现破损,且破损点与土壤接触,则会引入测量误差。

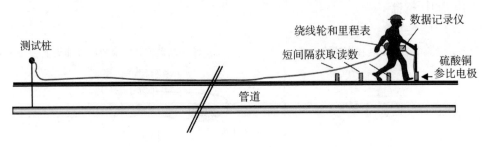

图 4.2 密间隔电位测试示意图

(3) 在测试桩处直接测量结构物电位,并且与通过绕线轮导线测量的电位比较,如果两个读数相差较大,说明连接不良。

(4) 在偏远地区,参比电极之间的间隔应保持等于或小于 10m(30ft);在城市地区,参比电极间隔应不大于 3m(10ft)。

(5) 记录所有检测管段的走向。

(6) 密间隔电位拖拽导线一直延伸到下一个测试桩或暴露的管道附件处。在切断拖曳导线之前,应在下一个测试桩处采用固定参比电极分别测量通过拖曳导线读取的管地电位和直接通过测试桩读取的管地电位。由于测试桩之间管段纵向电阻上的 IR 降原因,这两个电位读数可能略有差异。在现场检测过程中,如果发现下一个测试桩处由于某种原因无法连接拖曳导线,可以继续使用上一个测试桩处的连接,并做好备注。密间隔电压表的拖曳导线不可连接到测试桩处的载流导线上。

4.5.7 基准状态

（1）要获得全面的基准状态数据，包括但不局限于以下方面：

①测量结构物保护电位之前，测量结构物对电解质交流电压数据。

②通断所有对极化有贡献的直流电源。所有有贡献的电源包括直流电源（整流器、热电发生器、太阳能发电系统、风能发电系统、柴油发电机）、牺牲阳极和跨接线。可利用密间隔电位测量（CIS）❶ 确认所有欠保护区域。

③在无法中断直流电源的地方，进行结构物对电解质通电电位测量。在此情况下，必须进行额外的测试来预测 IR 降，最好进行密间隔电位测量❷。

④在完成通断电位测试后，关闭阴极保护电源，开展去极化测试，推荐使用密间隔测试方法。

⑤直流电源输出和跨接线电流数据。

⑥除在结构物上进行密间隔电位测量外，还应测量绝缘部件每一侧的结构物保护电位、附近第三方结构物保护电位以及公路和铁路穿越套管保护电位。

⑦比较基准状态测量数据与最近的测量数据，确认被测管段正是问题管段，且阴极保护运行状态相近。

（2）结构物对电解质 ON/OFF 电位测量。

①确定 ON/OFF 电位测量通电/断电周期。

②通断所有对结构物极化有贡献的直流电源，设定通电/断电周期时，最好采用长时间的通电周期，以最大限度减小测量期间去极化量。

③安装一台固定式数据记录仪，用于监视电流通断周期是否正确，

---

❶ 见第 7 章。

❷ 见第 2 章。

所有电流中断器是否正常通断，同步是否良好。这台记录仪的数据也用于评估测试期间去极化程度。

④测量结构物对电解质 ON/OFF 电位，并用插桩或涂漆方式识别参比电极位置，以便在后续测试中将参比电极放置在准确的位置。

（3）结构物对电解质通电电位。

①确定进行结构物保护电位测量的频次。

②测量结构物对电解质通电电位，并用插桩或涂漆识别参比电极位置，以便在后续测试中准确放置参比电极。

③确定在结构物对电解质通电电位中包含的 IR 降❶。

④从实测的通电电位中减去 IR 降，计算出真实的极化电位。

（4）去极化电位量测试。

①确定测量频次。

②中断所有有影响的直流电源，记录通电/断电周期。

③测量结构物对电解质 ON/OFF 电位，并用插桩或涂漆标记参比电极位置，以便在后续测试中准确放置参比电极。

④关断所有直流电源，记录结构物上某一点的电位随时间变化，直至电位相对稳定为止。在有些情况下，这可能需要几天时间。推荐使用连续监测的数据记录仪开展本项测试。

⑤当去极化电位稳定或达到预期值时，测量结构物的去极化电位。注意要将参比电极放置到测量 ON/OFF 电位所放参比电极相同的位置上。

⑥用式（4.1）计算每个测量位置的去极化量：

$$\Delta E_{\mathrm{dp1}} = E_{\mathrm{off1}} - E_{\mathrm{depol}} \qquad (4.1)$$

式中，ΔE_{dp1} 为去极化量，mV；E_{off1} 为结构物对电解质瞬间断电电位，mV；E_{depol} 为去极化后的结构物电极电位，mV。

---

❶ 见第 2 章。

（5）在基准状态测试和新建阴极保护系统干扰评估时，测量可能被干扰的第三方结构物的保护电位，在确有干扰时，绘制第三方结构物与我方结构物相对位置图。

（6）在获得第三方业主同意的情况下，在被干扰的第三方结构物上开展测试，绘制第三方结构物草图，标明读数位置。

（7）记录第三方结构物跨接线中的电流大小和方向。

4.5.8 阴极保护临时馈电试验

（1）在选定的新建阳极地床位置，安装接地棒作为临时阳极地床。

（2）在结构物和临时阳极地床之间，串联电流表、可调电阻器、直流电源和电流中断器，如图4.3所示。正极接线端子连接到临时阳极地床上，如果使用可调直流电源，那么就不需要可调电阻器，要按照预期的电流量选择合适导线和接线端子规格。

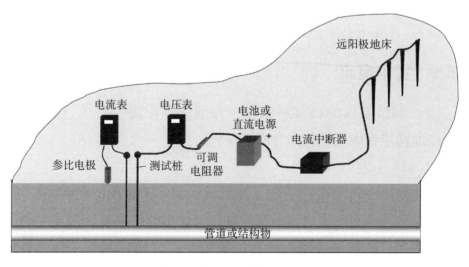

图4.3 典型的临时阴极保护馈电试验布置

（3）调节临时馈电电流，使结构物电位发生明显的改变，并确认接通电流后结构物电位变得更负。

（4）选取基准状态测试中保护电位偏正的管段开展现场电位测试，确保临时馈电时，这部分保护电位会有响应。

（5）如果在此测试期间发现极化量没有超过大约 50mV 则提高临时阴极保护系统输出电流，然后再次测量这一段的结构物保护电位，极化量等于瞬间断电电位减去基准状态电位 [式（4.2）]。

$$\Delta E_{p1} = E_{off1} - E_{base} \quad (4.2)$$

式中，ΔE_{p1} 为诊断性测试临时阴极保护电流导致的极化量；E_{off1} 为临时阴极保护瞬间断电后对应的断电电位；E_{base} 为基准状态电位。

（6）测量结构物对电解质 ON/OFF 电位，包括绝缘部件、套管和第三方被干扰结构物。注意：参比电极放置的位置与基准状态测试中放置位置相同。

（7）如果在所有位置没有观察到合理的结构物电位响应，则进一步增大馈电电流，或将临时阳极地床移到另一个位置，然后重复上述测试。

（8）将馈电试验额外极化量加到结构物基准极化电位上（瞬间断电电位），计算出真实的结构物对电解质的断电电位。

4.5.9 管中电流

（1）如果管道沿线具备条件，每隔一定距离，测量一次管中电流，以此确定管中电流整体分布情况❶。

（2）管道电流跨距。

①按照第 3 章给出的步骤，测试四线制电流跨距的电阻或校正系数，测量内侧两根导线之间的毫伏降，计算出管中电流（图 4.4）。

②采用双线制电流跨距时，应确定导线之间的间距、管道直径、壁厚以及管道材质，根据管道电阻数据表或管材的电阻率，确定跨距的电阻值。

---

❶ 见第 13 章 13.5.4 节。

（3）钳形电流表。

①如果使用的是交/直流型钳形电流表，应确保仪表设定在直流挡上。

②将管道置于钳形电流表测量铁芯中央，记录通断电电流大小和极性，确定电流方向（图4.4）。

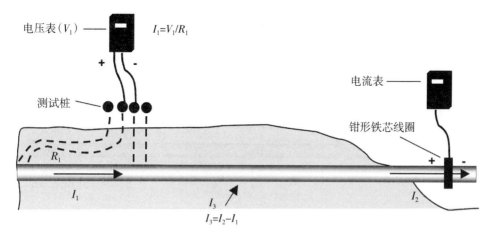

图4.4 测量管中电流的两种方法

电流正向为从管道上游指向下游

③记录电流值并标注电流正向为从管道上游指向下游。

④调换测量铁芯的方向，再次进行测量，以确保两个读数接近且可信。

⑤取上述两个电流读数的平均值作为最终值，但是要记录全部数据。

4.5.10 防腐层电导[3]

（1）选取一段两端可以通过电流跨距或钳形电流表测量管中电流的管道。

（2）如图4.3所示，在阴极保护电源附近安装一台电流中断器，或安装一个临时阳极地床。

(3) 图4.5给出了测试示意图。也可以采用图4.4所示钳形电流表测量管中电流。

(4) 在管道一端（图4.5中位置1）测量管道的通电电流和断电电流。如果使用四线制电流跨距，测量该跨距内侧两条导线之间的毫伏降，并根据式（4.3）计算出电流：

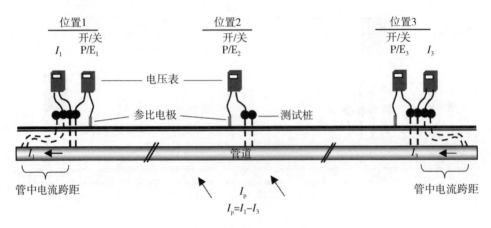

图4.5 防腐层电导测试

$$I = \frac{mV}{1000R} \tag{4.3}$$

式中，I为电流跨度中的电流，A；mV为电流跨度上的电压降；R为电流跨距段的纵向电阻，Ω；1000为伏特换算成毫伏的倍数。

(5) 如果采用钳形电流表，应测量铁芯正反朝向对应的电流值，并确认两个读数大致相等，然后计算出平均值。

(6) 在管道的另一端（图4.5的位置3）测量管中通电电流和断电电流。

(7) 注意：关闭直流电源后管中可能还有残余电流。在每次测量中，关心的电流（I）是测试电流接通时测量的电流（I_{on}）与中断测试电流测量的电流（I_{off}）之差：

$$I = I_{on} - I_{off} \tag{4.4}$$

（8）测量管段两端和中间位置（图 4.5 中位置 1、位置 2 和位置 3）的结构物对电解质通断电位。

（9）如果测量的电流数值太小，或者如果通断电位的差值小于 50mV，则增大测试电流，重复上述测试。

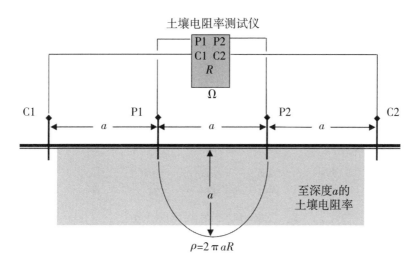

图 4.6 用四极法测量土壤电阻率

4.5.11 土壤电阻率

（1）如图 4.6 和图 4.7 所示，在可能的阳极地床安装点附近，用四极法测试土壤电阻率❶，确保测试电极与测试仪接线正确。

（2）如果计划采用远阳极地床，在选定的地床区域以 30m（100ft）为间距布置网格测试点。在每个测试点，分别采用不同的极间距测量不同深度的平均电阻率。注意：最深的测量深度要大于阳极地床设计埋深，并在最大深度和地表之间选取代表性测量深度。待全部测点测量完毕后，选出土壤电阻率最低的区域作为阳极地床安装地点（图 4.7）。

---

❶ 见第 12 章。

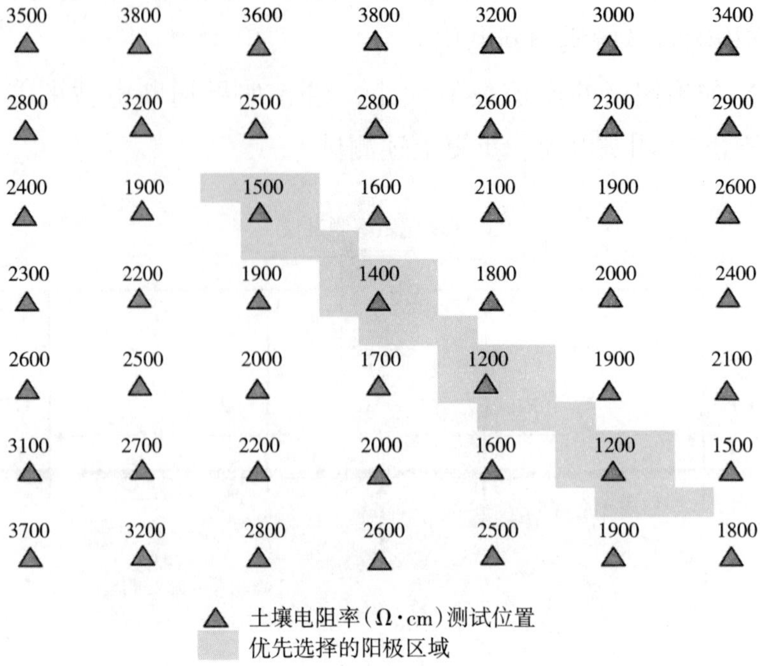

```
3500   3800   3600   3800   3200   3000   3400
 ▲      ▲      ▲      ▲      ▲      ▲      ▲

2800   3200   2500   2800   2600   2300   2900
 ▲      ▲      ▲      ▲      ▲      ▲      ▲

2400   1900   1500   1600   2100   1900   2600
 ▲      ▲      ▲      ▲      ▲      ▲      ▲

2300   2200   1900   1400   1800   2000   2400
 ▲      ▲      ▲      ▲      ▲      ▲      ▲

2600   2500   2000   1700   1200   1900   2100
 ▲      ▲      ▲      ▲      ▲      ▲      ▲

3100   2700   2200   2000   1600   1200   1500
 ▲      ▲      ▲      ▲      ▲      ▲      ▲

3700   3200   2800   2600   2500   1900   1800
 ▲      ▲      ▲      ▲      ▲      ▲      ▲
```

▲ 土壤电阻率（Ω·cm）测试位置
▨ 优先选择的阳极区域

图 4.7　用土壤电阻率测量网格确定阳极地床安装位置

（3）如果变更的方案采用深井阳极地床形式，或设计推荐深阳极系统，应测量不同深度的土壤电阻率，并且最大深度应超过设计的深井阳极的深度（例如 25m、50m、75m、100m）。注意：对于四极法测量，在地表需要进行 3 倍长度的测量，进行大深度测量时，土壤电阻率测试仪可能没有足够的灵敏度，可以参阅第 12 章内容。

（4）如果计划采用分布式阳极系统，应每 30m 测量一个土壤电阻率读数，如果两个连续的读数之间电阻率的变化呈 2∶1 或 1∶2，那么应将该区域的测量间隔距离减少一半。

（5）土壤电阻率测量电极应垂直于附近的金属结构物排列。

4.5.12　其他的阴极保护设计资料

除上述测试数据外，还应获得以下信息：
（1）临时馈电试验现场布置图，标明临时阳极地床的位置。

（2）新建阳极地床现场设计图纸，包括结构物的距离、与供电电源的间距、地形地貌特征、与第三方结构物间距和征用土地边界信息。

（3）与结构物有关的所有地下的或地上的电力线和交流电压（单相或三相）信息。

（4）结构物或管道图纸，标明可能的阳极地床位置、测试桩、第三方结构物（管道）、电力线位置和进出现场的入口。

（5）水体类型（沼泽、溪流、河流、湖泊、湿地），特别是在可能的阳极地床附近的水体。

（6）第三方结构物和外部阴极保护系统的详情。

（7）土壤和重要的土壤特征（例如花岗岩、泥岩沼泽）。

（8）地形（高山、低洼地区）。

（9）现有整流器和地床的位置和规格。

（10）可能的交流或直流杂散电流源。

（11）阳极地床区域和结构物或该区域异常特征的照片。

4.6 数据分析

4.6.1 阴极保护准则

（1）阴极保护准则详见 NACE SP 0169 标准第 6 章。

（2）目前有三种适用于水下或埋地钢质结构物的阴极保护电位准则，如果满足这些保护准则之一，就能够证明结构物得到充分的阴极保护，这些保护准则包括：

①已经被完成充分验证的准则。如果经过大量完成验证某个准则在控制腐蚀方面确实有效，那么就可以将该准则应用到该管道上或者类似的管道上。

②最小 100mV 的阴极极化准则。必须通过极化形成或去极化测量才能确定是否满足此项准则。极化就是从自然电位或自腐蚀电位负向偏移到瞬间断电电位，见式（4.5）。在中断所有对极化有贡献的直流

电源后，可测量得到去极化量，见式（4.6）。

极化：

$$\Delta E_p = E_{off} - E_{native} \tag{4.5}$$

去极化：

$$\Delta E_{depol} = E_{off} - E_{depol} \tag{4.6}$$

式中，ΔE_p 为用于保护准则所需的极化量（最少100mV）；E_{off} 为瞬时断电电位，mV；E_{native} 为自然电位，mV；ΔE_{depol} 为保护准则所需的去极化量（最少100mV）；E_{depol} 为中断所有对极化有贡献的直流电源后的去极化电位，mV。

③相对于饱和硫酸铜参比电极结构物电位为-850mV或更负准则，这个电位值可以是极化电位，也可以是通电电位。中断所有对结构物极化有贡献的直流电源，测量瞬间断电电位，就能够直接获得极化电位。解读通电电位时，需要考虑大地和金属通路中电压降的影响，参见 NACE SP 0169—2013 标准[1]中给出的合理的工程做法，参比电极与结构物对电解质界面之间的电压降（IR降）是通电电位中的误差。在采用本准则前，应按照式（4.7），必须从通电电位里消除这个误差。NACE SP 0169—2013 标准讨论了估算 IR 降的方法：

$$E_c = E_{on} - IR \tag{4.7}$$

式中，E_c 为用于保护准则 [-850mV（CSE）或更负] 的电位；E_{on} 为施加电流时的电位，mV；IR 为参比电极与结构物之间的电压降，mV。

（3）只需要满足这些保护准则中的一个即可。如果极化后的电位值比-850mV（CSE）更正，去极化测试则可能会证明已经达到了100mV极化准则，特殊环境下的准则参见 NACE SP 0169。

4.6.2 阴极保护不达标的原因

表4.1列出了一些系统未能满足保护准则的常见原因、测试和纠正措施。当然，实际中可能会遇到例外情况。

4 诊断测试(电流要求)

表 4.1 识别阴极保护故障、测试与排除措施汇总

系统部件	整流器 电压	整流器 电流	次级交流电压	结构物对电解质电位	疑似故障	测试	排除措施
牺牲阳极		A−		P−	可能没有故障。电位变得更负时,阳极输出电流减少	无须任何测试	按需进行修复
		A+		P+	与上述情况相反	测试结构物有无短路或者故障	必要时更换阳极
		A−		P+	阳极失效	测量阳极对电解质电位。进行阳极电压梯度测试	
整流器	0~2V①	0	0	P+	没有交流电接入或整流器部件故障、整流器供电故障、整流器本身故障	确认故障原因。检查直整流器断路器、测试保险管、导线断线。检查电池供电,测试电池是否需要充电,如果断路器自动跳闸,查找是否存在短路	确认故障原因,排除后再重新供电。如果没有短路,低直流输出电压
	0~2V①	0	0	P+	次级抽头上没有交流电压	测试交流电源和电路断路器	如果交流电源和断路器正常,测试变压器
	0~2V①	0	V	P+	整流保险管、整流元件失效、连接不良或者导线断路	测试保险管、整流元件、接件和导线	测试保险管是否导通。如果有发现故障,降低电压重新供电。否则按需更换或修理

续表

系统部件	整流器 电压	整流器 电流	次级交流电压	结构物对电解质电位	疑似故障	测试	排除措施
整流器	~1/2V	~1/2A	V	P+	半波直流输出。部分整流器电桥电路开路	关闭电源,取下整流元件接件,测试每一二极管或者元件	更换整流元件
整流器	?V	?A	V	P	仪表故障	校查仪表	按需更换
直流电缆/阳极地床	V	0	V	P+	电缆、连接件或者阳极故障	跟踪排查到结构物和阳极的电缆。进行阳极电压梯度测试	按需更换或者修复
阳极地床	V	随时间下降	V	P+	阳极失效或者阳极干燥	测量整个阳极上方的电位分布并确认状态。关断电源检查恢复状况	临时性排除可以给阳极浇水。按需更换阳极
结构物	V	A	V	P+	绝缘短路,与外部结构物意外搭接触,跨线故障,防腐层性能下降	测试绝缘和跨接线,检查接触部位。防腐层电导试验。完整性的诊断性测试	修复绝缘或者跨接线。断开与外部结构物搭接。防腐层质量差时,可增大阴极保护电流或者大修防腐层

注:V—正常电压;A—正常电流;P—正常结构物对电解质电位;V+—大于正常电解质电位;P+—结构物对电解质电位更正;V——小于正常电压;A+—大于正常电流;A——小于正常电流;?V,?A—读数异常或者变化的读数;P+—结构物对电解质电位更正;P——结构物对电解质电位更负。

① 由于钢与阳极或焦炭回填料之间存在电位差,所以有大约2V电压,并不表示真正有电。

4.6.3 结构物对电解质电位

（1）将结构物对电解质电位与历史数据进行对比。

（2）如果电流输出相同但读数比以前更负，提示可能跨接线损坏，导致部分原来被保护的结构物被绝缘，使得保护范围缩小；也可能是与另一个有更负电位的结构物存在短路，另一个结构物的电位会向正向偏移。

（3）如果电流输出相同但是读数比以前更负，也可能存在阳极干扰，也就是此结构物靠近直流接地极或者第三方阳极地床。

（4）如果读数比以前偏正，表明可能存在以下一个或多个问题：
①由于下列原因导致直流电源输出减小：

a. 阳极失效；

b. 整流器停电；

c. 整流器内部整流部件故障；

d. 外部直流电路电缆或者连接故障；

e. 交流电路或者直流电路发生短路。

②绝缘部件失效，有第三方结构物并入阴极保护范围，且由于第三方结构物电位更正，增加了电流需求。

③穿越钢套管与主管发生金属搭接，使主管增加了裸露面积，因此增加了保护电流需求。

④与第三方结构物发生意外金属搭接，因为需要保护两个结构物，增加了电流需求。

⑤防腐涂层绝缘性下降，导致阴极保护电流需求量增加。

⑥干扰跨接线损坏或者有新的直流杂散电流干扰。

4.6.4 动态直流杂散电流

（1）如果在测试期间，断电电位峰—峰值波动超过20mV，就需要进行地电流和其他动态杂散电流确认❶。

（2）已经安装数据记录仪的地方，收集结构物对电解质电位数据并绘制波形图。注意在干扰电位波形图中，重复性的波形一般是人造干扰源导致的。

（3）将便携式数据记录仪波形与固定式数据记录仪波形时间对齐。

（4）首先确定固定式数据记录仪的真实电位，可以选取波形中的平静期的电位数据或监测时间段内的平均值作为真实电位数据，计算出固定式数据记录仪某时刻的测量电位与监测时间段内的真实值之差（电位误差）。最后将同一时刻便携式数据记录仪的测量值减去上述电位误差，即可获得便携式数据记录仪所在位置真实电位。适用的计算公式如下所示。

如果采用两台固定式数据记录仪，可以采用式（4.8）和式（4.9）所示的计算方法：

$$\varepsilon'_b = \frac{\varepsilon'_a(c-b)}{c-a} + \frac{\varepsilon'_c(b-a)}{c-a} \qquad (4.8)$$

式中，a 为第一台固定式数据记录仪所在位置里程数，km；b 为便携式数据记录仪所在位置里程数，km；c 为第二台固定式数据记录仪所在位置里程数，km；ε'_a 为在 x 时刻 a 位置的电位误差；ε'_b 为在 x 时刻 b 位置的电位误差；ε'_c 为在 x 时刻 c 位置的电位误差。

$$E_p = E_{p_{measured}} - \varepsilon'_b \qquad (4.9)$$

式中，E_p 为便携式数据记录仪所在位置真实电位；$E_{p_{measured}}$ 为便携式数据记录仪所在位置测量电位。

如果只用了一台固定式数据记录仪，可采用式（4.10）来计算。

---

❶ 见第8章。

$$E_p = E_{pa} - (E_{sa} - E_s) \tag{4.10}$$

式中，E_p 为便携式数据记录仪所在位置的真实电位；E_{pa} 为在 a 时刻便携式数据记录仪测量电位；E_{sa} 为固定式数据记录仪在 a 时刻测量电位；E_s 为固定式数据记录仪所在位置的真实电位。

（5）也可以用其他方法校正动态杂散电流电位数据。

（6）固定式数据记录仪也用于验证多台电流中断器通断是否同步和测试期间管道是否发生了去极化。

4.6.5 密间隔电位

（1）审查结构物对电解质电位❶，以确认结构物是否始终满足阴极保护准则要求❷。

（2）如果不满足-850mV（CSE）电位准则要求，再确认是否达到100mV 极化准则。如果没有进行过去极化测试，应核实开展这项测试的可行性。

（3）如果防腐涂层性能相对均匀，一般情况下结构物对电解质电位会以阴极保护站为中心向两侧逐渐衰减。

从图 4.8 中可以看出，管道沿线某些地方电位迅速衰减（电位漏斗），这些地方可能存在较大的防腐层漏点或者管道与第三方结构物发生了搭接。大防腐涂层漏点导致大片金属裸露在土壤电解质或与另外的结构物接触的部位，电位会迅速衰减。通过防腐层漏点修复的方法，消除上述电位漏斗。本质上说，地表的电压梯度反映了金属裸露部位需要更高的电流密度。

---

❶ 见第 2 章。
❷ 见 4.6.1。

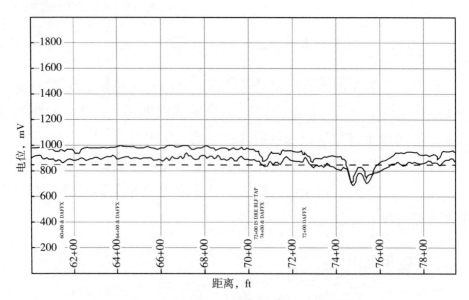

图 4.8 典型的密间隔电位测量电位波形图

4.6.6 通断电位

(1) 检查确认固定式数据记录仪监测波形，确认在测试期间所有电流中断器各项工作指标正常。

(2) 识别由于电流中断器故障导致的结构物对电解质电位读数误差。

(3) 注意通断电位测量期间的去极化量。

4.6.7 基准状态

(1) 将其他诊断测试结果与初始基准状态测试结果进行比较，评估修复工作或附加测试产生的影响。

(2) 这个基准仅适用于本项诊断测试，目的是通过修复系统或者提高阴极保护系统保护能力来改善阴极保护效果。

(3) 经过整改后，将建立起一个新的基准状态。如果结构物不变，保护电流需求也没有增加，结构物对电解质通电电位也维持不变，那么新的基准状态数据可用于今后年份的评估。

4.6.8 临时阴极保护馈电试验

（1）在临时阴极保护馈电试验中，如果没有达到-850 mV（CSE）阴极保护准，但比较接近的情况下，可以用式（4.11）计算出大致满足-850mV（CSE）阴极保护准则所需的电流量：

$$I_{\text{reqd}} = \frac{-850\text{mV} - E_{\text{native}}}{E_{\text{off}} - E_{\text{native}}} \times I_{\text{test}} \quad (4.11)$$

式中，I_{reqd} 为达到-850mV（CSE）阴极保护准则需要的电流量，A；E_{native} 为结构物对电解质的自然电位，mV；E_{off} 为结构物对电解质的瞬间断电电位（极化电位），mV；I_{test} 为瞬间断电电位测试时施加的电流，A。

注意：包括电位读数的极性。

（2）根据临时馈电测试电流，用式（4.12）可计算出满足100mV保护准则所需要的大致电流量：

$$I_{\text{reqd}} = \frac{-100\text{mV}}{E_{\text{off}} - E_{\text{native}}} \times I_{\text{test}} \quad (4.12)$$

式中，I_{reqd} 为达到100mV保护准则所需的电流量，A；E_{off} 为结构物对电解质的瞬间断电电位（极化电位），mV；E_{native} 为结构物对电解质的自然电位，mV；I_{test} 为瞬间断电电位测试时施加的电流，mV。

注意：包括电位读数的极性。

4.6.9 管中电流

（1）电流跨距法（参见第3章直流电流）。

①为了便于开展电流跨距测试，在管道上必须具有电流跨度测试桩（电流桩），且目标管段的两端需都设置电流跨度测试桩。

②首先应该测量出四线制电流跨距的电阻（欧姆）或者对应的校

正系数（A/mV）。

③按照欧姆定律用式（4.13）计算出图4.9所示管道跨度的电阻：

$$R_1 = \frac{\Delta V_1}{\Delta I_1} \tag{4.13}$$

式中，R_1 为管道跨距的电阻，Ω；ΔV_1 为管道跨距上的测试电压增量 $V_{on}-V_{off}$，V；ΔI_1 为通过管道跨距的测试电流增量 $I_{on}-I_{off}$，A。

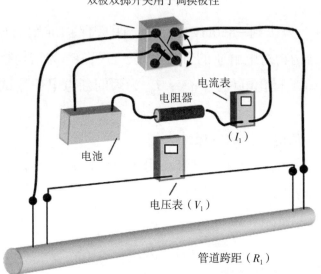

图4.9　四线制管道电流跨距

④或者，用式（4.14）计算出校正系数：

$$CF_1 = \frac{\Delta I_1}{\Delta mV_1} \tag{4.14}$$

式中，CF_1 为跨距1的校正系数，A/mV；ΔI_1 为通过跨距1的电流增量，A；ΔmV_1 为管道跨距1电压增量，mV。

⑤存在双线跨度的地方，按照式（4.15）、式（4.16）、式（4.17）根据管径和钢材的电阻率（大约 $18×10^{-6}$ Ω·cm），计算电阻。

这些公式用的都是公制单位，当然只要单位统一也可以用英制电位：

$$R_{span} = \rho \frac{L_{span}}{A} \tag{4.15}$$

$$A = \pi \frac{(OD^2 - ID^2)}{4} \tag{4.16}$$

$$ID_{pipe} = OD_{pipe} - 2wt \tag{4.17}$$

式中，R_{span}为电流跨距的电阻，Ω；ρ为钢材的电阻率，$\Omega \cdot cm$；A为管道的横截面积，cm^2；wt为管道壁厚，cm；OD_{pipe}为管道外径，cm；ID_{pipe}为管道内径，cm；L_{span}为电流跨距的长度，cm。

注：1in = 2.54cm = 25.4mm；1ft = 30.48cm = 0.3048m；1m = 100cm = 39.37in = 3.27ft。

⑥或者按照式（4.18）计算校正系数：

$$CF_1 = \frac{\Delta I_1}{\Delta mV_1} \tag{4.18}$$

式中，CF_1为管道跨距的校正系数，A/mV；ΔI_1为通过此跨距的电流增量，A；ΔmV_1跨距上的电压增量，mV。

⑦如果已知电流跨距的电阻，可以根据式（4.19）计算管中电流量；如果已知校正系数，可根据式（4.20）计算出管管中电流量，注意公式中的单位。

a. 利用电阻。

$$I_1 = \frac{V_1}{R_1} \tag{4.19}$$

式中，I_1为管道跨距的电流，A；V_1为管道跨距上的电压降，V；R_1为管道跨距的电阻，Ω。

b. 利用校验系数。

$$I_1 = mV_1 \times CF_1 \tag{4.20}$$

式中，I_1 为电流跨距的电流量，A；mV_1 为电流跨距的电压降，mV；F_1 为电流跨距的校验系数，A/mV。

注：如果用电阻进行计算，电压单位必须是 V，但用校正系数进行计算，电压单位应为 mV。

⑧记录电流方向。

（2）钳形电流表。

①取钳形线圈两个方向测出的电流量的平均值。

②记录电流方向。

4.6.10　防腐层电导

（1）由式（4.21）可以得出防腐涂层电导与防腐涂层电阻的关系：

$$G = \frac{1}{R} \tag{4.21}$$

式中，G 为电导，S；R 为电阻，Ω。

（2）电导是电阻的倒数，可以通过对防腐层电阻求倒数获得防腐层的电导，或者直接进行防腐层电导计算。下章讨论的是后一种方法。

（3）确定被测量管段吸收的净测试电流量。

（4）如图 4.10 所示，计算被测管段由吸收净测试电流导致的管地电位变化的平均值（ΔE）。

（5）按照如下方法计算被测量管段吸收的净测试电流量：

①对于一个孤立的被保护结构物来说，吸收的净电流量就是所施加的电流量。

②如图 4.10 所示，被测量管段吸收的净测试电流量（ΔI_p）等于被测量段两端管中电流的增量之差，可通过式（4.22）计算获得：

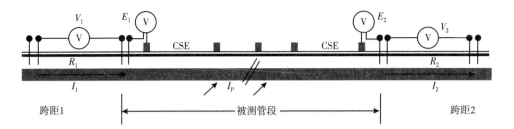

图4.10 防腐层电导测试

$$\Delta I_{\mathrm{p}} = (I_{\mathrm{on1}} - I_{\mathrm{off1}}) - (I_{\mathrm{on2}} - I_{\mathrm{off2}}) \quad (4.22)$$

式中，ΔI_{p}为被测量管段吸收的净测试电流量，A；I_{on1}为测试电流接通时被测管段"1"端管中电流量，A；I_{off1}为测试电流断开时被测管段"1"端管中电流量，A；I_{on2}为测试电流接通时被测管段"2"端管中电流量，A；I_{off2}为测试电流断开时被测管段"2"端管中电流量，A。

（6）通常情况下，防腐层电导以防腐层面电导率来表征，也就是单位防腐层面积对应的电导值。用式（4.23）可以计算出被测量管段的防腐层面电导率（S/m²）：

$$g' = \frac{\Delta I_{\mathrm{p}}}{\Delta E \times A} \quad (4.23)$$

式中，g'为被测量管段的防腐层面电导率，S/m²；ΔI_{p}为被测量管段吸收的净测试电流量，A；ΔE为通断测试电流时导致的被测量管段通断电位之差的平均值，V；A为被测量管段防腐层总表面积，m²；$A = \pi d L$；d为管道直径，m；L为被测量管段长度，m。

4.6.11 土壤电阻率

（1）利用四电极法测量土壤电阻率时，可用式（4.24）计算出结果❶：

---

❶ 详见第12章。

$$\rho = 2\pi aR \tag{4.24}$$

式中，ρ 为电阻率，$\Omega \cdot cm$；a 为电极间距和测量的平均深度，cm；R 实测电阻或者计算出的电阻，Ω。

（2）利用土壤盒测试方法，可用式（4.25）计算结果：

$$\rho = \frac{RA}{L} \tag{4.25}$$

式中，ρ 为电阻率，$\Omega \cdot cm$；A 为土壤盒的横截面积，cm^2；L 为测量电极之间的距离，即 P_1 和 P_2 间距，cm；R 为实测电阻或者计算出的电阻，Ω。

如果土壤盒的结构是 $A=L$，那么式（4.25）可简化为式（4.26）：

$$\rho = R \tag{4.26}$$

式中，ρ 为电阻率，$\Omega \cdot cm$；R 为实测电阻或者计算出的电阻，Ω。

虽然式（4.26）中电阻率的数值与电阻值相等，但应注意电阻率的单位是 $\Omega \cdot cm$，而电阻的单位是 Ω。

（3）可以用巴恩斯（Barners）土壤分层模型来预测土壤分层情况❶。如图 4.11 所示，假设被测量土壤分为三层，可以通过测量三个不同深度（a_1、a_2、a_3）的平均土壤电阻率来预测每层的电阻率。

巴恩斯分层模型❷假设每层土壤电阻率为一个常数，且这些分层相互平行。A_{Layer} 是每一层的厚度，也是两个测量深度之间的差值。利用图 4.11 所示的并联电阻计算公式，可以计算出每一层的对应的电阻 R_{Layer}。如果已知极间距和每一层的电阻，就能够计算出该层对应的电阻率 ρ_{Layer}，详见式（4.24）或图 6.4。

---

❶ 详见第 12 章。
❷ 详见第 12 章。

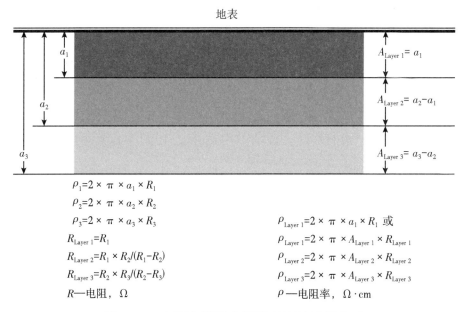

图 4.11 土壤电阻率分层和对应的计算公式

4.6.12 其他阴极保护设计资料

(1) 本节的目的是阐述如何在阴极保护设计中应用现场资料,而非指导如何开展阴极保护设计。

(2) 应开展临时馈电阳极地床布设方案与新建阳极地床设计方案差异性分析,确定这种差异性可能对将来阴极保护电流分布的影响。

(3) 需要获得新建阳极地床位置设计资料,以便准备征地和采购所需物资。新建阳极地床一般要建在下列土壤环境中:

①土壤电阻率最低;

②土壤电阻率相对均匀;

③四季潮湿;

④安装在最深冻土层以下。

(4) 通常情况下,只要土壤电阻率适合,阳极地床最适宜安装在地形低洼地带。

（5）除了考虑能否获得稳定可靠的外部交流电源外，还应考虑接入外部交流电源后可能产生的安全问题。

（6）新建阳极地床位置应远离第三方结构物，以免对其产生干扰，同时也要掌握第三方阴极保护系统详细情况，以便确认不会对我方结构物产生干扰。

（7）关注所有可能的交直杂散电流源，它们不仅影响设计，也会影响系统调试。

（8）拟选定新建阳极地床区域地貌照片和结构物特征照片，可以给阴极保护设计提供非常有价值信息。

参 考 文 献

[1] NACE Standard SP0177-2014, "Mitigation of Alternating Current and Lightning Effects on Metallic Structures and Corrosion Control Systems" (Houston, TX: NACE International).

[2] NACE Standard TM0497-2012, "Measurement Techniques Related to Criteria for Cathodic Protection on Underground or Submerged Metallic Piping Systems" (Houston, TX: NACE International).

[3] NACE SP0169-2013, "Control of External Corrosion on Underground or Submerged Metallic Piping Systems" (Houston, TX: NACE International).

[4] NACE Standard TM0102-2002, "Measurement of Protective Coating Electrical Conductance on Underground Pipelines" (Houston, TX: NACE International).

[5] NACE SP0207-2007, "Performing Close-Interval Potential Surveys and DC Surface Potential Gradient Surveys on Buried or Submerged Metallic Pipelines" (Houston TX: NACE International).

5 调整性测试

5.1 概述

调整性测试的目的是确认阴极保护系统持续达标运行。如果没有达标，进行必要的调整使阴极保护满足准则要求。如果经过调整后，现有阴极保护系统仍然无法满足要求，通常需要通过诊断测试解决。

5.2 工具和设备

根据测试项目，所用的设备也有所不同：

(1) 能够测量 1mV（DC）至 40V（DC）的万用表，并配备导线和绝缘表笔。

(2) 铜/硫酸铜参比电极。

(3) 绝缘测试仪。

(4) 土壤电阻率测试仪，包括导线和 4 个测试电极。

(5) 万用表，具有交/直流电压和电阻测量功能。

(6) 电流中断器。

(7) 直流电流表。

(8) 电池和可变电阻器，或便携式可调直流电源。

(9) 探管仪。

(10) 必要的测试导线。

(11) 小型工具箱。

5.3　安全设备

（1）符合公司安全手册和法规要求的标准安全设备和防护服。

（2）与仪表导线适配的绝缘接线夹和表笔。

（3）对直流电源进行的操作和测试人员，必须进行专业培训，持证上岗。

5.4　注意事项

除必须遵守特定设施安全规定外，还应遵守下列注意事项：

（1）触碰整流器箱体前，应首先测量整流器箱体对地电压。

（2）如果整流器箱体内可能存在昆虫、啮齿动物或蛇，应事先采取防范措施。

（3）检查整流器有无异常声响、异常的温度或刺鼻的气味。如果发现异常，应关断整流器。

（4）安装电流中断器或每次调整整流器输出抽头之前，关闭外部交流电源开关。

（5）整流器正常运行状态下，应确保任何裸露接线端子锁在箱体之内。

（6）进行阴极保护测量之前，首先应测量结构物对地的交流电压。如果结构物对地的交流电压等于或者大于 15V（AC），必须严格执行 NACE SP 0177 标准[1]中规定的安全规定，并且及时告知在该结构物上工作的其他人员。

（7）在高压交流（HVAC）输电线附近工作时，要定期测量结构物对地的交流电压，因为随着电力线荷载和相对位置的变化，感应交流电压也会发生变化。

（8）雷雨天时，严禁在结构物上工作。

（9）在围栏附近工作时，应首先确认围栏是否为圈养牲畜的带电的围栏。如果附近有高压输电线路，应进一步确定围栏上是否存在危险的交流电压。

5.5 测试程序

5.5.1 调整性测试前应收集的资料

（1）历年检测数据。

（2）整流器日常维护与历史运行数据。

（3）图纸类：结构物详图，阴极保护安装和位置详图，测试桩类型和位置详图，连接线详图和位置。

（4）交流干扰电压测试报告。

（5）直流杂散电流干扰测试报告。

（6）跨接线相关测试数据。

（7）结构物电绝缘资料。

（8）公路和铁路穿越套管数据（如果有）。

（9）密间隔电位测试数据（如果有）。

（10）管道和防腐层资料。

（11）内检测或其他检查结果（如果有）。

（12）月度监测数据。

5.5.2 整流器

（1）用便携式仪表测量整流器直流输出电压与直流输出电流，并与表盘上的读数比较。

（2）关断电源，测量结构物电缆端子与阳极地床电缆端子极之间的直流电压，判断是否存在反电动势（EMF）。反电动势是由结构物与阳极或阳极炭填料之间的电位差产生的。反电动势将抵消部分整流器直流输出电压（图5.1），在计算外电路电阻时必须予以考虑。

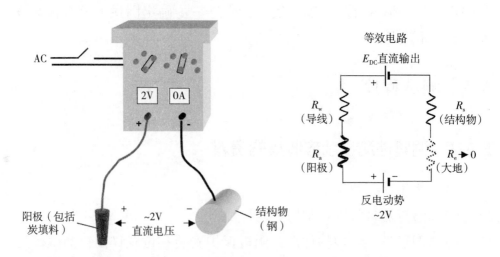

图 5.1　结构物金属与阳极地床之间的反电动势（外部交流电源关闭）

（3）测量变压器次级抽头之间的交流电压（图 5.2），整流器粗抽头跨接片与细抽头跨接片之间的次级交流电压应略大于直流输出电压，电流中断器典型安装方式如图 4.1 所示。

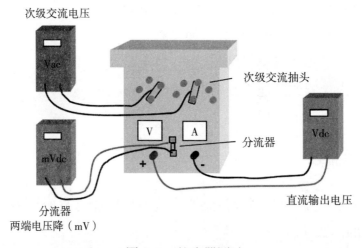

图 5.2　整流器测试

（4）记录整流器铭牌数据、抽头设定值、输出电压与输出电流。
（5）如果有电表，记录千瓦时读数、K_h 系数和转速。

（6）对于牺牲阳极阴极保护系统，记录分流器规格和分流器前后的电压读数（mV），并且计算输出电流❶。

（7）根据需要，可将电流中断器串联接入外部交流电源，或次级线圈交流抽头中，或直流输出端子上，如图 5.3 所示。电流中断器也应在其他整流器、牺牲阳极和跨接线上安装。

（8）如果多个阴极保护电源，电流中断器应具备 GPS 同步功能。

（9）选择长通电和短断电周期，可最大限度减少测量期间的去极化量，记录周期设置。

（10）如果中断器有编程功能，应对中断器工作时段进行控制。在每天监测完毕后自动接通，给结构物正常阴极保护。第二天开始检测前，中断器自动启动通断功能。

5.5.3 结构物对电解质电位

（1）如果可行的情况下，通断全部有贡献的直流电源，在所有可能的测试点测试结构物的通断电位，以确定结构物是否满足阴极保护准则❷。

（2）利用高内阻电压表（≥10MΩ）和参比电极测量结构物电位。在土壤和淡水环境下，用硫酸铜参比电极（CSE），在富含 Cl^- 环境下采用氯化银参比电极（SSC）。

（3）用新的无污染的标准硫酸铜参比电极定期校准野外用硫酸铜参比电极。同理，用新的无污染的标准氯化银参比电极校准野外用氯化银参比电极。在海水环境中，校准开放式氯化银参比电极❸。如果参比电极电位偏差超过 5mV，应当进行更换。

（4）现在推荐方法是将电压表的正极连接到结构物上，把电压表

---

❶ 见第 3 章 3.6.3 节。
❷ 见第 2 章。
❸ 见附录 2A。

的负极连接到参比电极上（注意：在整流器输出端子连接结构物时，千万不要采用这种极性连接方式）。这样连接后，得到的结构物保护电位为负值，也要记录为负数。虽然将电压表的负极连接到结构物上依然是允许的，但是测试人员必须明白，当得到的结构物电位值是正值时，那么读数实际上是负的，也应记录为负值。

（5）在石方段、沙土非常干燥的土壤中，或在冻土区进行电位测量时，应在地表浇水或用湿海绵绑在参比电极上。在极端条件下，可尝试不同参比电极地表接触条件或内阻可调电阻表。低电阻电压表电位读数需与高电阻电压表读数相同，否则，必须进一步采取措施降低电路中的参比电极的电阻。

（6）记录所有改进读数准确性的措施和原始测量数据。

（7）确定结构物电位测量频次。

（8）按照确定的通断周期，通断所有有影响的直流电源。

（9）如果条件允许，安装一台固定式数据记录仪，用于监视电流通断是否正确，所有中断器是否正常通断，同步性是否良好。这台固定式数据记录仪的数据也可用于评价测试期去极化程度。

（10）如果条件允许，中断所有有影响的直流电源，测量结构物瞬间断电电位。

（11）延时 0.6~1.0s 后读取瞬间断电电位。如果使用数字电压表，应记录中断后第二个读数，因为第一个读数可能包括从通电电位下降过程中仪表采样电位的平均值。

（12）对于管道来说，管地电位测量间隔应大约为 3km（2mile），当然，缩小测量间隔可获得更准备全面的电位数据。

（13）完整全面的电位测量数据，应包括以下内容：

①通断所有有影响的直流电源，测量结构物通断电电位。所有直流电流源电源包括各种直流电源（整流器、热电发电器以及太阳能、风能和柴油发电机）、牺牲阳极和跨接线。

②在无法通断直流电源的地方，测量结构物对电解质通电电位。

在此情况下，必须通过附加测试估算 IR 降❶。

③在完成通断电位测量后，关闭阴极保护电源，开展去极化测量，推荐使用密间隔测试方法。

④直流电源输出和跨接线电流数据。

⑤分别测量绝缘部件❷两侧、第三方结构物以及穿越套管的保护电位❸。

⑥测量结构物对电解质的直流电位之前，应先测量结构物对地的交流电压。

⑦将检测数据与上一次检测结果进行比较，以确认本次管段正好是问题管段，且阴极保护运行状态相近。

（14）结构物对电解质通电电位。

①确定进行结构物保护电位测量的频次。

②测量结构物通电电位，并且插桩或涂漆标记参比电极位置，以便在后续测试中准确放置参比电极。

③确定结构物电极通电电位中包含的 IR 降❹。

④从实测的通电电位中减去 IR 降，计算出真实的极化电位。

（15）结构物通断电位。

①确保同步通断所有有影响的直流电源，包括阴极保护电源和跨接线，如果要评估某个直流电源或跨接线的影响，应将其单独通断，并监视保护区域电位变化。或者按照不同的周期依次中断各个直流电源，并且监视测试区域内每个电源的影响。

②记录通电电位和瞬间的断电电位。如果使用数字仪表，应记录电流中断后第二个读数❺。

---

❶ 见第 2 章。
❷ 见第 9 章。
❸ 见第 10 章。
❹ 见第 2 章。
❺ 见第 2 章。

③如果使用数据记录仪,应取延时 0.6s 后的读数,以避开电压冲击峰。

(16) 去极化电位测试。

①确定进行结构物测量频次。

②中断所有有影响的直流电源,并且记录通断电周期。

③测量结构物通断电电位,并插桩或标记参比电极位置。以便后期测试时将参比电极放置同一位置。

④关断所有直流电源,记录结构物上某一点结构物电位随时间变化,直至电位相对稳定为止。在有些情况下,这可能需要几天的时间,采用固定式数据记录仪会更方便。

⑤当电位稳定后,将参比电极置于测量通断电位时所放的位置,测量结构物对电解质的去极化电位。

⑥用式(5.1)计算每个测量点的去极化量:

$$\Delta V_p = E_{off} - E_{depol} \tag{5.1}$$

式中,ΔV_p 为去极化(极化)量,V;E_{off} 为结构物对电解质的瞬间断电电位,V;E_{depol} 为结构物对电解质的去极化电位,V。

5.5.4 直流杂散电流

(1) 确定被测结构物有无受到动态直流杂散电流的影响❶。

(2) 测量阳极地床附近的第三方结构物,确认地床是否对其有干扰。对于被干扰的第三方结构物,除测试数据外,还要绘制一张草图说明其布局。

(3) 如果第三方结构物没有可用的测试桩,获得业主许可后,可以测试其他位置,以记录阴极保护系统所产生的影响。绘制第三方结构物的草图,并标明测试读数的位置。

---

❶ 见第 8 章。

（4）如果与第三方结构物有跨接，应记录跨接电流数值和方向。

（5）验证相邻测试点数值变化超过20%时的数据准确性。立即重新测试发生异常变化的电位数据。在地上浇水或将参比电极置于潮湿的土壤中，确保与土壤接触良好。这个电位变化也可能是缓慢变化的地电流波动造成的。

（6）如果测试期间断电电位峰—峰值的波动超过20mV，需校准地电流或其他动态杂散电流。

（7）如果检测出地电流或其他动态杂散电流，就应在测试管段的1/4处和3/4处安装数据记录仪，记录结构物电位（管对地电位）随时间变化情况，在实际可行的地方，记录仪应连续记录22~24h。

（8）也可以人工测量结构物电位，并且记录数值和对应的测量时间。将数据绘成曲线，查看变化趋势。

（9）如果测试管段长度不足1.6km（1.0mile），在测试现场安装一台数据记录仪即可。

（10）用另一台数据记录仪在每个测试桩处连续记录5min管地电位。

5.5.5 阴极保护不达标原因

（1）实际可行时，查明调整检测期间遇到的所有问题的来源❶。

（2）检查直流电源，并与目标直流电压和直流电流值进行比较。如果这些输出读数明显偏离正常值，进行下列检查：

①如果输出电压为0~2V（DC）❷，输出电流为0A，查找整流器或外部交流电源是否存在故障。通过关闭整流器并断开一根输出电缆可以确认2V(DC)的读数是否由整流器产生。如果输出电压读数停留

---

❶ 见第4章。

❷ 这个2V的直流电压可能是构筑物中的钢与碎炭渣中的炭之间的电偶电位差。

在 2V(DC) 附近，那么可以确定这是来自整流器。如果其下降到 0V(DC)，说明 2V(DC) 左右读数为结构物与阳极或阳极炭填料之间的反电动势。

②如果输出电压正常，输出电流为 0A，查找输出电缆、阳极地床或外电路连接是否有故障。

③如果输出电压和输出电流大约是正常输出值的一半，那么应查看二极管是否损坏，导致产生半波整流。

④如果怀疑整流器本身或外部电路有问题，可以参照第 1 章进行诊断修复。完成必要的修复工作后，方可进行下一步的调整性测试。

（3）检查跨接线完整性，修复受损的跨接线。

（4）测试所有电绝缘部件❶。

（5）在可行的情况下，测试所有公路和铁路穿越套管，以确认都处于良好电绝缘状态❷。

（6）如果导致阴极保护不达标的所有问题已经修复，系统恢复正常保护，那么此项调整性测试就算完成。

（7）如果之前发现的问题已经修复，但是依然没有达到阴极保护准则要求，则应进行诊断测试❸。

5.5.6 管中电流

在操作可行的管道上，按照一定间距测量管中电流，获得管中电流分布全貌。

5.5.7 结构物上的交流电压

（1）测量结构物对地的直流电位之前，测量结构物对地的交流电

---

❶ 见第 9 章。
❷ 见第 10 章。
❸ 见第 4 章。

压,确认不存在危险交流电压。

(2)如果存在等于或大于15V(AC)的交流电压,应执行NACE SP 0177标准[1]中的推荐防范措施,并及时告知在该结构物工作的其他人员。

5.6 数据分析

5.6.1 阴极保护准则

(1)阴极保护准则详见NACE SP 0169标准[2]第6章,CGA OCC-1[3]和ISO 15589-1[4]也给出了类似的阴极保护准则。NACE TM 0497标准[5]中列出了这些保护准则的对应测试流程。

(2)适用于水下或埋地钢质结构物阴极保护电位准则有三项,分别为:

①被完成充分验证的准则。如果经过大量完成验证某个准则在控制腐蚀方面确有效,那么就可以将该条准则应用到该条管道或类似管道上。

②最小100mV阴极极化准则。必须通过去极化或负向极化测量才能确认是否满足此标准。如式(5.2)所示,极化量就是从自然电位或自腐蚀电位负向偏移到瞬间断电电位。中断所有对极化有贡献的直流电源后,可测量得到去极化量[式(5.3)]。可在极化形成或衰减过程中测试极化电位。

极化:

$$\Delta E_p = E_{off} - E_{native} \tag{5.2}$$

去极化:

$$\Delta E_{depol} = E_{off} - E_{depol} \tag{5.3}$$

式中,ΔE_p为阴极保护准则要求的极化量(最小100mV);E_{off}为断开所有电流时的瞬间断电电位,mV;E_{native}为自然电位,mV;ΔE_{depol}

为阴极保护准则要求的去极化量（最小 100mV）；E_{depol} 为电流保持断开状态下的去极化电位，mV。

③相对于饱和铜/硫酸铜参比电极结构物的电位为-850mV 或更负准则。这个电位可以是极化电位，也可以是通电电位。中断所有对结构物极化有贡献的电源并且读取瞬间断电电位，就能够得到极化电位。解读通电电位时，需要考虑土壤和金属通路中电压降的影响，参见 NACE SP 0169—2013[1]。参比电极与结构物对电解质界面之间的电压降（IR 降）是通电电位读数的误差，在应用此项阴极保护准则前，必须从通电电位减去 IR 降。NACE SP 0169—2013 标准讨论了估算 IR 降的方法：

$$E_c = E_{on} - IR \tag{5.4}$$

式中，E_c 为阴极保护准则电位 [-850mV（CSE）或更负]；E_{on} 为通电电位，mV（CSE）；IR 为参比电极与结构物对电解质界面之间的电压降，mV。

(3) 这些阴极保护准则仅需要符合其中一项即可。例如，如果极化的电位正于-850mV（CSE），但是，如果满足 100mV 极化量准则也满足阴极保护准则。

5.6.2 保护电位不达标原因

(1) 表 5.1 列出了阴极保护不达标的常见原因、测试项目和纠正措施等。

(2) 比较整流器直流输出数据和历史数据，如果数据相近，就应查阅更多的其他数据。

5.6.3 结构物保护电位

(1) 确认结构物上所有测试点电位至少满足一项阴极保护准则。如果发现存在不满足阴极保护准则的情况，应进行后续分析。

表 5.1 识别阴极保护故障、测试与排除措施汇总

系统部件	整流器 电压	整流器 电流	次级交流电压	结构物对电解质电位	疑似故障	测试	排除措施
牺牲阳极		A-		P-	可能没有故障。电位变得更负时，阳极输出电流减少	无须任何测试	
牺牲阳极		A+		P+	与上述情况相反	测试结构物有无短路或者故障	必要时更换阳极
牺牲阳极		A-		P+	阳极失效	测量阳极对电解质电位。进行阳极地电位梯度测量	按需更换阳极
整流器	0~2V①	0	0	P+	没有交流电接入或整流器器件故障。整流器供电故障或整流器本身故障	确认交流电源。检查直整流器断路器，测试保险丝，导线连接。过热痕迹。如果是电池供电，测电池是否需要充电。如果断路器自动跳闸，查找是否存在短路	确认故障原因，排除后再重新供电。如果没有短路，降低直流输出电压
整流器	0~2V	0	0	P+	次级抽头上没有交流电压	测试交流电源和电路断路器	测试保险管是否导通。如果没有发现故障，测试变压器。
整流器	0~2V	0	V	P+	整流器保险管、整流元件失效，连接不良或者导线断路	测试保险管、整流元件、连接件和导线	如果交流电源和断路器正常，测试保险管是否导通，降低电压，重新供电。否则按需更换或修理

续表

系统部件	整流器 电压	整流器 电流	次级交流电压	结构物对电解质电位	疑似故障	测试	排除措施
整流器	~1/2V	~1/2A	V	P+	半波直流输出。部分整流器电桥电路断开	关闭电源，取下整流元件，测试每个二极管或者元件	更换整流元件
	? V	? A	V	P	仪表故障	校查仪表	按需更换
直流电缆/阳极地床	V	0	V	P+	电缆、连接件或者阳极故障	跟踪排查到结构物和阳极的电缆。进行阳极电压梯度测试	按需更换或者修复

注：V—正常电压；A—正常电流；P—正常结构物对电解质电位；V+—大于正常电压；A+—大于正常电流；V-—小于正常电压；A-—小于正常电流；? V, ? A—读数异常或者变化的读数；P+—结构物对电解质电位更正；P-—结构物对电解质电位更负。

① 由于钢与阳极或者焦炭回填料之间存在电位差，所以有大约 2V 电压，并不表示真正有电。

126

(2) 将结构物电位与历史数据进行比较。

(3) 如果在相同输出电流条件下，电位比以前更负，说明结构物规模可能被有意或者无意地缩小了，比如由于跨接线损毁导致部分被保护结构物不再受到保护，或者与保护电位更负的第三方结构物发生了金属短路。

(4) 如果在相同输出电流条件下，电位读数比以前更负，也可能提示存在阳极干扰，附近有第三方直流电源的接地或阳极地床。

(5) 如果电位读数比以前更正，提示可能存在以下一种或多种问题：

①直流电源的直流输出偏低。

a. 阳极地床失效；

b. 整流器停电；

c. 整流器内部故障；

d. 外部直流电路中电缆断线或接线故障；

e. 交流电路或直流电路中有短路。

②绝缘部件短路。如果电位更正的第三方结构物加到阴极保护系统中，将会增加保护电流需求量。

③穿越套管发生短路。将大面积裸露金属搭接到结构物上，增加阴极保护电流需求量。

④与电位更正的第三方结构物金属搭接，导致结构物电位发生正向偏移。

⑤防腐层绝缘性能下降，导致保护电流需求量增加。

⑥跨接线安装错误或有其他直流干扰源。

5.6.4 动态直流杂散电流

(1) 如果发现地电流或其他动态直流杂散电流，下面介绍一种标准方法：在被测管道两端安装数据记录仪，用于记录管道对地电位随时间变化，推荐连续记录大约22h。

（2）如果管段长度不足1.6km（1.0mile），可在现场安装一台固定数据记录仪。

（3）用另一台便携式数据记录仪在每个测试桩处连续监测管地电位5min或进行常规的密间隔电位测试。

（4）如果测试期间断电电位峰—峰值波动超过20mV，则需要对地电流或其他动态杂散电流进行校准。

（5）首先确定固定式数据记录仪的真实电位，可以选取波形中的平静期的电位数据或监测时间段内的平均值作为真实电位数据，计算出固定式数据记录仪某时刻的测量电位与监测电位真实值之差（电位误差）。最后将同一时刻便携式数据记录仪的测量值减去上述电位误差，即可获得便携式数据记录仪所在位置的真实电位。对应的计算公式［式（5.5）至式（5.7）］如下：

①如果采用两台固定式数据记录仪，可以采用式（5.5）和式（5.6）所示的计算方法。

$$\varepsilon'_b = [\varepsilon'_a(c-b)/(c-a)] + [\varepsilon'_c(b-a)/(c-a)] \quad (5.5)$$

式中，a 为第一台固定式数据记录仪所在位置的里程数，km；b 为便携式数据记录仪所在位置的里程数，km；c 为第二台固定式数据记录仪所在位置的里程数，km；ε'_a 为在 x 时刻 a 位置时间的电位误差，V；ε'_b 为在 x 时刻 b 位置时间的电位误差，V；ε'_c 为在 x 时刻 c 位置时间的电位误差，V。

$$E_p = E_{P\text{measured}} - \varepsilon'_b \quad (5.6)$$

式中，E_p 为便携式数据记录仪位置的真实电位，V；$E_{P\text{measured}}$ 为便携式数据记录仪所在位置测量电位，V。

②如果只采用一台固定式数据记录仪，可采用式（5.7）来计算。

$$E_p = E_{pa} - (E_{sa} - E_s) \quad (5.7)$$

式中，E_p 为便携式数据记录仪所在位置的真实电位，V；E_{pa} 为 a

时刻便携式数据记录仪的测量电位，V；E_{sa} 为固定式数据记录仪记录期间在 a 时刻的测量电位，V；E_s 为固定式数据记录仪位置的真实电位，V。

（6）也可以用其他方法校正动态杂散电流电位数据。

（7）固定式数据记录仪也用于验证多台电流中断器通断是否同步和测试期间管道是否发生了去极化。

5.6.5 直流电源

（1）定期确认固定式数据记录仪的数据曲线，确认在测试期间，所有电流中断器保持工作正常。

（2）及时识别出由于电流中断器故障产生的错误数据。

（3）注意在测量期间发生的去极化量。

5.6.6 管中电流

（1）电流跨距方法。
①如果条件允许，计算出管中电流分布。
②计算出每一管段电流流入量或流出量。
（2）钳形电流表。
计算出每一管段的电流流入量或流出量。

5.6.7 整流器效率

计算出整流器的效率❶，并与历史数据进行比较。

参 考 文 献

[1] NACE Standard SP0177-2014,"Mitigation of Alternating Current and Lightning Effects on Metallic Structures and Corrosion Control Systems"（Houston，TX：

---

❶ 见第 1 章。

NACE International).

[2] NACE Standard SP0169-2013, "Control of External Corrosion on Underground or Submerged Metallic Piping Systems" (Houston, TX: NACE International).

[3] CGA Recommended Practice OCC-1-2013, "Control of Corrosion on Buried or Submerged Metallic Piping Systems" (Ottawa, Ontario: Canadian Gas Association, 2005).

[4] ISO 15589-1, "Petroleum and Natural Gas Industries: Cathodic Protection of Pipeline Transportation Systems, Part 1—On-Land Pipelines" (Geneva, Switzerland: ISO, 2003).

[5] NACE Standard TM0497-2012, "Measurement Techniques Related to Criteria for Cathodic Protection on Underground or Submerged Metallic Piping Systems" (Houston, TX: NACE International).

6 投运测试

6.1 概述

调试的目的是确认新建阴极保护设备是否按设计规范的要求为阴极保护系统供电，同时进行必要的调整来满足阴极保护准则要求。如果经过调整后依然无法满足阴极保护系统设计的能力，就需要研究制定改进措施[1-6]。

6.2 工具和设备

根据测试项目要求，可以选择以下不同的设备：

（1）能够测量 0.001~40V（DC）的万用表，并配备导线和绝缘表笔。

（2）铜/硫酸铜参比极。

（3）绝缘测试仪。

（4）土壤电阻率测试仪，包括导线和4个测试电极。

（5）万用表，具有交流/直流电压和电阻测量功能。

（6）电流中断器。

（7）与测试电流匹配的直流电流表。

（8）电池和可调电阻，或便携式可调直流电源。

（9）探管仪发射机和接收机。

（10）必要的测试导线。

（11）小型工具箱。

6.3 安全设备

（1）公司安全手册和法规要求的标准安全设备和防护服。

（2）仪表导线用的电绝缘夹子和探针。

（3）只有经过培训且符合当地法规和规范要求的合格人员才可以在直流电源或其他电源上工作。

6.4 注意事项

除在特定设施上操作时应严格遵循专业的安全事项外，还应遵守下列注意事项：

（1）确定所有交流电源切断开关的位置。

（2）触碰整流器箱体之前以及刚刚通电之后，测量整流器箱体对地电压。

（3）打开整流器箱体时，可能有叮咬皮肤的昆虫、啮齿动物或蛇，应采取必要的预防措施。

（4）检查整流器有无异常的声响、温度或刺鼻的气味，如果发现异常，关断整流器。

（5）安装电流中断器或每次调整抽头之前，应关断交流电源开关。

（6）不对整流器进行检测时，确保所有裸露的电气接线端子已经装在上锁的箱体内。

（7）在进行阴极保护测量之前，测量结构物对地的交流电压。如果结构物对地的交流电压不小于15V（AC），应严格遵循 NACE SP 0177标准[1]中详细规定的安全措施，并告知在有危险的电压结构物上工作的其他人员。

（8）在高压交流（HVAC）电力线附近工作时，要定期测量结构物的对地交流电压，因为随着电力线荷载和相对位置的变化，交流电压也会发生相应的变化。

（9）雷雨期间，切勿在结构物上工作。

（10）在围栏附近工作时，确认牲畜围栏不带电（查找绝缘体），以及与高压交流电力线平行的围栏上没有感应电压。

6.5 测试程序

6.5.1 调试之前需要的信息

（1）设计资料。

（2）图纸类：结构物详图，阴极保护装置和位置详图，测试桩类型和位置详图，连接线详图和位置详图。

（3）交流干扰电压测试报告。

（4）设计中预期的直流干扰资料。

（5）结构物电绝缘资料。

（6）公路和铁路穿越套管数据（如果有）。

（7）管道与防腐层信息。

6.5.2 直流电源

（1）只有有资格的人员才能在直流电源上完成各项测试。

（2）记录直流电源的铭牌数据。

（3）变压器次级抽头整流器。

①测量交流电源并确认其与整流器的交流电压额定值相符合。如果整流器为双交流输入型，确认交流输入抽头设置与交流电源相匹配。只有当交流电源与整流器的额定值相匹配时，才可以给整流器供电。

②测量变压器次级抽头的抽头与抽头之间的交流电压（图6.1）。细抽头与细抽头之间的交流电压应近似相等，并且这些细抽头的交流电压之和等于单组粗抽头的交流电压。

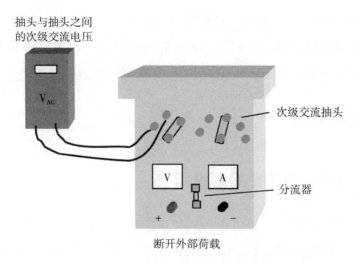

图6.1 测量次级抽头与抽头之间的交流电压

③测量结构物与阳极之间的直流电压。由此可以确定是否因为结构物金属与阳极或阳极填包料(如果适用)之间的电偶电位产生反电动势(EMF),其与整流器的直流电压相反(图5.1)。

④为测试外电路电阻,需要调整抽头,使得次级交流电压超过这个值2~4V(AC),通电并测量直流电压与直流电流,用式(6.1)可以计算出外部电路的电阻:

$$R_a = \frac{E_{DC1} - \text{Back EMF}}{I_{DC1}} \quad (6.1)$$

式中,R_a为阳极电路的电阻,Ω;E_{DC1}为测得的直流输出电压,V;Back EMF为通电前结构物与阳极之间的直流电压,V;I_{DC1}为测得的直流输出电流,A。

⑤用式(6.2)计算出设计电流需要的直流电压:

$$E_{DC} = I_{DC} R_a + \text{Back EMF} \quad (6.2)$$

式中,E_{DC}为需要的直流电压输出,V;I_{DC}为设计直流电流输出,

A；R_a 为阳极电路的电阻，Ω；Back EMF 为通电前结构物与阳极之间的直流电压，V。

⑥设定抽头的电压超过前述 E_{DC} 值 10%～15%。通常整流器中粗抽头与细抽头接电柱之间的次级交流电压比直流输出电压高出大约 15%，这个百分比因整流器而异，也随实际运行工况而异。可以参照前面的测量值，也可以测量粗抽头与细抽头之间的交流电压来确定实际的设定值。

⑦给整流器供电，测量直流电压和直流输出电流。并调整抽头值以满足所要求的电流输出。

⑧如图 6.2 所示，用便携式仪表测量直流输出电压和直流输出电流，并与仪表盘读数进行比较。

（4）记录当前强制电流系统直流电源和电路的铭牌数据、抽头设定值、输出电压和输出电流，包括正常运行和测试状态两种工况下的数据。

（5）对于牺牲阳极阴极保护系统，记录分流器的规格、分流器前后的电压读数以及电流输出。

（6）如果在可行的情况下，在交流电源、交流次级抽头或整流器的直流输出线路中安装电流中断器，如图 4.1 所示。并在其他强制电流源的直流输出中安装电流中断器。牺牲阳极以及任何跨接线中也应串联接入电流中断器。

（7）如果有一个以上的电源，应采用同步电流中断器，最好是 GPS 同步的电流中断器。

（8）选择一个长通电和短断电的周期，以此最大限度减小电流中断期间的极化损失，并分别记录通断周期。

（9）如果设备具备编程功能，在检测当天工作结束时自动关断，而在开始新的检测之前自动重新启动，以帮助维持极化。

6.5.3 结构物对电解质电位

(1) 实际可行时,中断所有有影响的电流源,在结构物上可接触部位测试对电解质通电电位与断电电位,以判断阴极保护系统是否满足阴极保护准则❶。

(2) 使用高输入阻抗电压表(≥10MΩ),与适用于土壤或淡水环境的铜/硫酸铜参比电极(CSE),或结合适用于高含盐条件的银/氯化银参比电极(SSC)配合进行结构物电位测试。

(3) 用新灌的标准硫酸铜参比电极校验现场用的硫酸铜参比电极❷。同样,要用新的干净的氯化银参比电极校验现场用的饱和氯化银参比电极。在海水中校验户外或海水中用的氯化银参比电极。如果电位差值依然大于5mV,就应更换参比电极。

(4) 首选方法是将电压表的正极连接到结构物上,把电压表的负极连接到参比电极上(连接直流电源时,不要采用这样的极性连接)。这样连接后,得到的结构物电位读数应为负数,也应记录为负数。虽然将电压表的负极连接到结构物上依然是允许的,但是测试人员应明白,如果导线连接的极性是相反的,那么得到的电位值是正数,读数实际上是负的,也应当记录为负数。

(5) 在多石块、沙土、非常干燥的土壤或冻土地带进行电位测量时,测试时在地表浇水或用湿海绵绑在参比电极上。在极端条件下,可以采用多种输入阻抗的接口,或多种输入阻抗的仪表;最少两个输入阻抗下的电位测量值应相同,否则,应进一步减小参比电路的电阻。

(6) 将所有用于改进数据质量的方法和原始数据编制成文件。

(7) 确定结构物保护电位测量的频次。

(8) 对于管道来说,保护电位(管对地电位)的测试桩间隔距离

---

❶ 见第2章。
❷ 见第2章。

大约为 3km（2mile）。为了对数据进行更精准地分析，可缩短读数隔距。

（9）获取完整数据，可能需要包括：

①在中断所有影响极化电位的电源情况下，测量的结构物对电解质通电电位与断电电位。所有电源包括各种直流电源（整流器、热电发电器以及太阳能、风能和柴油发电机）、牺牲阳极和跨接线。

②在无法中断电源的地方，测量的通电电位。在此情况下，必须进行附加测试来预测 IR 降误差❶。

③去极化电位测试（最好开展密间隔电位测量❷），建议在测试完通断电位后，继续保持电源关闭，测试去极化电位。

④直流电源输出和跨接电流数据。

⑤绝缘装置❸两侧的电位、外部结构物电位、公路和铁路穿越套管❹电位。

⑥测量结构物对电解质的直流电位之前，先测结构物对地交流电压，以此确定是否存在危险交流电压。

⑦将检测数据与上一次检测结果进行比较，确认目前的检测位置正是目标区域，并且其阴极保护系统运行是相似的。

（10）通电电位。

①确定进行通电电位测量的频次。

②测量结构物对电解质通电电位，并用木桩或涂漆方式标记参比电极位置，以便后续测量中将参比电极放置在准确的位置。

③确定在每个通电电位包含的 IR 降❺。

④从实测的通电电位中减去 IR 降误差，计算出真实的极化电位。

---

❶ 见第 2 章。
❷ 见第 7 章。
❸ 见第 9 章。
❹ 见第 10 章。
❺ 见第 2 章。

（11）通电电位与断电电位。

①按照设定的通电/断电周期，中断所有有影响的直流电源。

②可能时，安装一台固定式数据记录仪，用于验证电流通断周期，并确认所有电流中断器持续工作并保持同步状态。这台固定式数据记录仪也用于验证电流通断是否同步以及在通断期间是否发生了去极化。

③在实际可行时，通断所有有影响的直流电源，测量结构物对电解质瞬间断电电位。

④用一台快速数据采集仪器记录中断电流后 0.6~1.0s 内的瞬间断电电位。如果使用数字式电压表，应当记录中断电流后显示的第二个读数，因为第一个显示电位值可能包含了通电电位值在内的平均值。

（12）去极化电位。

①确定进行结构物对电解质去极化电位测量的频次。

②通断所有对极化有影响的直流电源，并且记录通断周期。

③测量结构物对电解质通电电位与断电电位，并且用木桩或涂漆标记每个位置，后续测试时将参比电极放置在同一位置。

④关断所有电源，记录一段时间内结构物电位值，直至电位相对稳定为止。在有些情况下，这可能需要几天的时间，此时适合采用固定式数据记录仪。

⑤当电位达到稳定时，在测量结构物对电解质通电电位和断电电位时参比电极的相同位置，测量结构物的去极化电位。

⑥用式（6.3）计算每个测量位置的去极化量：

$$\Delta V_\mathrm{p} = E_\mathrm{off} - E_\mathrm{depol} \tag{6.3}$$

式中，ΔV_p 为去极化（极化）量，V；E_off 为结构物对电解质的瞬间断电电位，V；E_depol 为结构物对电解质的去极化电位，V。

6.5.4 直流杂散电流

（1）判断正在测试的结构物有无受到动态直流杂散电流的影响❶。

（2）测量可能受到该阴极保护装置影响的外部结构物对电解质的电位。在外部结构物受到影响的地方，除测试数据外，还要绘制一张草图，说明外部构筑物的布局。

（3）在获得业主许可后，可以测试外部结构物上的其他位置，并标注阴极保护系统所产生的影响。绘制与被保护结构物有关的外部结构物的草图，并标明获取读数的位置。

（4）记录与外部结构物的跨接情况，包括电流值和电流方向。

（5）当两个相邻电位差超过20%时，应验证测试正确性。重新测试异常电位变化，通过浇水或对参比电极重新浇水，确认参比电极与土壤接触良好，电位变化也可能是缓慢的地电流波动造成的。

（6）如果测试期间断电电位峰—峰值的波动超过20mV，就需要校准地电流或其他动态杂散电流活动。

（7）如果检测出地电流或其他动态杂散电流，应在测试管段的1/4处和3/4处安装数据记录仪，用于记录结构物电位（管对地电位）随时间的变化情况，在实际可行时，记录仪应持续记录22~24h。

（8）也可手工测量结构物电位，并且记录数值和获取每个读数的时间，再将数据绘成图线，分析变化趋势。

（9）如果测试管段长度不足1.6km（1.0mile），可以在测试现场安装单台数据记录仪。

（10）用另一台数据记录仪在每个测试桩上连续记录结构物电位5min。

---

❶ 见第8章。

6.5.5 阴极保护不达标的原因

（1）实际可行时，识别投运调试期间遇到任何问题的原因❶。

（2）检查直流电源，并与给定的直流电压值和电流值进行比较。如果读数明显偏离给定值，应进行下列检查：

①如果输出电压为 0~2V(DC)❷，输出电流为 0A，检查整流器或整流器的交流电源是否存在故障。关断直流电源并断开其中一根直流电缆，可以确认约 2V(DC) 的直流电压是否来自直流电源。如果输出电压读数停留在 2V(DC) 附近，那么可以确定这是来自直流电源。如果其下降到 0V，这个 2V(DC) 的电压就是结构物材料与阳极之间或与阳极填包料之间的反电动势。

②如果输出电压正常，但是输出电流为 0A(DC)，那么就应查找电缆、阳极或整流器的其他外部线路有无故障。

③如果输出电压和输出电流大约是正常值的一半，则调查是否有二极管失效，导致整流器处于半波整流状态。

④如果怀疑整流器或外部直流回路有问题，可以参照第 1 章，完成必要的修复工作后，方可继续进行测试。

（3）检查跨接线，并修复破损的跨接线。

（4）测试所有电绝缘装置❸。

（5）如果可行，测试所有穿越公路和铁路的套管，确认其与被保护结构物电绝缘❹。

（6）如果造成阴极保护不良的问题已经整改，系统恢复保护，故障排除工作就完成了。

（7）如果之前发现的故障已经修复，但是依然没有达到阴极保护

---

❶ 见第 4 章。
❷ 这个 2V 可能是结构物中的钢与碎炭渣中的炭之间的电偶电位差。
❸ 见第 9 章。
❹ 见第 10 章。

准则要求，就要进行诊断测试。

6.5.6 管中电流

（1）在实际可行时，按照一定的间隔测量管中电流，由此可以确定管中电流的分布情况❶。

（2）如果存在电流跨距，测量双线跨距前后的毫伏电压降和极性，或测量四线跨距的内侧两根导线之间的毫伏电压降和极性（图3.4）。

（3）管道出入地面的地方，用钳形电流表测量管中电流。在通电电流和断电电流条件下，在管道入地面和出地面的部位进行本项测试，并记录管道进出地面的管段上吸收净电流量。

6.5.7 结构物上的交流电压

（1）测量结构物对电解质的直流电位之前，应当测量结构物对地的交流电压，确认不存在危险交流电压。

（2）如果存在不小于15V（AC）的交流电压，应按照NACE SP 0177标准的指南采取措施，并告知在当前条件下工作的其他操作人员。

6.6 数据分析

6.6.1 阴极保护准则

（1）阴极保护准则详见NACE SP 0169标准第6章[2]。CGAOCC-173[3]和ISO 15589-1[4]❷等给出了类似的阴极保护准则，NACE TM 0497标准[5]中列出了确定这些保护准则的测试程序。

---

❶ 见第3章。

❷ 采用最新版，注意ISO 15589-1只包括极化电位准则和极化准则。

（2）有三项结构物电位准则可用于判断水下或埋地钢质结构物是否得到充分的阴极保护，其包括如下内容：

①已经被实践充分证明的行之有效的阴极保护准则。这些阴极保护准则也可用于具有相同特征的其他管道系统或结构物上。

②最小100mV的阴极极化准则，必须在极化形成或衰减过程测得，并满足这个阴极保护准则。如式（6.4）所示，极化量就是电位从自然电位或腐蚀电位到瞬间断电电位的变化量。可在所有干扰电源关闭后，在极化衰减过程中测得［式（6.5）］。

极化：

$$\Delta E_\text{p} = E_\text{off} - E_\text{native} \tag{6.4}$$

去极化：

$$\Delta E_\text{depol} = E_\text{off} - E_\text{depol} \tag{6.5}$$

式中，ΔE_p 为阴极保护准则要求的极化量（最小100mV）；E_off 为所有电流瞬间中断时的电位，mV；E_native 为施加阴极保护电流前的自然（自然腐蚀）电位，mV；ΔE_depol 为阴极保护准则要求的去极化量（最小100mV）；E_depol 为电流保持断开状态下的去极化电位，mV。

③结构物相对于铜/硫酸铜参比电极测得的电位值为-850mV或更负的准则。这个电位可以是极化电位或通电电位。中断所有影响直流电源并且读取瞬间断电电位，可认为是极化电位。解析通电电位时，需要考虑土壤和金属通道中电压降的影响。在此应考虑采用NACE SP 0169—2013标准中推荐的工程实践做法。正如式（6.6）所示，参比电极与结构物对电解质界面之间的电压降（IR 降）是这个读数的误差，在应用此项阴极保护准则前，应从通电电位减去 IR 降。NACE SP 0169—2013标准讨论了评估 IR 降的方法。

$$E_\text{c} = E_\text{on} - IR \tag{6.6}$$

式中，E_c 为阴极保护准则要求的电位［-850mV（CSE）或更负］；E_on 为施加阴极保护电流时的电位，mV；IR 为参比电极与结构物对电解质界面之间的电压降，mV。

6.6.2 保护电位不达标的原因

（1）表5.1列出了阴极保护不达标的常见原因、测试项目和整改措施等。

（2）将直流电源输出数据与历史记录进行比较，如果相似，就应当查阅更多的数据。

6.6.3 结构物对电解质电位

（1）确认所有结构物对电解质电位可以满足至少一项阴极保护准则，如果读数都不满足，应开展后续的分析工作。

（2）如果在相同电流输出条件下，电位读数比试验期间的读数更负，提示该结构物受到阳极干扰，或可能由于结构物跨接线故障使部分被保护结构物电绝缘，导致结构物的范围减小，或与具有更负电位的阴极保护系统发生了短路。

（3）如果电位读数比以前更负，可能说明该结构物附近存在外部直流电源系统的阳极地床。

（4）如果电位读数偏正，提示可能管道外防腐涂层质量较差，或电连续性较差，或绝缘装置发生短路，或与外部结构物有金属搭接，或与穿路套管发生了短路。

6.6.4 动态直流杂散电流

（1）如果检测出地电流或其他动态直流杂散电流，应推迟检测工作，直至进入一个比较稳定的时段。如果不可行，应在测试管道两端安装数据记录仪，用于记录管道对电解质电位（管地电位）随时间的变化，并应持续记录22~24h。

（2）如果测试管段长度不足1.6km（1.0mile），可以在现场安装一台固定式数据记录仪。

（3）在每个测试桩上用另一台数据记录仪记录5min的管道对地电位，密间隔电位测试正常进行。

（4）如果测试期间断电电位波动超过20mV，需要对地电流或其他动态杂散电流引起的干扰进行修正。

（5）首先确定固定式数据记录仪的真实电位，可以选取波形中的平静期的数据作为真实电位数据，也可以选取检测时间段内的平均值作为真实电位。其次，计算出固定式数据记录仪某时刻的测量电位与检测时间段内的真实值之差（电位误差）。最后将同一时刻便携式数据记录仪的测量值减去上述电位差，即可获得便携式数据记录仪所在的位置真实电位。计算公式如下所示：

①如果采用两台固定式数据记录仪，可以采用式（6.7）和式（6.8）所示的计算方法：

$$\varepsilon'_b = [\varepsilon'_a(c-b)/(c-a)] + [\varepsilon'_c(b-a)/(c-a)] \qquad (6.7)$$

式中，a 为第一台固定式数据记录仪所在的位置里程数，km；b 为便携式数据记录仪所在的位置里程数，km；c 为第二台固定式数据记录仪所在的位置里程数，km；ε'_a 为在 x 时刻 a 位置的电位误差；ε'_b 为在 x 时刻 b 位置的电位误差；ε'_c 为在 x 时刻 c 位置的电位误差。

$$E_p = E_{P_{measured}} - \varepsilon'_b \qquad (6.8)$$

式中，E_p 为便携式数据记录仪所在位置的真实电位；$E_{P_{measured}}$ 为便携式数据记录仪所在位置的测量电位。

②如果只用了一台固定式数据记录仪，可采用式（6.9）来计算：

$$E_p = E_{pa} - (E_{sa} - E_s) \qquad (6.9)$$

式中，E_p 为便携式数据记录仪所在位置的真实电位；E_{pa} 为在 a 时刻便携式数据记录仪的测量电位；E_{sa} 为在 a 时刻固定式数据记录仪的测量电位；E_s 为便携式数据记录仪的测量电位。

（6）也可采用其他方法，修正动态直流杂散电流干扰。

（7）固定式数据记录仪也用于验证电流通断是否同步以及检测期间是否发生了去极化。

6.6.5 直流电源

（1）安装一台固定式数据记录仪来监测结构物对电解质电位，每天查看固定式数据记录仪的数据曲线，确认在测试期间，安装在所有有影响的整流器上的电流中断器均工作正常。

（2）识别出所有因电流中断器故障而受影响的电位读数。

（3）注意在电流通断期间的去极化量。

6.6.6 管中电流

（1）电流跨距法。

①如果已知管道电流跨距的电阻，可以用式（6.10）计算出管道上每个位置的通电电流和断电电流：

$$I_{span} = \frac{V_{span}}{R_{span}} \tag{6.10}$$

式中，I_{span}为管道电流跨距中的电流，A；V_{span}为管道电流跨距前后的电压降，V；R_{span}为该电流跨距的电阻，Ω。

②如果已知该管道电流跨距的修正系数，可以用式（6.11）计算出每个位置的通电电流和断电电流：

$$I_{span} = mV_{span} \times CF_{span} \tag{6.11}$$

式中，I_{span}为该管道电流跨距中的电流，A；mV_{span}为该电流跨距前后的电压降，mV；CF_{span}为该电流跨距的校正系数，A/mV。

（2）钳形电流表。

测量并计算出两个方向上实测电流值的平均值，并标明电流的实际方向。

(3) 流入电流。

测量并计算出两个测量位置之间管段上的电流流入量。正常情况下，管中电流流向最近的阴极保护站，并且在此方向不断增加。

参 考 文 献

[1] NACE Standard SP0177-2014, "Mitigation of Alternating Current and Lightning Effects on Metallic Structures and Corrosion Control Systems" (Houston, TX: NACE International).

[2] NACE Standard SP0169-2013, "Control of External Corrosion on Underground or Submerged Metallic Piping Systems" (Houston, TX: NACE International).

[3] CGA Recommended Practice OCC-1-2013, "Control of External Corrosion on Buried or Submerged Metallic Piping Systems" (Ottawa, Ontario: Canadian Gas Association).

[4] ISO 15589-1, "Petroleum and Natural Gas Industries: Cathodic Protection of Pipeline Transportation Systems, Part 1—On-Land Pipelines" (Geneva, Switzerland: ISO, 2003).

[5] NACE Standard TM0497-2013, "Measurement Techniques Related to Criteria for Cathodic Protection on Underground or Submerged Metallic Piping Systems" (Houston, TX: NACE International).

[6] A. W. Peabody, *Control of Pipeline Corrosion*, 2nd ed., R. L. Bianchetti, ed. (Houston, TX: NACE International, 2001), p. 65.

7 密间隔电位

7.1 概述

本章介绍结构物对电解质电位的密间隔测量（CIS），重点阐述如何获取整个结构物上一系列具有代表性电位值，以准确评估其是否满足阴极保护准则要求。找出阴极保护系统局部存在的不足，有助于查明造成不足的原因，从而确定提高结构物阴极保护水平的措施。

密间隔电位测量是沿结构物以相对较小的间隔（如 1~3m）获得结构物对电解质的电位值。

7.2 工具和设备

根据测试项目需求，可以选择以下不同的设备：

（1）能够测量 0.001~40V（DC）的万用表，并配备有导线和绝缘表笔。

（2）便携式直流电压测量数据记录仪。

（3）铜/硫酸铜参比电极（CSE）并配有延长线。

（4）万用表，具备测量交流、直流电压、电阻功能。

（5）同步电流中断器，最好具有 GPS 同步功能。

（6）绕线轮和里程表。

（7）电池和可调电阻，或便携式可控直流电源。

（8）探管仪发射机和接收机。

（9）测量所需的导线。

(10) 小型手动工具。

图 7.1 为用手工记录数据的密间隔电位测量典型的连接方式。

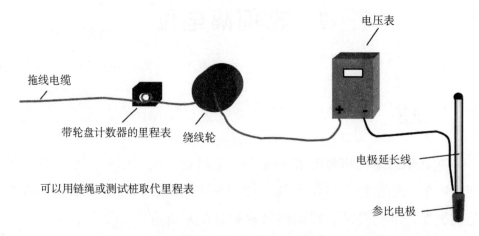

图 7.1　配备电压表的密间隔电位测量的基本设备

图 7.2 为配备数据存储器的密间隔电位测量典型的连接方式。

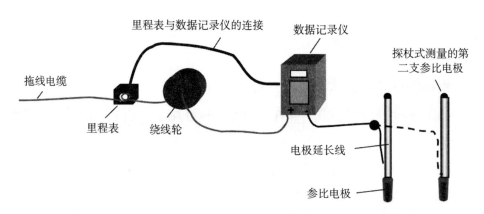

图 7.2　用数据记录仪的密间隔电位测量的典型连接方式

图 7.2 中的第二支参比电极是用于探杖式测量的。测量时，这两支参比电极是连接在一起的。

7.3 安全设备

（1）公司安全手册和规程要求的标准安全设备和防护服。

（2）仪表导线用的电绝缘夹子和探针。

（3）只有经过严格培训且符合当地法规和规范要求的合格人员，才可以在直流电源或其他电源上工作。

（4）与交流电力线平行的长导体上会感应危险交流电压[1]。在此情况下，应采取专门的安全措施。

（5）在交通繁忙地段工作时，应有专人指挥和控制交通。

7.4 注意事项

除在特定设施上工作时应严格遵循专业安全事项外，还应遵守下列一般性注意事项：

（1）碰整流器箱体之前，测量整流器箱体对地电压。

（2）打开整流器箱体时，可能会有咬人的昆虫、啮齿动物或蛇，应采取必要的预防措施。

（3）检查整流器有无异常的声响、异常的温度或刺鼻的气味，如果发现异常，关闭整流器。

（4）安装电流中断器或每次调整抽头之前，应关闭交流电源。

（5）整流器不接受检测时，确保任何裸露的电气接线端子装在上锁的箱体内。

（6）在进行阴极保护测量之前，应测量结构物对地的交流电压。如果结构物对地的交流电压等于或大于15V（AC），应严格遵循NACE SP 0177[1]标准中详细规定的安全措施，并且也应告知在有危险电压的结构物上工作的其他人员。

（7）在高压交流（HVAC）电力线附近工作时，要定期测量结构物对地的交流电压，因为随着电力线荷载、相对位置关系、拖线长度的变化，交流电压也会发生相应的变化[1]。

(8) 雷暴天气,切勿在结构物上工作。

(9) 在围栏附近工作时,应当确认围栏不带电(查找绝缘体),并且没有因为与高压交流电力线平行而产生感应交流电压。

(10) 拖线应从围栏下穿过,并确保其不与其他金属结构物接触。

7.5 测试程序

参比电极使用方法可分为两类,即使用单支参比电极,或使用两支探杖式参比电极。数据既可以手工采集,也可以存储在数据记录仪中。根据使用环境条件不同,这两种方法也可以进行组合使用。

7.5.1 用电压表配单支参比电极测量通电电位

(1) 用探管仪定位出被测管道的中心线,并用标桩在管道沿线标记。如果未使用里程表,标桩间的间隔应刚好对应密间隔电位测量的间隔。

(2) 将绕线轮引出的导线分别连接到测量起始的测试桩和电压表的正极(图7.3)。

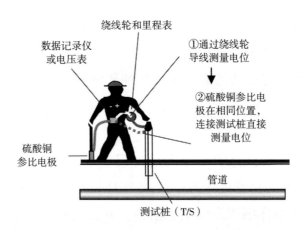

图 7.3 密间隔电位测量的开始操作步骤

(3) 将电压表的负极连接到硫酸铜参比电极上,根据电解质的类型,也可以选择另一种类型的参比电极。

7 密间隔电位

（4）测量结构物对电解质电位❶。

（5）将硫酸铜参比电极放置在相同位置，但是将电压表的正极直接连接到测试桩上，而不是通过绕线轮的导线连接，测量结构物电极电位。

（6）确认按照（4）和（5）描述的操作步骤获得的电位测量值是相同的，如果不同，应当检查导线连接状况，只有这些读数相同后，才可以继续进行下一步的测量。

（7）将绕线轮引出的导线连接在测试桩上，确保其没有接触其他任何金属部件。

（8）在测量起始的测试桩处将里程表读数设置为零，并确认向前移动时，里程表的读数也相应增加。

（9）编制现场测试记录表，分栏记录日期、时间、测试人员姓名以及距离和电位值。

（10）向前移动到下一个读数位置，将硫酸铜参比电极插入潮湿土壤里。

（11）确认下一个结构物对电解质电位读数稳定且准确后，记录距离和电位，包括极性、数值和单位（图7.4）。

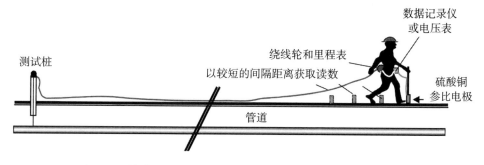

图7.4 单支硫酸铜参比电极的密间隔电位测量操作程序

---

❶ 见第2章。

（12）继续前行获得下一个读数，重复（10）中描述的操作步骤。

（13）当到达下一个测试桩时，先通过绕线轮上的导线测量结构物对电解质电位（图7.5中的1号测试桩）。

（14）再将下一个测试桩引出的导线直接与电压表连接（图7.5中的2号测试桩），并测量结构物对电解质电位。

（15）在此情况下（图7.5），由于管道中电流会引起IR降，因此1号测试桩获得的电位读数可能与2号测试桩不同。根据电流的流动方向，在上一个测试桩（图7.5中的1号测试桩）获得的电位值要加上或减去这个IR降。

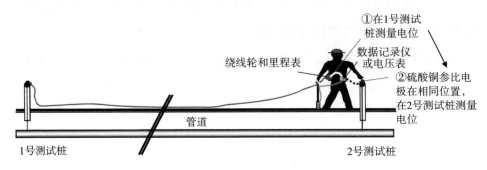

图7.5　在下一个测试桩密间隔电位测量的操作步骤

（16）如果1号测试桩与2号测试桩获得的电位读数差别非常大，应用式（7.1）或式（7.2）进行修正。

（17）重复（1）至（15）的操作步骤，继续进行检测。

7.5.2　数据记录仪配单支参比电极测量通电电位

（1）用探管仪定位出被测管道的中心线，并用标桩在管道沿线标记。如果未使用里程表，标桩间的间隔应刚好对应密间隔电位测量的间隔。

（2）将绕线轮引出的导线分别连接到测量起始的测试桩和电压表的正极（图7.3）。

（3）将电压表的负极连接到硫酸铜参比电极上，根据电解质的类型，也可以选择另一种类型的参比电极。

（4）测量结构物对电解质电位❶。

（5）将参比电极放在同一位置，但是将数据记录仪的正极直接连接到测试桩上，而不是通过绕线轮的导线连接，测量结构物对电解质电位。

（6）确认按照（4）和（5）的操作步骤获得的两个电位测量值是相同的，如果两者不同，应检查接线情况，如果数据记录仪配备了多种输入阻抗，选择较高的阻抗，看这些电位值是否接近。如果情况还是如此，说明回路中的接头处或参比电极与大地的接触部位的阻抗较高。只有两个读数相等后，才能够继续进行下一步的操作。

（7）将绕线轮引出的导线连接在测试桩上，确认其没有接触其他任何金属部件。

（8）在测量起始的测试桩处将里程表读数设置为零，并确认向前移动时，里程表的读数也相应增加。

（9）将里程表的电缆与数据记录仪连接起来。

（10）在数据记录仪中输入被测管段、日期、时间和测试人员姓名。

（11）输入测得的第一个结构物对电解质电位的读数。

（12）向前移动到下一个读数位置，将硫酸铜参比电极插入潮湿土壤里。

（13）当确认读数稳定和准确后，将下一个读数输入数据记录仪。

（14）当到达下一个测试桩时，先通过绕线轮导线测量结构物对电解质电位（图7.5中的1号测试桩）。

（15）将下一个测试桩引出的导线直接连接到数据记录仪上（图7.5中的2号测试桩），测量结构物对电解质电位，记录并做好相应的标记。

---

❶ 见第2章。

（16）由于管道中电流会造成 IR 降，在图 7.5 中的 1 号测试桩获得的电位读数可能与 2 号测试桩获得的电位读数不同。根据电流的流动方向，在上一个测试桩（图 7.5 中的 1 号测试桩）获得的电位值要加上或减去这个 IR 降。

（17）如果 1 号测试桩与 2 号测试桩获得的电位读数差别很大，应当进行修正❶。进行修正时，假定管道的 IR 降在短距离范围内是均匀分布的。

（18）定期从数据记录仪下载测量数据。

7.5.3 用数据记录仪配探杖式参比电极测量通电电位

（1）用探管仪定位出被测管道的中心线，并用标桩在管道沿线标记。如果未使用里程表，标桩间的间隔应刚好对应密间隔电位测量的间隔。

（2）将绕线轮引出的导线分别连接到测量起始的测试桩和电压表的正极（图 7.3）。

（3）将电压表的负极连接到硫酸铜参比电极上，根据电解质的类型，也可以选择另一种类型的参比电极。

（4）测量结构物对电解质电位❷。

（5）将参比电极放在同一位置，将数据记录仪的正极直接连接到测试桩上，而不是通过绕线轮的导线连接，测量结构物对电解质电位。

（6）确认按照（4）和（5）的操作步骤获得的两个电位测量值是相同的，如果两者不同，应检查接线情况。如果数据记录仪配备了多种输入阻抗，选择较高的阻抗，看这些电位值是否接近，如果情况还是如此，说明回路中的接头处或参比电极与大地的接触部位的阻抗较高。只有两个读数相等后，才能够继续进行下一步的操作。

---

❶ 见 7.6.1。
❷ 见第 2 章。

(7) 将绕线轮引出的导线连接在测试桩上,确认其没有接触其他任何金属部件。

(8) 确认向前行进时,里程表的读数也相应增加,并且设定里程表在该测试桩的读数为零。

(9) 将里程表的数据线接到数据记录仪上。

(10) 在数据记录仪中输入被测管段、日期、时间和测试人员姓名。

(11) 设定数据记录仪按照设定的间隔距离记录读数。

(12) 输入测得的第一个结构物对电解质电位。

(13) 向前移动,确认始终有一支硫酸铜参比电极与土壤保持良好接触(图7.6)。

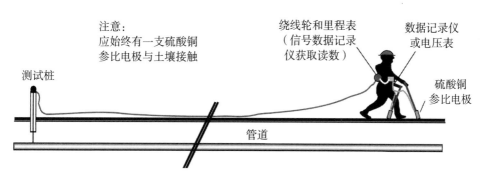

图7.6 用探杖式参比电极进行密间隔电位测量

(14) 当到达下一个测试桩时,先通过绕线轮导线测量结构物对电解质电位(图7.5中的1号测试桩)。

(15) 再将下一个测试桩引出的导线直接连接到数据记录仪上(图7.5中的2号测试桩),测量结构物对电解质电位。

(16) 由于管道中电流会造成 IR 降,在图7.5中的1号测试桩获得的电位读数可能与2号测试桩获得的电位读数不同。根据电流的流动方向,上一个测试桩(图7.5中的1号测试桩)获得的电位值要加上或减去这个 IR 降。

（17）如果1号测试桩与2号测试桩获得的电位读数差别很大。应当进行修正，修正时假定管道的 IR 降在短距离范围内是均匀分布的。

（18）定期从数据记录仪下载测量数据。

7.5.4　用电压表配单支参比电极测量通电电位和断电电位

（1）用探管仪定位出被测管道的中心线，并用标桩在管道沿线标记。如果未使用里程表，标桩间的间隔应刚好对应密间隔电位测量的间隔。

（2）在所有直流电源和跨接线上安装同步电流中断器，并且记录通电与断电周期。设置的通断电循环周期最好能整除1min并从整分钟开始启动，以便测试人员用手表就能确认是哪个周期。

（3）将绕线轮引出的导线分别连接到测量起始的测试桩和电压表的正极（图7.3）。

（4）将电压表的负极连接到硫酸铜参比电极上。根据电解质的类型，也可以选择另一种类型的参比电极。

（5）编制现场测试记录表，分栏记录日期、时间、测试人员姓名以及距离和电位值。

（6）测量结构物对电解质通电电位和断电电位[1]，观察这些数据直至它们稳定。如果使用数字式电压表，应当取直流电源关断后的第二个清晰的读数作为瞬间断电电位；如果这些电位读数不稳定，应当按照7.5.7节描述的步骤进行操作。

（7）将参比电极放在同一位置，将电压表的正极直接连接到测试桩上，而不是通过绕线轮的导线连接，测量结构物对电解质通电电位和断电电位。

（8）确认按照（6）和（7）描述步骤获得的两个通电电位测量值是相同的，两个断电电位测量值也是相同的。如果不同，应当检查导

---

[1] 见第2章。

线连接状况。只有这些读数相同后，才可以继续进行下一步的测量。

（9）将绕线轮引出的导线连接在测试桩上，确保其没有接触其他任何金属部件。

（10）在测量起始的测试桩处将里程表读数设置为零，并确认向前移动时，里程表的读数也相应增加。

（11）向前移动到下一个读数位置，将硫酸铜参比电极插入潮湿土壤里。

（12）识别哪个读数是通电电位，哪个读数是断电电位，不要认为更负的电位一定是通电电位。要根据周期时间长短识别通电电位和断电电位。如果通断周期能够整除1min并且是从整分钟开始的。那么用手表就能够辨别这个周期。

（13）当下一个结构物对电解质通电电位与断电电位读数稳定并且准确后，记录距离以及通电电位和断电电位，包括极性、数值和单位（图7.4）。

（14）继续获得下一个读数并且重复7.5.1节（11）描述的操作步骤。

（15）当到达下一个测试桩时，先通过绕线轮的导线测量结构物对电解质通电电位和断电电位（图7.5中的1号测试桩）。

（16）再将下一个测试桩引出的导线直接与电压表连接（图7.5中的2号测试桩），再次测量结构物对电解质通电电位和断电电位。

（17）由于管道中存在 IR 降，这些数值可能不同。假设 IR 降呈线性，可以用7.6.1节的方法修正这个 IR 降。

7.5.5 用数据记录仪配单支参比电极测量通电电位和断电电位

（1）用探管仪定位出被测管道的中心线，并用标桩在管道沿线标记。如果未使用里程表，标桩间的间隔应刚好对应密间隔电位测量的间隔。

（2）在所有直流电源和跨接线上安装同步的电流中断器，并且记录通断电周期。设置的通断电循环周期最好能整除1min并从整分钟开始启动，以便测试人员用手表就能确认是哪个周期。

（3）安装一台固定式数据记录仪来监测电流中断周期和动态杂散电流（见7.5.7节）。

（4）将绕线轮引出的导线连接测量起始的测试桩和数据记录仪的正极（图7.3）。

（5）将数据记录仪的负极接线柱连接到硫酸铜参比电极上。根据电解质的类型，也可以选择另一种类型的参比电极。

（6）确定哪个是通电电位数据，哪个是断电电位数据。

（7）测量结构物对电解质通电电位和断电电位❶。

（8）将参比电极放在同一位置，将数据记录仪的正极直接连接到测试桩上，而不是通过绕线轮的导线连接，测量结构物对电解质通电电位和断电电位。

（9）确认按照（7）和（8）描述的步骤获得的两个通电电位测量值是相同的，两个断电电位测量值也是相同的。如果不同，应当检查导线连接状况。如果数据记录仪配备了多种输入阻抗，应当选择较高的阻抗，看这些电位值是否接近。如果情况还是如此，说明回路中的接头处或参比电极与大地的接触部位的阻抗较高。只有两个读数相等后，才能够继续进行下一步的操作。

（10）将绕线轮引出的导线连接在测试桩上，确保其没有接触其他任何金属部件。

（11）在测量起始的测试桩处将里程表读数设置为零，并确认向前移动时，里程表读数也会相应增加。

（12）将里程表数据线连接到数据记录仪上。

（13）在数据记录仪里输入位置、被测管段、日期、时间、测试

---

❶ 见第2章。

人员姓名。

（14）确定输入结构物对电解质通电电位和断电电位的先后顺序，并且在以后所有操作中维持这个输入顺序。如果开始时首先输入通电电位，以后所有其他读数位置也要首先输入通电电位。这样可以省去输入每个读数的字母顺序标记。

（15）输入第一次测量的结构物对电解质通电电位和断电电位。

（16）向前移动到下一个读数位置，将硫酸铜参比电极插入潮湿土壤里。

（17）读数稳定和准确后，将通电电位和断电电位读数输入数据记录仪。

（18）当到达下一个测试桩时，先通过绕线轮的导线测量结构物对电解质通电电位和断电电位（图7.5中的1号测试桩）。

（19）再将下一个测试桩引出的导线直接与数据记录仪连接（图7.5中的2号测试桩），并再次测量结构物对电解质通电电位和断电电位。

（20）由于管道中电流会造成 IR 降，在图7.5中的1号测试桩获得的电位读数可能与2号测试桩获得的电位读数不同。根据电流的流动方向，在上一个测试桩（图7.5中的1号测试桩）获得的电位值要加上或减去这个 IR 降。

（21）如果1号测试桩与2号测试桩获得的两个通电电位读数差别很大，或两个断电电位读数差别很大，应当用7.6.1节的方法进行修正。进行修正时，假定管道的 IR 降在一定范围内是均匀分布的。

（22）使数据记录仪的负极依然连接到硫酸铜参比电极上，同时将绕线轮引出的导线连接到下一个测试桩和数据记录仪的正极接线柱上（图7.3），重复本节所述的操作步骤。

（23）定期从数据记录仪下载数据并保存。

7.5.6 用数据记录仪配探杖式参比电极测量通电电位和断电电位

（1）用探管仪定位出被测管道的中心线，并用标桩在管道沿线标记。如果未使用里程表，标桩间的间隔应刚好对应密间隔电位测量的间隔。

（2）将绕线轮引出的导线连接测量起始的测试桩和数据记录仪的正极（图7.3）。将负极连接到硫酸铜参比电极上。根据电解质的类型，也可以选择另一种类型的参比电极。

（3）安装一台固定式数据记录仪用来监测电流中断周期和动态杂散电流（见7.5.7节）。

（4）在数据记录仪里记录测量位置、被测管段、日期、钟点、周期时间长度、测试人员姓名。

（5）确认此时的读数是通电电位还是断电电位，并记录结构物对电解质通电电位和断电电位❶。

（6）将参比电极放在同一位置，将数据记录仪的正极直接连接到测试桩上，而不是通过绕线轮的导线连接，测量结构物对电解质电位。

（7）确认按照（5）和（6）描述的步骤获得的两个电位测量值是相同的。如果不同，应当检查接线状况。如果数据记录仪配备了多种输入阻抗，应当选择较高的阻抗，看这两个电位值是否接近。如果情况还是如此，说明回路中的接头处或在参比电极与大地的接触部位存在较高的输入阻抗。只有这两个读数相等后，才能够继续进行下一步的操作。

（8）将绕线轮引出的导线固定在测试桩上，确认其没有接触其他任何金属部件。

（9）确认向前移动时，里程表读数也会相应增加，并且在测量起

---

❶ 见第2章。

始的测试桩位置将里程表读数设为零。

（10）将里程表数据线连接到数据记录仪上。

（11）设置数据记录仪按照要求的间隔距离记录读数。

（12）输入第一组结构物对电解质通电电位和断电电位。电流中断后至少 0.6s 后要记录瞬间断电电位，以免记录电位冲击峰。

（13）向前移动，确保始终有一支硫酸铜参比电极与土壤接触良好（图 7.6），因为测试人员并不能准确判断数据记录仪采集数据的时间。

（14）当到达下一个测试桩时，先通过绕线轮的导线测量结构物对电解质通电电位和断电电位（图 7.5 中的 1 号测试桩）。

（15）再将下一个测试桩引出的导线直接与数据记录仪连接（图 7.5 中的 2 号测试桩），并再次测量结构物对电解质通电电位和断电电位。

（16）由于管道中电流会造成 IR 降，在图 7.5 中的 1 号测试桩获得的通电电位与断电电位读数可能与 2 号测试桩获得的通电电位与断电电位读数不同。根据电流的流动方向，在上一个测试桩（图 7.5 中的 1 号测试桩）获得的电位值要加上或减去这个 IR 降。

（17）如果 1 号测试桩与 2 号测试桩获得的两个通电电位读数差别很大，或两个断电电位读数差别很大，应当用 7.6.1 的方法进行修正。进行修正时，假定管道的 IR 降在一定范围内是均匀分布的。

（18）使数据记录仪的负极连接到硫酸铜参比电极上，同时将绕线轮盘引出的导线连接到下一个测试桩和数据记录仪的正极（图 7.3），重复本节所述的操作步骤。

（19）定期从数据记录仪下载数据并保存。

7.5.7　电流中断周期

（1）当电流中断周期偏离实际设定时间时，或电位值突然增加或减小时，应停止密间隔电位测量并查明原因。

（2）以下是造成电流定时中断失效的可能原因：

①多个电流中断器互相不同步。如图 7.7 所示，造成同一时段期间出现不止一个通电电位或断电电位。在图 7.7 中，断电周期 A 是同步的，能够直接读出真实的瞬间断电电位。断电周期 B 显示在设定的断电周期开始之前，一台电流中断器已经断电，尽管真实的断电电位确实存在于这个时间段内，但因为其他两个断电时间点的存在，无法从中选择读数时间。周期 C 显示通电周期结束之前，一台电流中断器已经完成了断电和通电。导致无法直接读出瞬间断电电位。取两个断电电位中的 IR 降的总和，就可以计算出总的 IR 降。最好的办法是使这些电流中断器重新同步。

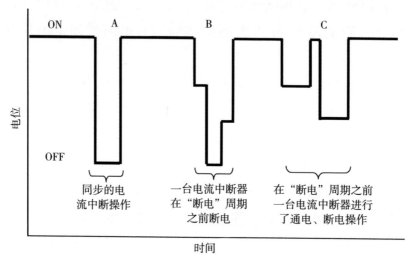

图 7.7　不同的电流通断同步对电位的影响

②一台电流中断器一直处于通电状态。许多 GPS 同步的电流中断器失去卫星信号时就会出现这样的失效，此时测量的瞬间断电电位不再是真实的极化电位。

③一台电流中断器一直处于断电状态，导致阴极去极化。

（3）用一台固定式数据记录仪识别电流中断器的同步失败的情况，以便及时发现问题并处理。

7.5.8 动态直流杂散电流

（1）在密间隔电位测量期间，尤其是怀疑有动态直流杂散电流时，应安装固定式数据记录仪。

（2）选择一个数据采集周期，存储在这个周期内所采集到的数据。

（3）如果进行密间隔电位测量的管段为 1.0~3.0km（0.6~1.8mile），可以用单台固定式数据记录仪。如果密间隔电位测量管段距离比较长，可以在此被测管段的 1/4 处和 3/4 处附近安装数据记录仪。

（4）如果存在地电流，宜在整个监测期间和夜间运行固定式数据记录仪，因为夜间的地电流活动往往比较平静。如果动态直流杂散电流来自其他干扰源，检测期间可运用数据记录仪，判断出杂散电流停止时的数据。

7.6 数据分析

7.6.1 用电压表配单支参比电极测量通电电位

（1）以距离为横坐标（x 轴），以电位值为纵坐标（y 轴），绘制曲线图，将易于识别每个测量点上的读数及电位突变的情况。

（2）注意：尚未修正 IR 降的通电电位不能用于评估是否符合阴极保护准则要求[2-3]。当然，没有去除 IR 降时，不符合阴极保护准则的区域即使修正之后也是不符合准则要求的，这些区域可以认定为欠保护区，在减去 IR 降之后这个欠保护范围可能更大。

（3）根据通电电位分布曲线能够确认出暴露在土壤里的金属裸露点或有较大防腐涂层破损的位置。

（4）如果在下一个测试桩获得的结构物对电解质电位与连接拖线电缆的测试桩获得的结构物对电解质电位读数明显不同，那就应当进行修正。式（7.1）给出了一种修正方法，假定一定范围内管道的 IR

降是均匀的，并且假定下一个测试桩的电位比拖线电缆连接的起点测试桩的电位更正。如果这个电位比拖线电缆连接的起点测试桩的电位值更负，就应当使用式（7.2）修正：

$$E_{on} = E_{ontest} - \frac{X-A}{X} \times \Delta E_{1-2} \tag{7.1}$$

$$E_{on} = E_{ontest} + \frac{X-B}{X} \times \Delta E_{1-2} \tag{7.2}$$

式中，E_{on} 为修正后的结构物对电解质通电电位，V；E_{ontest} 为距离起点长度 A 处的结构物对电解质通电电位，V；X 为检测管段总长度，m 或 ft；A 为从检测管段的起点到读数位置的距离，m 或 ft；B 为从读数位置到下一个测试桩的剩余距离（$X-A$），m 或 ft；ΔE_{1-2} 为第一个测试桩实测电位与下一个测试桩实测电位的差值，V。

7.6.2 用记录数据仪配单支参比电极测量通电电位

（1）可以用计算机将从数据记录仪存储器里提取的数据直接绘制成曲线。

（2）然后按照 7.6.1 节进行分析。

7.6.3 用记录数据仪配探杖式参比电极测量通电电位

（1）可以用计算机将从数据记录仪存储器里下载的数据直接绘制成曲线。

（2）然后按照 7.6.1 节进行分析。

7.6.4 用电压表配单支参比电极测量通电电位和断电电位

（1）以距离为横坐标分别绘制出结构物对电解质通电电位曲线和断电电位曲线，通过距离刻度（x 轴）可以识别出获得的每个读数，通过电位刻度（y 轴）则容易识别沿线的电位变化。

（2）注意：断电（极化）电位可用于判断是否符合阴极保护准则要求[2-3]。此外，在图上画一条表示-850mV（CSE）的线，有助于识别管道不符合阴极保护准则要求的管段。

（3）用通电电位曲线能够更好地确定埋地管道暴露在土壤中的金属裸露部位或防腐涂层破损位置，因为在防腐涂层破损处或缺陷前后的电压（IR 降）会减小。

（4）如果在下一个测试桩实测的结构物对电解质电位与连接拖线电缆的测试桩实测电位值有很大差别，就应当采取修正措施。可以用式（7.1）或式（7.2）计算出通电电位，用式（7.3）可以计算出断电电位：

$$E_{off} = E_{on} - E_{on-off} \tag{7.3}$$

式中，E_{off} 为在读数位置修正后的结构物对电解质断电电位，V；E_{on} 为根据式（7.1）或式（7.2）在读数位置校正后的结构物对电解质通电电位，V；E_{on-off} 为在读数位置通电电位减去断电电位所得差值，V。

7.6.5 用记录数据仪配单支参比电极测量通电电位和断电电位

（1）用计算机可以将从数据记录仪存储器里下载的数据直接绘制曲线。但如果画成粗实线，通电电位读数与断电电位读数之间就会形成一个条带。有一个可选方案就是将它们绘制成点状图或分别单独的通电电位曲线和断电电位曲线。

（2）然后按照 7.6.4 节进行分析。

7.6.6 用记录数据仪配探杖式参比电极测量通电电位和断电电位

（1）因为用探杖式参比电极方法测量电位时，测试人员是在步行中获取数据，所以通电电位读数与断电电位读数不能确实保证是在相同位置上获取的。如图 7.8 所示，管道相对距离绘成的数据曲线会出现台阶。采用更短的电流中断周期可以减少这样的问题。

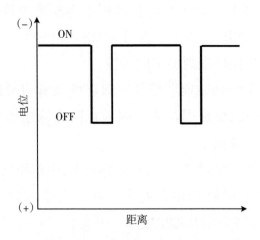

图 7.8 采用探杖式参比电极原始数据得出对应距离的台阶状电位曲线

（2）只要能够准确识别通电电位和断电电位，通过编程分布单独绘制通电电位曲线和断电电位曲线，就可以消除这种台阶效应。不要认为更负的电位一定是通电电位。最好先绘制出台阶状电位曲线，根据周期的时间长度而不是根据它们的数值，分别确认通电周期和断电周期。这也有助于分析这些电流中断器是否不再同步（图 7.7）。

（3）随后再按照 7.6.4 节进行分析。

7.6.7 电流中断周期

（1）只要电流中断周期同步，就可以按照上述步骤继续进行分析（图 7.9 中示例 A）。

（2）如果同步误差小于短周期的时间长度，那么应采用最大的 IR 降（图 7.9 中示例 B）。假定断电电位并不比通电电位更负，那么在断电周期中最正的电位值就是极化电位。

（3）如果同步误差发生在正常周期之前或之后，并且清晰地指出了 IR 降值，可将所有 IR 加和并计算断电电位（图 7.9 中示例 C）。然后用式（7.4）由通电电位计算出图 7.9 中示例 C 的断电电位：

$$E_{\text{off}} = E_{\text{on}} - X - Y \qquad (7.4)$$

式中，E_{off}为真实的断电电位或极化电位；E_{on}为通电电位；X为未同步的直流电源造成的IR降；Y为同步的直流电源造成的IR降。

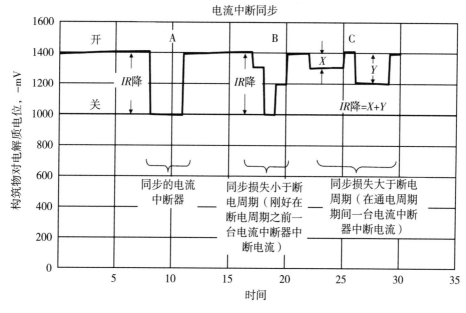

图7.9 电流中断器的同步损失

（4）如果同步误差造成无法清晰地判断直流电源的通断点周期，应重新进行检测。

7.6.8 动态直流杂散电流

（1）分析动态直流杂散电流有多种不同的方法，下文给出了其中一种方法。这种方法要求现场至少要有一台固定式数据记录仪，并且固定式数据记录仪与便携式数据记录仪时间同步。

（2）当现场有两台固定式数据记录仪时，可以用式（7.5）修正电位读数：

$$\varepsilon'_a = \left[\varepsilon'_a(c-b)/(c-a)\right] + \left[\varepsilon'_c(b-a)/(c-a)\right] \quad (7.5)$$

式中，a为第一台固定式数据记录仪所在的位置里程数，km；b

为便携式数据记录仪所在的位置里程数，km；c 为第二台固定式数据记录仪所在的位置里程数，km；ε'_a 为在 x 时刻 a 位置的电位误差；ε'_b 为在 x 时刻 b 位置的电位误差；ε'_c 为在 x 时刻 c 位置的电位误差。

然后用式（7.6）校正在便携式数据记录仪位置实测的电位值：

$$E_{\text{Ptrue}} = E_{\text{Pmeasured}} - \varepsilon'_b \tag{7.6}$$

在特定案例中，当便携式数据记录仪中的电位测量值与附近固定式数据记录仪中的电位值趋势一致时，仅需要根据第一台固定式数据记录仪的位置进行修正。然后用式（7.7）补偿实测的电位值：

$$E_p = E_s - (E_{sa} - E_{pa}) \tag{7.7}$$

式中，E_p 为便携式数据记录仪所在位置的真实电位，V；E_{pa} 为 a 时刻便携式数据记录仪的测量电位，V；E_{sa} 为固定式数据记录仪记录期间在 a 时刻的测量电位，V；E_s 为固定式数据记录仪位置的真实电位，V。

7.6.9 阴极保护准则

有三项结构物对电解质电位准则可用于判断水下或埋地钢质结构物是否得到充分的阴极保护，其包括如下内容：

（1）通过经验证据表明，在特定管道系统上控制腐蚀有效的、已形成文档的准则。这些阴极保护准则也可用于具有相同特征的其他管道系统或结构物。

（2）最小 100mV 的阴极极化准则。无论是极化形成还是衰减过程测量的极化量必须满足这个准则。如式（7.8）所示，极化过程就是极化电位与自然腐蚀电位相比发生的变化，可在极化形成或关闭所有影响电源后的衰减过程测量极化偏移量［式（7.9）］。

极化：

$$\Delta E_p = E_{\text{off}} - E_{\text{native}} \tag{7.8}$$

去极化：

$$\Delta E_{\text{depol}} = E_{\text{off}} - E_{\text{depol}} \tag{7.9}$$

式中，ΔE_p 为阴极保护准则要求的极化量（最小 100mV）；E_{off} 为断开所有电流时的瞬间断电电位，mV；E_{native} 为施加阴极保护电流前的自然（自然腐蚀）电位，mV；ΔE_{depol} 为阴极保护准则要求的去极化量（最小 100mV）；E_{depol} 为电流保持断开状态下的去极化电位，mV。

（3）相对于饱和铜/硫酸铜参比电极测出的结构物对电解质电位为 -850mV 或更负。这个电位可以是直接测量的极化电位或通电电位。通过中断所有影响结构物的电源并且读取瞬间断电电位，就能够得到极化电位直接测量值。运用通电电位时，需要考虑土壤和金属通道中电压降的影响。在此应考虑应用 NACE SP 0169—2013 标准推荐的有效工程做法。如式（7.10）所示，参比电极与结构物对电解质界面之间的电压降（IR 降）是测量读数的误差，在应用此项阴极保护准则前，应从通电电位里去除这个 IR 降。NACE SP 0169—2013[1] 标准讨论了评估 IR 降的方法。

$$E_c = E_{on} - IR \tag{7.10}$$

式中，E_c 为阴极保护准则规定的电位 [-850mV（CSE）或更负]；E_{on} 为通电电位，mV；IR 为参比电极与结构物对电解质边界之间的电压降，mV。

参 考 文 献

[1] NACE Standard SP0177-2014, "Mitigation of Alternating Current and Lightning Effects on Metallic Structures and Corrosion Control Systems" (Houston, TX: NACE International).

[2] NACE Standard SP0169-2013, "Control of External Corrosion on Underground or Submerged Metallic Piping Systems" (Houston, TX: NACE International).

[3] CGA Recommended Practice OCC-1-2005, "For the Control of External Corrosion on Buried or Submerged Metallic Piping Systems" (Ottawa, Ontario: Canadian Gas Association, 2005).

[4] ISO 15589-1, "Petroleum and Natural Gas Industries: Cathodic Protection of

Pipeline Transportation Systems, Part 1—On-Land Pipelines" (Geneva, Switzerland: ISO, 2003).

[5] NACE Standard TM 0497-2013, "Measurement Techniques Related to Criteria for Cathodic Protection on Underground or Submerged Metallic Piping Systems" (Houston, TX: NACE International).

[6] A. W. Peabody, *Control of Pipeline Corrosion*, 2nd ed., R. L. Bianchetti, ed. (Houston, TX: NACE International, 2001), pp. 72, 126.

[7] NACE Standard SP0207-2007, "Performing Close-Interval Potential Surveys and DC Surface Potential Gradient Surveys on Buried or Submerged Metallic Pipelines" (Houston, TX: NACE International, 2007).

8 直流杂散电流

8.1 概述

本章主要介绍地下或水下结构物直流杂散电流测试和评价基本程序。除了介绍动态杂散电流的概念外,本章不涉及复杂动态杂散电流,如轨道交通导致的动态干扰。

直流杂散电流定义为在预设通路之外流动的直流电流。当直流电流离开金属进入电解质(如水或土壤)时,金属就会发生腐蚀,腐蚀的严重程度与电流量以及持续时间成正比。当直流电流从金属表面流出进入电解质时,下列金属将按照如下速率发生腐蚀❶:

铁 9.2kg/(A·a)[20.1 lb/(A·a)];铜 20.7kg/(A·a)[45 lb/(A·a)];铅 33.9kg/(A·a)[74.6 lb/(A·a)]。

例如,如果一年时间里,有 1A 电流持续从钢材表面流入电解质,钢材将损失 9.2kg(20.1 lb)。如果电流集中在很小的范围内,那么可以预计,这个结构物将很快发生腐蚀穿孔。

交流电流与腐蚀之间也有关系,但是尚未像直流电流腐蚀那样有明确的定量关系[1]。交流杂散电流干扰也会产生危险性影响[2-3]。当交流电流密度小于 $20A/m^2$ [$2A/ft^2$] 时,阴极保护对控制腐蚀有效。当交流电流密度介于 $20A/m^2$ 和 $100A/m^2$ 之间时,腐蚀无法预测。但

---

❶ 金属的腐蚀速率是根据法拉第定律 $W=MIt/nF$ 计算得出的。式中,W 是质量损失,g;M 是金属的原子量;I 是腐蚀电流,A;t 是在电解质里的暴露时间,s;n 是反应中转移的电子数;F 是法拉第常数。

是，当交流电流密度大于 $100A/m^2$ 时，不管阴极保护处于什么水平，都预期发生腐蚀。存在危险交流电时，应首先考虑安全问题❶。

杂散电流的来源包括但不局限于：

(1) 阴极保护系统[4]。

(2) 高压直流（HVDC）输电线路[5]。

(3) 轨道交通系统[6-7]。

(4) 直流动力采矿设备。

(5) 电气化铁路。

(6) 焊接[8]。

(7) 有接地故障的电镀设备。

(8) 有接地故障的电池充电设备。

(9) 地磁电流[9]。

(10) 高压交流（HVDC）输电线路[3,10]。

除整流器的特定测试要求外，阴极保护检测人员应当持有从事杂散电流检测的相关资质❷，注意检测资质要求与杂散电流减缓资质要求并不相同。

当检测到杂散电流时，应及时报告项目经理或监理。阴极保护技术员（CP2）或等同资历人员，有资格完成现场测试并减缓简单的直流杂散电流干扰。阴极保护技师（CP3）或技术专家（CP4）或同等资历人员，有资格完成复杂杂散电流检测、减缓和分析。

复杂杂散电流干扰包括动态杂散电流和来自多个干扰源的杂散电流。

现场阴极保护技术人员应熟悉阴极保护准则以及这些准则的适用条件和注意事项❸。

---

❶ 见第 11 章。

❷ 见第 1 章中关于整流器上工作人员的资质要求。

❸ 见第 2 章。

8 直流杂散电流

项目的每个阶段都要进行危险性评估和岗位安全分析,并采取相应的预防措施❶。

静态或稳态杂散电流来自那些幅值与方向始终不变的干扰源,包括阴极保护系统,某种程度上还包括高压直流输电线路。幅值和方向只要有一个变化就是动态杂散电流,来源主要是上述列出的其他干扰源。

当结构物通过一个负向电位梯度场(相对于远地点)时,就会发生阴极干扰(图 8.1)。

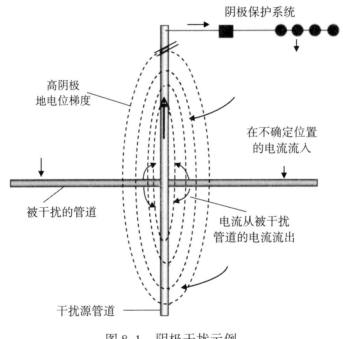

图 8.1 阴极干扰示例

电流在此区域被迫从被干扰管道流入土壤,加速了被干扰管道金属腐蚀。在远离干扰区域位置,被干扰管道会吸收等量的电流。当结构物通过一个正向电位梯度场时(相对于远地点),就会发生阳极干扰。在此情况下,被干扰管道会被迫吸收电流,再从未知远地点某处

---

❶ 见公司安全手册。

流出，返回干扰源（图8.2）。

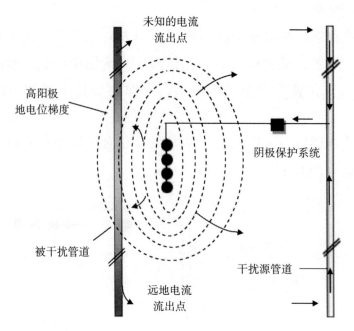

图 8.2 阳极干扰示例

虽然不多见，但是阳极干扰与阴极干扰也会同时发生。

以下因素会影响杂散电流干扰强度：

（1）结构物与干扰源的相对位置。

（2）干扰电流的大小和密度。

（3）结构物防腐层的绝缘性。

（4）距离第三方结构物距离。

（5）结构物所在的环境：岩石还是土壤、水域、河流等。

（6）结构物的电不连续性。由绝缘接头（法兰）、管道分段、就地弃置或换管等导致。

（7）地磁电流。

太阳活动会向外喷射出高速粒子流，到达地球后，会引起地球磁场扰动，进而在大地中产生地磁电流。地球磁场大致从北极指向南极，但实际上，世界各地的磁场强度分布并不均匀。通常情况下，如果发现结构物电位发生了缓慢波动，就可怀疑是否存在地磁干扰，波动范围可比正常值负很多，也可能变成正值。

管道内部也会发生杂散电流干扰，通常发生在绝缘部件或高阻连续部位，这些杂散电流来自外部干扰源，或来自结构物自身的阴极保护系统。如果绝缘法兰前后有足够高的电压差，同时在管道内有低电阻率的电解质，如图 8.3 所示，尽管电流是从管道外表面流入的，杂散电流还是可能绕过绝缘法兰经低阻电解质到达法兰另一侧管道内表面。低阻电解质可以是管道输送的卤水，也可以是从输送原油中沉积并聚积在法兰前后的矿化凝析水。

跨越绝缘法兰的杂散电流仅会导致法兰一侧腐蚀加速，这种现象与法兰两侧都容易发生的自然腐蚀是截然不同的。

在管道外部，结构物只要吸收了电流，就会导致结构物电流偏负，但是图 8.3 中的法兰附件却不会测量到电位偏移，因为该处的杂散电流对管道外部没有影响。

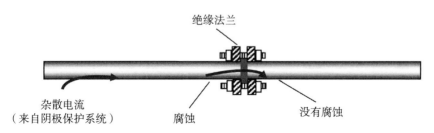

图 8.3　外部杂散电流源导致管道内部杂散电流干扰示例

如果绝缘法兰是绝缘良好的，应该没有任何电流能够通过绝缘法兰，因此如果用钳形电流表测出有电流流动，就应当调查管道内部的电解质是否造成了管道内腐蚀。

增加管道内电解质通道的电阻可减小杂散电流引起的内部腐蚀问题。为此，如图 8.4 所示，可以安装一段非金属短管或非金属内衬管，在法兰被干扰一侧（杂散电流流入侧）提高绝缘性能。

如果管道内输送的主要是石油、天然气这些烃类产品，而凝析水容易沉积在管道底部，如果可行的话，应将绝缘法兰安装在立管上，防止凝析水在绝缘法兰前后沉积，消除杂散电流在管道内的通道（图8.5）。油气管道频繁清管作业也有助于解决水沉积问题。

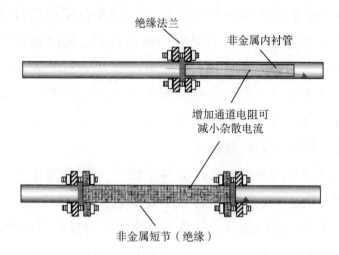

图 8.4　通过延长电流路径减小管道内的杂散电流

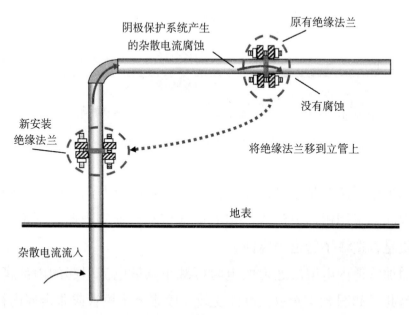

图 8.5　将绝缘法兰安置在油气管道内低电阻率电解质不会沉积的管段

采用跨接的方法可以减小绝缘法兰内杂散电流，但由于管道内没有参比电极，无法测试缓解效果。加上绝缘法兰处的低阻电解质已经为杂散电流提供了一个低阻通道，再并上另一个低阻通道，未必能完全消除杂散电流干扰。

另一种方法是拆除绝缘法兰，增加阴极保护系统容量，对整个电连通结构进行联合保护。

8.2　工具和设备

根据测试项目不同，测试所用设备可能不同：

（1）万用表［量程：0.001~40V(DC)］，包括测试导线和配套表笔。

（2）GPS同步数据记录仪［量程：0.001~40V(DC)］，包括测试导线和配套表笔。

（3）硫酸铜参比电极。

（4）万用表，具备交、直流电压和电阻测试功能。

（5）电流中断器，最好具备GPS同步功能。

（6）直流电流表。

（7）钳形电流表。

（8）必要的测试导线。

（9）小型工具箱。

（10）管道专用的钳形电流表（电流环）。

8.3　安全设备

（1）符合公司安全手册要求的标准安全设备和防护服。

（2）上锁挂牌工具箱。

（3）带绝缘套的仪表表笔和接线夹。

（4）只有经过培训并取得相关资质的技术人员，才可以在直流电源或其他电源上工作。

8.4 注意事项

除必须遵守特定设备安全规定外，还应遵守下列安全注意事项：

（1）触碰整流器箱体前，应首先测量整流器箱体对地电压。

（2）如果整流器箱体中可能存在昆虫、啮齿类动物或蛇，应事先采取防范措施。

（3）检查整流器有无异常声响、异常的温度或刺鼻的气味。如果发现异常，应关闭整流器。

（4）安装电流中断器或每次调整整流器抽头之前，关闭外部交流电源开关，上锁并挂牌。

（5）整流器正常运行状态下，应确保所有裸露接线端子锁在箱体之内。

（6）在进行阴极保护测量之前，应首先测量结构物对地的交流电压。如果结构物交流电压不小于15V（AC），应严格执行 NACE SP 0177 标准中规定的安全措施，并且及时告知在该结构物上工作的其他人员。

（7）在高压交流输电线附近工作时，要定期测量结构物交流电压，因为随着输电线负荷和相对位置的变化，感应交流电压也会发生变化。

（8）雷暴天气，切勿在结构物上工作。

（9）在围栏附近工作时，首先应确认是否为圈养牲畜的带电围栏。如果附近有高压输电线，应确认围栏上不存在危险交流电压。

（10）对于可能存在的交通安全问题或危险动物和昆虫叮咬等，应采取必要的预防措施。

（11）只有具备直流杂散电流测试和分析资质的人员才有资格开

展本章相关测试。

8.5 测试程序

8.5.1 杂散电流初步排查

（1）当发现有如下情况时，应怀疑存在直流杂散电流：

①某位置结构物对电解质电位波动。

②结构物电位负向偏移，尤其是附近的结构物有阴极保护或者附近有直流用电设备时。

③在远离阴极保护站的地方，该结构物电位发生正向偏移。

④在靠近直流用电设备时，结构物电位出现剧烈变化。

⑤结构物上电流的数值和电流方向都发生了变化。

⑥局部点蚀，尤其靠近在其他直流电源区域。

⑦结构物局部防腐涂层破损，尤其在直流电源附近。

（2）如果结构物对地交流电压大于5V（AC），可能有交流杂散电流。

8.5.2 地电位梯度

（1）在地表测量的结构物对参比电极电位的变化也可能是土壤地电位梯度变化造成的，而不是有电流从结构物上流进或流出。

（2）如图8.6所示，如果有可能，在通断干扰源的情况下，分别在管道正上方、管道垂直方向等距离位置（至少3m）测量结构物保护电位❶，比较读数差异，确认地电位梯度。

（3）也可以采用如图8.7所示方法，测量在管道垂直方向上的两支参比电极之间的电压差。

---

❶ 见第2章。

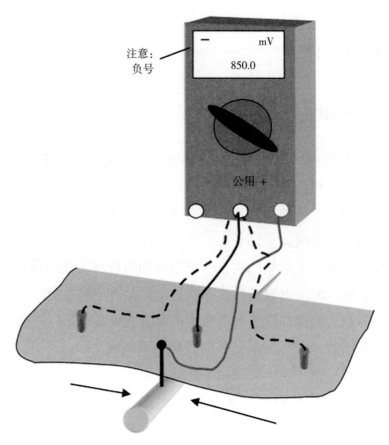

图 8.6　在管道垂直方向测量结构物对电解质电位

（4）用双参比电极方法时，要正确记录每个读数的极性，正如图 8.7 所示，相同的电压值却能够得出完全不同的结论。表 8.1 是推荐的现场记录表格。

（5）采用不同的参比电极间距或蛙跳式布置参比电极，获得地电位梯度分布情况。

（6）也可以借助网格绘图形式，并绘出地电位梯度等高线。

（7）当使用专业设备测量大地电流时，应当按照说明书操作。在最可能发生杂散电流的地方，加密测量点（图 8.8）。

8 直流杂散电流

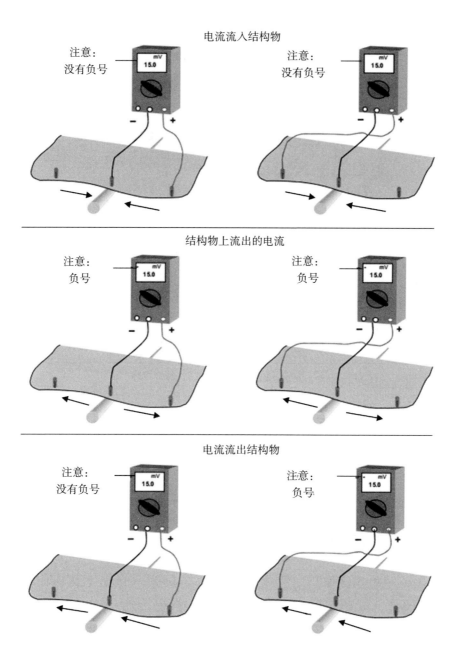

图 8.7 用两支参比电极测试管道垂直方向上的电位梯度

注意：极性在分析中非常重要

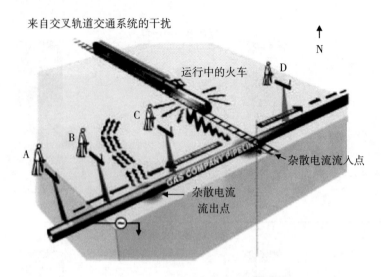

图 8.8 测量大地中的电流[11]

注意：检测人员用探杖式传感器和接收机在 A 至 C 点测量电流

表 8.1 两支参比电极测量电位梯度的现场记录示例

位置	结构物对电解质电位（单位，参比电极）								参比电极间距
	北/西			管道正上方参比电极连接电压表极性（正/负极）	南/东			管道正上方参比电极连接电压表极性（正/负极）	
	通电	断电	(IR 降)$_1$		通电	断电	(IR 降)$_2$		

8.5.3 稳态阳极干扰

（1）如图 8.9 所示，如果在第三方结构物或直流干扰源附近，发现电位偏负，就要怀疑是否有阳极干扰。

（2）如果这个干扰源相对比较稳定，可以考虑周期性通断这个干扰源或临时关闭它。

（3）进行密间隔电位测量（CIS）❶，确定阳极地电位梯度影响范

---

❶ 见第 7 章。

围或杂散电流流入区域。电流流入区定义为在第三方直流干扰源影响下，结构物对电解质电位偏负的区域。

（4）相应的存在杂散电流流出区域，如果杂散电流从结构物流入电解质，就可定位它的流出区域。必须给杂散电流提供一条金属通路，将等量的杂散电流从结构物上排出。

（5）测量测试桩处电位，特别是在靠近干扰源结构物附近，注意是否存在电流流出点。

（6）在有电流流出的区域，进行密间隔电位测量，确定腐蚀风险最高的位置。

（7）在这些区域，按照8.5.4节开展对应的测试。

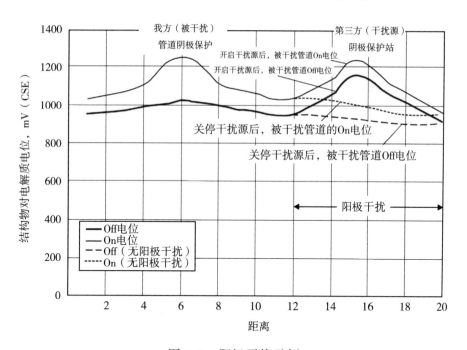

图8.9 阳极干扰示例

注意：本次检测中，电流中断器安装在我方（被干扰）整流器上，第三方干扰源可以人为开启或关停

8.5.4 稳态阴极干扰

（1）如图 8.10 所示，如果发现电位正向偏移，尤其在靠近第三方结构物或可能干扰源时，就应怀疑是否有阴极干扰。

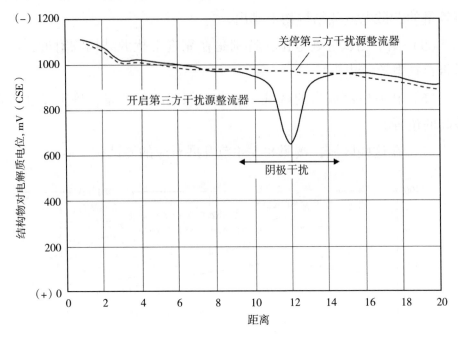

图 8.10 阴极干扰示例

注意：被干扰结构的整流器一直正常工作。可人为开启和关停干扰源整流器

（2）如果干扰源相对比较稳定，在产生干扰的直流电源上，安装一台电流中断器。

（3）进行密间隔电位测量❶，确定阴极电位梯度影响范围或杂散电流流出区域。电流流出区是在第三方直流干扰源影响下，结构物电位偏正的区域。

（4）进行密间隔电位测量，尤其接近干扰源区域，留意杂散电流流出高风险位置。

---

❶ 见第 7 章。

（5）杂散电流流出位置电位往往会变得更正，应扩大密间隔电位测量范围，找到排放杂散电流强度最高的位置。

（6）在测量杂散电流排放最大位置（如管道交叉点）的管地电位时，参比电极位置至关重要。应将参比电极尽可能放置在靠近被干扰管道最强排放位置，而不是随意放置在测试桩或与其他位置，如图8.11所示。否则，测量结果会包含地电位梯度（IR降），读数将包含较大测量误差。

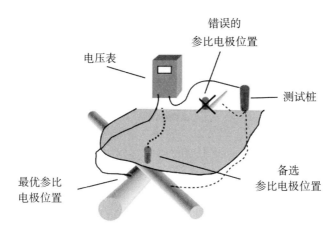

图8.11 管道交叉点推荐的参比电极位置

（7）可以考虑在杂散电流最强排放点安装一支长效参比电极，以便更精准地测试干扰电位。

（8）如果测试桩位于测试杂散电流恰当位置，那么参比电极可以放置在测试桩内，如图8.12所示。这样测得的电位与参比电极放置在测试桩底部是一样的。测试桩里的土壤充当参比电极与测试桩底部之间的电解质桥，也可以把它看成参比电极多孔塞的延伸。

（9）如果测试桩材料是金属或位置不当，应当考虑在适当位置再安装一根非金属测试桩，并且在桩里装入原生土壤，将参比电极放入其中。

（10）在杂散电流影响区域，可以考虑安装一个腐蚀试片型测试桩，如图8.13所示。

（11）使用腐蚀试片的目的有两个：一是用零内阻电流表测量电流流入或流出；二是用非金属测试桩里的参比电极测量真实的结构物对电解质电位（图 8.11 和图 8.12）。

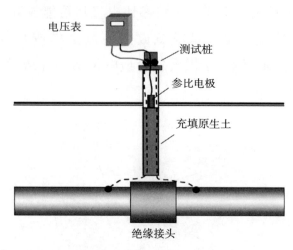

图 8.12　参比电极放置在非金属管桩内，用于测量绝缘接头处杂散电流

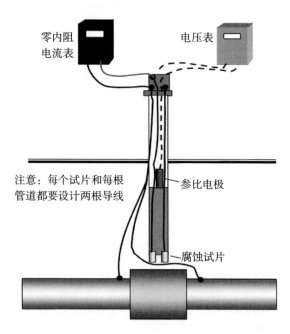

图 8.13　用腐蚀试片型测试桩测量直流杂散电流
　　　　桩底部要位于测量杂散电流关键点

8.5.5 电流测绘

电流测绘通常适用于线性结构物（如管道），可以按照一定间距测量结构物中电流值。

（1）按照一定间距测量管中或结构物中的电流，根据现场实际情况，可用电流跨距❶、钳形电流表（电流环）或管道电流测绘仪进行测量。如图 8.14 所示。

（2）应当同时记录管中电流值和方向。如图 8.14 所示，正向电流与管道输送介质流向相同，而负值表示流向相反。电流持续增加表明电流流入，电流不断减小或电流方向改变表明电流流出。

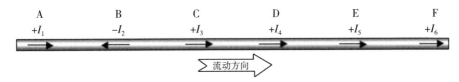

图 8.14 管中电流极性标识惯例

8.5.6 动态杂散电流干扰

（1）杂散电流的幅值和方向只要有一个变化，就是动态杂散电流。

（2）确定杂散电流来源。电位重复性快速变化且存在平静期，说明是人为杂散电流。如果电位变化缓慢且无明显规律，说明干扰源来自自然界或地磁电流干扰。

①调查可能遭受动态干扰的结构物。

②连续 22~24h 监测结构物对电解质电位，分析电位波形图有助于识别干扰源性质。如果平静期出现在一天之中特定时段，可能与工厂或矿山活动有关。

---

❶ 见第 3 章。

（3）如果杂散电流来自人为固定干扰源，可以安装一台数据记录仪监测结构物对电解质电位。如果可行的话，在杂散电流影响区监测结构物中的电流。这些数据记录仪应时间同步。

（4）如果杂散电流来自人为移动干扰源，应沿着结构物安装多台数据记录仪，同时测量结构物对电解质电位和结构物中电流。这些数据记录仪应时间同步。

（5）如果杂散电流地磁电流，可以在被测管段的1/4处和3/4处分别安装一台固定式数据记录仪。长度较短的管段，可以用一台数据记录仪进行监测。用一台与固定式数据记录仪时间同步的便携式数据记录仪，在每个测试点连续监测大约5min。

8.5.7 管道内部干扰

当杂散电流绕过绝缘部件通过管道内的低阻电解质流动时，会发生管道内部干扰。在这种情况下，只会在绝缘部件一侧发生腐蚀。

（1）通断施加的电流，测量绝缘部件前后通电电位和断电电位。

（2）通断施加的电流时，用钳形电流表测量绝缘部件的通电电流和断电电流。注意：断电后，可能仍然存在一个比钳形电流表精度小的电流。

（3）确定绝缘部件沉积低阻电解质的电阻率。

（4）杂散电流减缓措施实施后，重复步骤（1）和（2）的测试。

8.5.8 直流杂散电流治理效果测试

采用与直流杂散电流测试类似的步骤，确保杂散电流干扰已经减缓。根据采取的减缓方法不同，整个结构物保护状态也会随之改变。下面介绍几种常见减缓方法和对应的注意事项。

（1）跨接线。

①跨接线通常被认为重点关注部位，必须每两个月检查一次。

②两个跨接在一起的结构物对电解质电位,实际上是二者的混合电位,并且电位读数会随着跨接电阻不同而异。

③跨接后,开启和关停干扰源结构的整流器,测量被干扰结构在干扰源开启和关停状态下对应的电位❶,未必能真实反映出干扰的存在,相反,被干扰结构物电位可能会变得更正,因为当关停干扰源结构物的阴极保护系统后,被干扰结构物的阴极保护系统将尝试去保护无阴极保护的干扰源结构物。

④实施跨接后,通常情况下,被干扰结构物的通电电位需恢复到不存在干扰源和跨接线情况下的最初无干扰通电电位。

⑤干扰源结构物的整流器、被干扰结构物的整流器和跨接线中,应同时安装同步电流中断器,可获得两个结构物真实的极化(断电)电位。可以用不同的周期区分两个阴极保护系统,但是在通电周期和断电周期期间,两者必须重叠。

⑥测量跨接后两个结构物对电解质通电电位和断电电位,确保被干扰结构物电位回到正常值。

(2)牺牲阳极。

①虽然不是重点关注部位,但也应定期进行检查,它们失效后果可能也很严重。

②安装牺牲阳极后实测的结构物对电解质电位是牺牲阳极与该结构物的混合电位。开启干扰源结构物的整流器,杂散电流会从牺牲阳极流出,这些流出电流会返回干扰源。干扰源正常运行时,可能会发现被干扰结构物电位反而正向偏移了。这并不代表减缓无效,只是反映了牺牲阳极向大地排流的现象。另外,也反映了参比电极并没有放到恰当的位置。

③在断开牺牲阳极的情况下,将参比电极置于结构物上电流流出的位置,分别在开启和关停干扰源整流器的条件下,测量被干扰结构

---

❶ 译者注:测量此电位时,被干扰管道阴极保护系统始终正常运行。

物的开启和关停电位。

④连上牺牲阳极，测量被干扰结构物的开启和关停电位。当开启干扰源时，如果被干扰结构物电位向负向变化，记录测试结果。如果电位向正向变化，在阴极电位梯度场内，移动参比电极，确保参比电极没有处在牺牲阳极形成的阳极地电位梯度场内。如果开启干扰源后，电位依然正向偏移，那么需要增大牺牲阳极规模。

⑤测量牺牲阳极电流大小和方向。

⑥在干扰源整流器、被干扰结构物整流器和牺牲阳极上同时安装同步电流中断器，可获得被干扰结构物真实的极化（断电）电位。可以用不同的周期区分两个阴极保护系统，但是在通电周期和断电周期期间，两者必须重叠。

⑦测量两个结构物对电解质通电和断电电位，确保被干扰结构物电位恢复到正常值。注意：如果被干扰结构物以前无阴极保护，现在也不需要达到保护准则，仅回归到原始电位即可。

（3）增设阴极保护系统。

①除安装牺牲阳极外，还可以安装一套强制电流阴极保护（IC-CP）系统来平衡结构物之间的阴极地电位梯度。

②在安装新增强制电流阴极保护系统之前，必须开展现场测试，确保可以达到预期效果。

③调整新增强制电流阴极保护输出参数，使两个结构物均不受干扰。

（4）在电流流入区域修复防腐层。

①在电流流出区域修复防腐层会使干扰电流集中从较小的防腐层漏点排出，导致结构物外壁快速腐蚀穿孔。在电流流入区域修复防腐层的目的是增加流入通道的电阻，减小电流流入。如果流入电流量非常大，应考虑防腐层大修。

②修复或大修后，再次开展现场测试，以确定该方法的有效性。

（5）增设绝缘部件。

①增设绝缘部件的目的是限制长距离杂散电流干扰,其缺点是每个绝缘管段需要有独立的阴极保护系统,且在每个绝缘部件处有可能产生干扰。

②增设绝缘部件后,应重新进行测试,评估该方法的有效性。

(6) 单向导通跨接线。

在动态杂散电流条件下,单向导通跨接线可限制跨接线中电流方向[12]。该方法超出了本书的范围,不再详细论述。

8.6 数据分析

8.6.1 地电位梯度

(1) 常规电流方向是从仪表正极(+)流向负极(-)。如果在结构物两侧,电流均朝结构物方向流动,表明有电流流入;如果在结构物两侧电流都朝远离结构物的方向流动,表明电流流出;如果在一侧电流正在朝结构物流动,而从另一侧流出,表明电流流经结构物。

(2) 表8.2给出了电流流入、电流流出和电流流经管道的示例。

(3) 表8.2中数据来自一条孤立的管道,多条并行管道地电位梯度数据会复杂得多,因为各条管道的地电位梯度会相互叠加。

表8.2 管道侧向测量电位现场记录示例

位置	结构物对电解质电位,mV(CSE)						备注
	管道北侧3m		管道正上方		管道南侧3m		
	通电电位	断电电位	通电电位	断电电位	通电电位	断电电位	
MP10	-960	-1500	-940	-1300	-980	-1550	电流流入
MP20	-800	-650	-820	-750	-800	-680	电流流出
MP30	-920	-1600	940	-1700	-960	-1800	电流途径

8.6.2 稳态阳极干扰

（1）存在疑似阳极干扰最直接的证据是保护电位突然负向偏移（图8.9），且该区域并没有我方阳极地床存在。

（2）当关停再开启疑似干扰源时，如果发现被干扰结构物电位负向偏移，表明该结构物遭受阳极干扰。从阳极干扰区域流入的电流，会从其他部位流出结构物，并返回干扰源。应密切关注这些流出区域，因为这些部位会加速腐蚀。

（3）考虑搬迁干扰源阳极地床的可能性，使干扰源远离被干扰结构物。

（4）另外确定电流流出位置，如果通过土壤流出，进行阴极干扰分析（见8.6.3节）。

（5）作为一项临时措施，在电流流出区域可以通过跨接线将干扰电流引回干扰源，必要时，可以在跨接线上安装一个单向导通元件，防止电流反向。

（6）可通过下面方法估算被干扰管道在阳极干扰区吸收的电流量：首先通断干扰源阳极地床，测量干扰源在被干扰管道上产生的附加 IR 降。然后在干扰源阳极地床附近安装一处临时馈电阳极地床，通过该临时阳极地床给被干扰管道馈电，通断馈电电流并测量馈电电流在被干扰管道上产生的附加 IR 降，待该 IR 降与上述干扰源产生的附加 IR 降近似相等时，对应的馈电电流近似等于吸收的电流量。可临时调节电流流出区域跨接线电阻，使排出电流量近似等于吸收电流量。后续应对电流流出区域做全面、系统检测评价。

8.6.3 稳态阴极干扰

（1）阴极干扰往往是由于在某区域电位正偏移而被发现的，尤其是在靠近电绝缘结构物时，可以通过关停和开启该电绝缘结构物的整流器来确认这个问题：当关停时，被干扰结构物电位变得更负；开启时,会变得更正(图8.10)。

(2)当干扰源开启时,被干扰结构物电位变正,此时就会发生电流流出。必须移除这个干扰源,或者使排出的杂散电流安全返回干扰源。

(3)可以采用下列措施减缓这种干扰电流:

①减小干扰源电流输出。

②纠正将直流电源中故障接地当作长期工作接地的做法。

③在电流流入区域修复或大修防腐层,增加电流通路电阻,减小阴极地电位梯度。

④整流器采用恒电位运行模式。

(4)可以采用下列措施使干扰电流安全返回干扰源:

①跨接线。

②牺牲阳极。

③新增强制电流阴极保护。

④单向导通跨接线。

(5)可以组合使用上述减缓方案。

8.6.4 电流测绘

(1)通过测量管道中电流分布,可以确定电流流入和流出部位。

①在任何一处电流汇流点,流入该点的总电流量等于从该点流出的总电流量。

②如图8.15所示,从A位置到B位置,电流从1.0A变为2.0A,但是在B点的电流方向是反向的(计为-2.0A),因此,在A位置和B位置之间有3.0A的电流流出。在C位置的电流变为+4.0A,因此,在

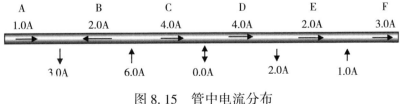

图8.15 管中电流分布

B位置与C位置之间有6.0A的电流流入。在C位置和D位置，管中电流没有任何变化，这两个位置之间管道与外界没有电流交换。在E位置与D位置电流方向相同，但是管中电流量减小，在这两个位置（D至E）之间必定有电流流出。在E位置与F位置电流方向相同，但F位置的电流量要比E位置的电流量大，因此，在E位置和F位置之间有电流流入（图8.15）。

（2）将这些管中电流数值绘制成图，如图8.16所示，反方向电流为负值。用电流曲线很容易识别管中电流流入段和流出段，正斜率表示电流流入，负斜率表示电流流出。

（3）对识别出的电流流出段采取相应治理措施。

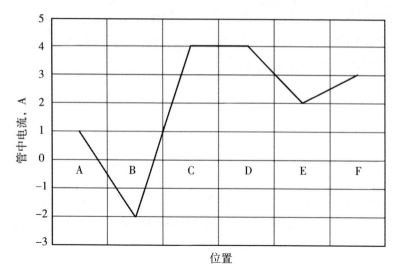

图8.16 管中电流图分布图（从左向右为正）

正斜率表示电流流入，负斜率表示电流流出

8.6.5 动态杂散电流干扰

动态杂散电流干扰的评估和治理方法相对复杂，已经超出了本书的范围，本章仅做简要介绍。

8.6.5.1 来自自然界干扰源的动态杂散电流干扰

（1）虽然地磁电流能够引起干扰问题，但从现场监测数据来看，往往电位波动幅度不太明显，很容易淹没在一般性的电位波动中。

（2）有几种方法可以用于校正地磁电流条件下结构物电位，2.6.5节给出了其中一种。

8.6.5.2 来自固定干扰源的人为动态杂散电流

（1）对这类动态杂散电流的评价，要考虑其随时间的变化，测试方法与稳态干扰类似，重点关注电流流出周期和持续时间。

（2）减缓后的效果应最大限度减小电位波动强度，并且维持结构物电位与没有干扰时相当或更负。

8.6.5.3 来自移动干扰源的人为动态杂散电流

（1）除干扰源的位置变化外，结构物上杂散电流的幅值和方向也持续在变化。

（2）如果采用跨接线方式使电流返回干扰源，应谨慎选取跨接线位置，优先选择的位置是电流原本流出点。如果在别处跨接，可能只是提供一个并联通道，无法解决全部问题。

（3）一般采用"β曲线"方法大致确定电流流入和流出区域。这个方法同时比较分析两组曲线，一是影响区测试点管中电流分布曲线，二是每个测试点管中电流和管地电位关系曲线。通过管中电流分布曲线斜率可以大致确定电流流入和流出区域。

（4）对轨道交通系统，另一种方法是分析管中电流分布曲线图，以及管地电位与轨道对管道电压关系图。

（5）实施减缓措施后，进行类似的数据测试分析。

8.6.6 大地电流

（1）采用类似地电位梯度方法，确定电流流入区域和流出区域（图8.17）。

（2）尽管无法定量测试大地中电流大小，但在土壤电阻率和参比电极的间隔距离相同条件下，可通过比较参比电极之间电位差估计相对电流大小。

（3）电流的变化量与电阻率成反比。

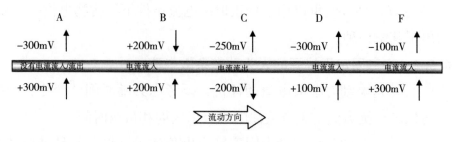

图 8.17　大地电流测绘

8.6.7　内部腐蚀

（1）根据绝缘部件内部条件，预测通过绝缘部件电阻。

（2）测量跨越绝缘部件两端的电压，计算出内部杂散电流的数量级。

（3）与钳形电流表测得的电流值进行比较。

（4）估算电流流出部位总面积，并评估腐蚀穿孔速率。

（5）如果不满足要求，应启动减缓流程（见 8.1 节）。

（6）如果采用电阻跨接方式，对比跨接线中电流与跨接线连通前后管中电流。

（7）如果采用绝缘短管或内衬方式，应比较安装前后管道中电流值。

（8）如果绝缘部件移动到立管上，应比较移动前后管中电流值。

参 考 文 献

[1] R. A. Gummow, R. G. Wakelin, S. M. Segall, "AC Corrosion—A New Challenge to Pipeline Integrity," CORROSION/98, paper no. 566 (Houston, TX: NACE International, 1998).

[2] D. L. Caudill, K. C. Garrity, "Alternating Current Interference—Related Explosions of Underground Industrial Gas Piping," *MP* 37, 8 (1998): pp. 17-22.

[3] NACE Standard SP0177-2014, "Mitigation of Alternating Current and Lightning Effects on Metallic Structures and Corrosion Control Systems" (Houston, TX: NACE International).

[4] A. W. Peabody, *Control of Pipeline Corrosion*, 2nd ed., R. L. Bianchetti, ed. (Houston, TX: NACE, 2001), p. 211.

[5] A. L. Verhiel, "HVDC Interference on a Major Canadian Pipeline Counteracted," *MP* 11, 3 (1972): p. 37.

[6] P. Frank, "A Review of Stray Current Effects on a Gas Transmission Main in the Boston, Massachusetts Area," CORROSION/94, paper no. 590 (Houston, TX: NACE, 1994).

[7] W. Sidoriak, "D. C. Transit Stray Current Leakage Paths—Prevention and/or Correction," CORROSION/94, paper no. 585 (Houston, TX: NACE, 1994).

[8] J. N. Britton, "Stray Current Corrosion During Marine Welding Operations," *MP* 30, 2 (1991): p. 30.

[9] D. H. Warnke, W. B. Holtsbaum, "Impact of Thin Film Coatings on Cathodic Protection," *Proc. Int. Pipeline Conf.*, paper no. IPC02-27325 (Calgary, Alberta, Canada: ASME, Sept. 29-Oct. 3, 2002).

[10] NACE International SP0169-2007, "Control of Corrosion on Underground or Submerged Piping Systems" (Houston, TX: NACE International, 2007).

[11] A. Kacicnik, D. H. Warnke, G. Parker, "Stray Current Mapping Enhances Direct Assessment (DA) of an Urban Pipeline," NACE International Northern Area Western Conference (Houston, TX: NACE International, Feb. 2004).

[12] J. I. Munroe, "Optimization of Reverse Current Switches," CORROSION/80, paper no. 142 (Houston, TX: NACE International, 1980).

9 电绝缘

9.1 概述

本章将介绍地上或埋地绝缘部件❶电绝缘有效性，以及结构物之间电连续性相关测试方法。

9.2 工具和设备

根据测试内容不同，所用到的设备也将有所差异：

（1）万用表：量程 0.001~40V（DC），包括配套绝缘表笔和测试导线。

（2）硫酸铜参比电极。

（3）绝缘测试仪。

（4）高压电阻表。

（5）欧姆表。

（6）电流中断器。

（7）直流电流表。

（8）电池和可调电阻或便携式可调直流电源（6~12V）。

（9）音频信号发射器和接收机。

（10）必要的测试导线。

（11）小型工具箱。

9.3 安全设备

（1）符合公司安全手册和规程要求的标准安全设备和工服。

---

❶ 本章"绝缘部件"指整体型绝缘接头或绝缘法兰等绝缘设备。

（2）仪表配套的绝缘接线夹和表笔。

9.4 注意事项

除遵守特定设备的安全规定外，还应注意以下事项：

（1）阴极保护系统是为了保护特定结构而设计的，因此阴极保护系统与非保护范围内结构物应是电绝缘的[1]。当阴极保护电流通过绝缘部件的低电阻通道流失时，阴极保护对被保护结构物保护水平将降低，甚至不达标，这种低阻金属接触通常称为短路或电子短路［图9.1（a）］。

（2）结构物对电解质电位变化并不一定意味着电绝缘部件短路，也可能是杂散电流干扰导致的❶。

（3）应注意的是，在利用电位法评价结构物电连续性时，参比电极应始终保持在相同位置[2]。

（4）注意绝缘部件的短路也可能是金属旁路导致的，而非绝缘部件本身真的短路[3]，图9.1（b）给出了常见的旁路。

（5）在绝缘部件上也会存在交流电压，在结构物上进行测试前，首先要测量结构物对地交流电压。如果交流电位达到或超过15V，则依照NACE SP 0177[4]相关要求实施减缓，并及时告知在该结构物上工作的其他人员。

（6）测量结构物电位的电压表应能测试负值，测试时电压表的负极与硫酸铜参比电极相连，正极与被测结构物相连。当仪表测试导线按上述方式连接时，电压表将显示负值，单位为毫伏或伏；若电压表未显示负值，测试导线可能接反，但仍应记录为负值。

（7）将绝缘测试仪的探针戳到绝缘部件上时，务必小心，以防用力过猛导致探针损坏或戳伤测试员。绝缘测试仪必须与绝缘部件两端保持良好接触，否则可能导致测量结果错误。

---

❶ 见第8章。

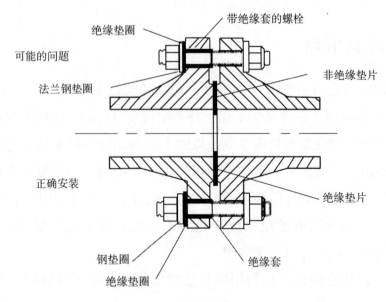

(a) 绝缘故障

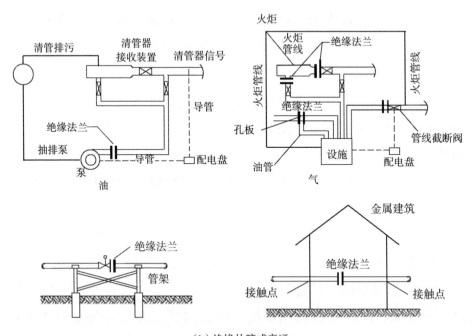

(b) 绝缘故障或旁通

图 9.1 典型的绝缘旁路示意图

9.5 测试程序

下述测试程序可以用来判断管道与第三方结构物的电绝缘性,这里所说的第三方结构物是非该阴极保护系统保护范围内的结构物,可能与该阴极保护范围内结构物属同一个业主,也可能不属同一个业主。

9.5.1 直接电位法(固定参比法)

(1) 对于地上绝缘部件,测试阴极保护管道以及第三方管道对地电位❶,测量时要保证参比电极固定在同一位置(图9.2),也可直接测量阴极保护管道与第三方管道的电位差(图9.3),这个电位差应等于参比电极在相同位置测得的电位的差值。

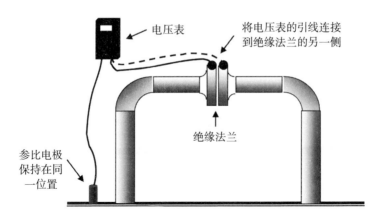

图9.2 测试地上绝缘法兰两侧对地表固定参比电极电位差

(2) 对于地下绝缘部件,测试阴极保护管道与第三方管道对地电位❷。测量时要保证参比电极固定在同一位置(图9.4),也可直接测量阴极保护管道与第三方管道的电位差,与图9.3相似,但是采用的是测试桩内的引线。

---

❶ 见第2章。
❷ 见第2章。

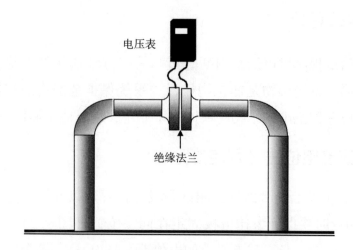

图 9.3　直接测试绝缘法兰两侧的电压

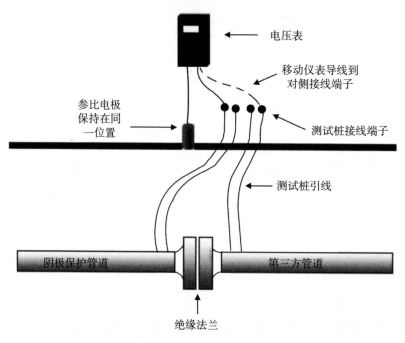

图 9.4　直接电位法测试地下绝缘部件两端电位差

（3）表 9.1 给出了现场测试记录示例。

9 电绝缘

表 9.1 典型的直接电位法现场记录表

位置	结构物对电解质电位 -mV（CSE）		结构物对第三方结构物电位 -mV（CSE）	备注
	结构物	第三方结构物		

9.5.2 通断电位法

本方法的目的是改变结构物对电解质的电位，如果结构物与第三方结构物电绝缘，两个结构物对电解质电位应该是不同的。需要注意的是，这种测试方法可以确定整体阴极保护结构物与第三方结构物是否电绝缘，但若是短路且存在多个绝缘部件时，该方法无法确定究竟是哪个绝缘部件出现了短路。

（1）如图 9.5 所示，通断现有阴极保护直流电源中的一个。

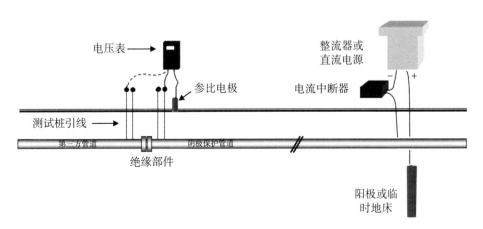

图 9.5 通过通断电位法确定绝缘是否良好

（2）另一种方法是，临时搭建一套馈电系统，确保临时阳极地床为远阳极，通过通断测试电流来判断绝缘部件性能，如图 9.6 所示。如果绝缘部件位于地下，则图 9.5 和图 9.6 中相同的测试方法仍然适用，测试结构物对地电位的方法如图 9.2 和图 9.3 所示。

（3）步骤（1）和（2）中被通断的电流量必须足以导致绝缘法兰处管地电位的变化超过10mV。

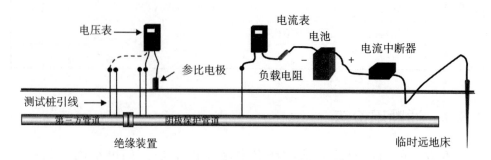

图9.6 通过临时馈电方法确定绝缘效果

（4）所有测试中保持参比电极在相同位置，记录阴极保护管道和第三方管道的通断电位。

（5）表9.2给出了典型数据记录表。

表9.2 典型的通断电位现场测试记录表

位置	对电解质电位，-mV（CSE）				结构物对第三方结构物电位，-mV（CSE）		备注
	阴极保护结构物		第三方结构物				
	ON	OFF	ON	OFF	ON	OFF	

9.5.3 绝缘测试仪

本测试的目的是确定特定的绝缘部件是否发生短路，特别是对于同时具有多个绝缘部件的设施。如果绝缘部件是绝缘法兰，该方法可以识别出短路发生在哪个螺栓处。绝缘测试仪测试信号沿管道衰减非常快，测试仪信号测试结果实际上只是两表笔之间区域的电绝缘性。因此，仪器的两支探针一定要与法兰两侧接触良好，否则无论实际绝缘情况如何，测试结果可能总是为绝缘良好。

(1) 在绝缘法兰两侧选择两个测试仪探针触点，这两个触点的距离尽可能近，并清洁触点金属表面。如果绝缘部件采用了螺栓，不要误测同一螺栓的两端，因为这样实际测量的是螺栓本身的连续性。

(2) 打开绝缘测试仪并校准。当探针分开时，仪表显示全刻度；当探针接触时，仪表转向零。如果仪器提示警报声，警报声将从缓慢变为急促的"哔哔"声。

(3) 在仪器开启状态下，将仪表探针戳在预先选定的触点上，参照（1），如图 9.7 所示。

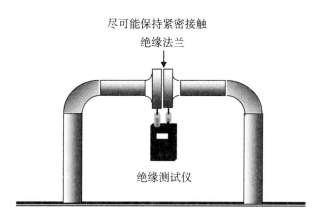

图 9.7　利用绝缘测试仪测试绝缘性能

(4) 观察仪表是否偏向零刻度线处，并听是否有警报声（如果配备了该功能）。

(5) 如果仪表指偏向零刻度线处，且警报声急促，则记录为短路。

(6) 如果仪器仪表指示和声音均无变化，则需要确认两处探针均接触良好：先将其中一个探针置于原位，将另一个探针移动至绝缘部件的同侧。如若第一个探针接触良好，则将观察到短路现象。在绝缘部件的另一侧重复上述步骤，直至确认两个探针均接触良好。

(7) 若仪器指示间歇性短路，可能意味着探针接触不良，按（6）中描述的步骤，确认探针接触良好。

（8）如果已确认探针接触良好，且仪表指针无响应和报警，则记录该处绝缘良好。

（9）如果短路的绝缘部件是绝缘法兰，则对每个法兰螺栓进行以下测试，以确定哪个（如果有的话）短路：

①测试仪一个探针与螺栓的一端相连，另一个探针与法兰面接触。

②如果绝缘螺栓与法兰短路，则仪表指示偏向零位线，警报声急促。

③对所有螺栓重复①的操作。

④需要注意的是，双垫圈螺栓只接触法兰一侧不会导致绝缘法兰短路。

9.5.4　管中电流测试

如果可以测得绝缘部件两侧的管中电流，就可以用该方法来判断绝缘部件是否绝缘良好。

（1）建议在阴极保护电源上安装一台电流中断器，以便给出两个不同电流输出值。

（2）如果绝缘部件位于地上，采用钳形电流表并朝向电流源测量绝缘部件两侧的电流。如果绝缘部件两侧的电流和方向均相同，则记录绝缘部件为短路；反之，记录为绝缘性良好。

（3）如果绝缘装置位于地下，选取一管段作为电流跨距来测量管中电流❶。

（4）如果电流测试得不出明确结论，搭建一个临时阴极保护系统，增加测试电流，如图9.8所示。

（5）重复测试并记录绝缘部件附近的管中电流测量值，图9.8显示了两组电流值，分别指绝缘良好的绝缘部件（上方）和短路的绝缘部件（下方）。

---

❶　见第3章。

9 电绝缘

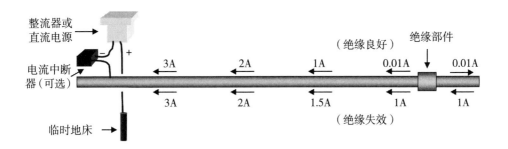

图9.8 管中电流法测试绝缘性能

9.5.5 追踪音频信号

在绝缘部件的两侧之间施加一个音频信号,如果短路,就可以跟踪到该信号流经了该绝缘部件。当有多个并列绝缘部件(如汇管、配管)时,该方法是查找失效绝缘部件的有效方法。

9.5.5.1 并行管道

(1) 将发射机接到其中一个绝缘部件两侧,或接到绝缘部件一侧,另一个则接到临时接地极上,如图9.9所示。将发送机的导线从

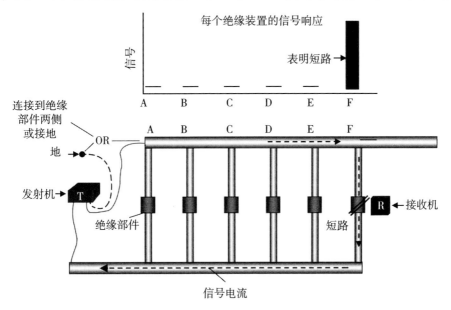

图9.9 音频信号追踪短路绝缘部件

被测试的管道上移开，因为导线中的信号会干扰管道上的信号。

（2）用接收机沿着每段管道追踪信号，如图9.9所示。信号可通过金属旁路而不通过绝缘部件。将最强信号的绝缘部件或金属旁路记录为短路，如图9.10上部所示。

（3）如果发现疑似短路，人为将疑似绝缘部件跨接，如图9.10所示。

（4）如果信号不变，则绝缘部件记录为短路（图9.10，响应C）。如果信号增强，则绝缘部件记录为有效（图9.10，响应A和响应B）。图9.10上部的柱状图表明依次临时跨接和未跨接时每个绝缘部件的信号响应。

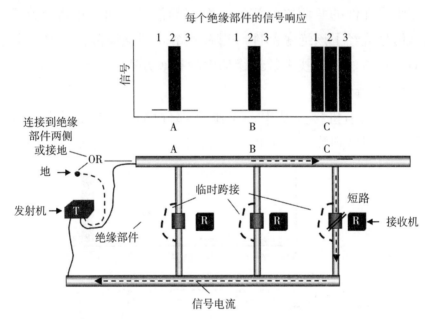

图9.10　通过临时跨接的信号响应来确认短路
1—检验前信号；2—跨接时信号；3—检验后信号

9.5.5.2　配送管道

（1）配送管道通常必须通过绝缘部件与其他设施电绝缘。结构物对电解质电位法可以识别出两者之间的短路状态，但不能确定究竟是哪个绝缘部件短路。如果并列有短路的旁路，即使绝缘性能良好的绝缘部件两端也会呈现类似短路的信号特征。

（2）在绝缘性能良好的绝缘部件两侧安装发射机（图9.11）。

（3）从该绝缘部件开始沿该配送管道用接收机追踪最强信号。在图9.11中，D处的最强信号指向E。

（4）继续沿着管道追踪最强的信号。在图9.11中，从E至F信号将会下降，但继续朝K方向增强。在K处，此时最强信号的方向是指向G，但在H处信号会有一个明显的下降，表明已经找到了绝缘短路的位置。可以通过检测流过失效绝缘部件的信号电流或临时跨接旁路的方法来确定绝缘失效。返回信号沿水管道从N到P，然而，这个返回信号很少被追踪，因为此时已经找到了短路位置。

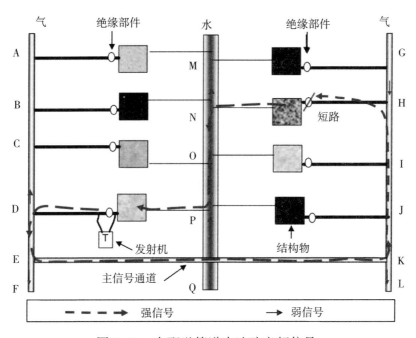

图9.11 在配送管道中追踪音频信号

（5）测试大型配送系统时，可将接收机和感应线圈安装在车上，这将有助于提高检测速度。但测试短路部件仍然需要一个手持式接收机。

（6）注意：这是一个传导信号，短路的绝缘部件、大地甚至是绝缘良好的部件都会不同程度提供信号返回通路。在图9.11中，从D到C、从E到F、从G到H和从K到L的小箭头代表有弱信号通过大地返回发射机。

（7）如果通过大地的信号电流大于通过疑似短路绝缘部件的信号电流，将不能得出绝缘部件一定失效的结论。

（8）移动发射机，直到流向疑似绝缘失效部件信号足够强。将最强信号记录为短路，该短路可能是绝缘部件，也可能是金属旁路。

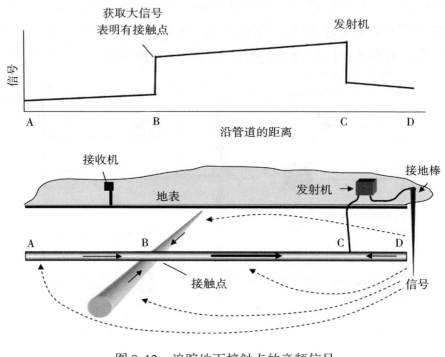

图9.12　追踪地下接触点的音频信号

该图显示了沿管道从A到D的信号强度

9.5.6　埋地金属搭接点

9.5.6.1　通断电位

（1）进行与9.5.2节所述同样的测试。

（2）使用几根足够长度的导线连接两个疑似金属搭接的结构物，将参比电极始终保留在相同位置。

(3) 可能需要另一个测试来定位结构物之间的搭接点，如 9.5.6.2 节所述。

9.5.6.2 追踪音频信号至埋地搭接点

(1) 在怀疑有地下搭接点的管道上安装音频信号发射机。

(2) 注意发射机两侧信号的强度，并朝着最强信号的方向追踪。在图 9.13 中，上面的图显示了信号强度，测试继续由 C 向 B 进行。在 B 处，观察到信号突然下降，出现疑似搭接点，通过在第三方管道上追踪信号，可进一步确认搭接点位置。

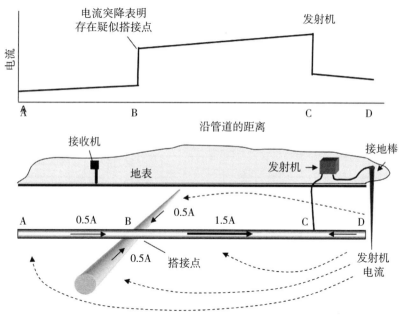

图 9.13 通过管道电流测量定位地下搭接点

9.5.6.3 电流测绘

(1) 如果采用电流测绘仪，在疑似有搭接的管道上安装发射机（图 9.13）。

(2) 测量发射机两侧的电流，并朝着大电流回流方向继续追踪。在图 9.13 中，大回流电流来自 B 而不是 D。

(3) 沿着管道测量电流，制作电流分布图，如图 9.13 的上图所示。

(4) 如果任意两点之间的电流有明显的变化，则在两点之间以更近的间隔测量电流。管道电流发生变化的位置应该怀疑与第三方结构物有搭接，在图9.13上图对此进行了说明。

(5) 注意：沿线将会有正常平缓的电流吸收，明显吸收电流的位置也可能意味着在该位置有一个较大的防腐层漏点。

(6) 将发射机移到疑似接触点的另一侧，重复同样的测试。

(7) 将测试结果绘制成类似图9.14的图。

(8) 可通过管道沿线采用电流跨度或钳形电流表方法测量管中电流，遵循类似的流程。

①在直流电源中安装电流中断器，测量沿管道的电流增量。

②管中电流突增表示有疑似地下搭接点，也有可能是大面积防腐层漏点。

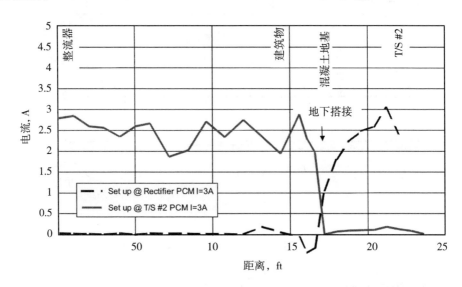

图9.14 管道电流测绘仪从两个方向测量的管道电流，确认搭接位置

9.5.7 绝缘电阻

在安装之前，可以使用电阻法在工作台上对绝缘部件进行电阻测试。安装之后，只要遵循特定的流程和分析方法，也可以使用电阻法来评价其绝缘性能，但要特别小心，因为大多数测试电流可以利用绝缘部

件周围的土壤或水作为并联路径。此外,绝缘良好的绝缘部件两端会有一个直流电压,其极性可与普通欧姆表中的极性相同,也可能相反。由于这个原因,在已安装绝缘部件上进行测试时不能使用低压欧姆表。

9.5.7.1 安装前在非金属工作台上的绝缘测试

(1) 如果使用带电流(C1 和 C2)和电压(P1 和 P2)接线端子的高压电阻表(电阻率测试仪),则将 C1 和 P1 端子连接至绝缘部件一侧,P2 和 C2 端子连接至绝缘部件另一侧,如图 9.15 所示。在仪器上,P1 和 C1、P2 和 C2 可分别跨接在一起,但要注意各接线端子与绝缘部件之间测试导线的电阻也会加到测量结果中。

(2) 在高压电阻表上读取电阻值,低电阻值(接近于仪表引线电阻)表示短路或绝缘故障。绝缘部件的制造商应提供符合产品预期的电阻值。

(3) 如果使用小量程欧姆表(微欧计),可将导线连接在一起以测量测试导线本身的电阻。

(4) 如图 9.16 所示,将低压欧姆表测试线连接到绝缘部件两侧,确保仪表引线接触电阻最小,并记录电阻。

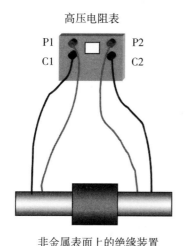

图 9.15 在非金属工作台上用高压电阻表测试绝缘部件

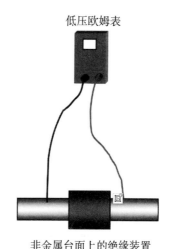

图 9.16 在非金属工作台上用低压欧姆表测试绝缘部件

(5)对于低压欧姆表,读数上显示"OL"或无穷大,记录为有效绝缘,而低电阻值应记录为绝缘失效。

9.5.7.2 现场安装后绝缘部件电阻测试

本节只对该方法作解释性说明,只有非常熟悉结构物预期电阻的人员才可开展相关测试。

(1)用直流电压表测量绝缘部件两侧直流电压,并记录极性。电压测量本身可以确定绝缘部件是否绝缘良好(见9.5.1节),用于电压测量的导线不可载流。

(2)如图9.17所示,另取其他导线,而不是用上述电压表测试导线,将电流表、负载电阻、电池和电流中断器从绝缘部件的一侧串联到另一侧。

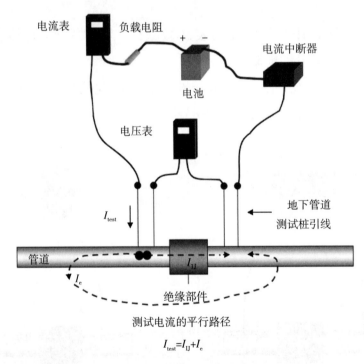

图 9.17 确定已安装绝缘部件电阻的测试

注意测试电流通过大地的平行路径

I_{test}—测试电流;I_{IJ}—通过绝缘部件的电流;I_e—通过大地的电流

(3)用可调电阻器调整测试电流（I_{test}），使绝缘部件两侧电压显著增加，记录测试电流数值和方向。

(4)通断测试电流，测量直流电压，记录数值和极性。注意：极性可能会改变，这取决于电压原始值、极性和测试电流的方向。

(5)测试电流分为流经绝缘部件的电流和大地并联路径的电流。由于结构物对大地的电阻非常小，例如小于0.1Ω，因此，即便是有效的绝缘部件也可能仍然表现为低电阻值。在对绝缘部件的真实状态得出结论前应开展9.6节对应的数据分析。

(6)如果有可能，测量并记录远离绝缘部件另一侧的管中电流。如图9.18所示，该电流图中显示为"I_e"，可以通过管道电流跨距或钳形电流表进行测量。

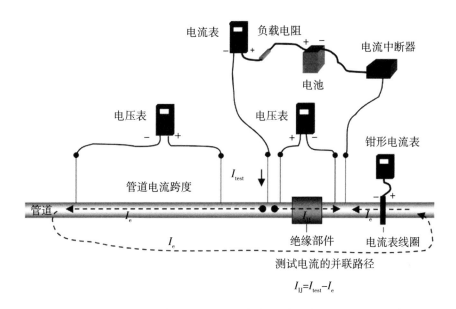

图9.18 通过直流电流测试确定绝缘部件的实际电阻

已知通过大地的电流可以计算出通过绝缘部件的电流

I_{IJ}—通过绝缘部件的电流；I_{test}—测试电流；I_e—通过大地的电流

9.6 数据分析

9.6.1 直接电位法(固定参比法)

(1) 处于阴极保护状态下的管道与第三方管道之间的电位差大于 100mV(DC) 表明绝缘有效。电位差小于 100mV(DC) 并不一定意味着绝缘失效,需要开展其他测试,进一步确定绝缘性。

(2) 现场示例读数见表 9.3。

(3) 表 9.3 中的案例 1 显示疑似短路,也有可能两侧的电位碰巧相同,需要进一步开展其他测试。案例 2 显示两者电位有很小的差值,但是差值太小不足以确定绝缘状态。案例 3 中电位差大于 100mV(DC),因此可认定绝缘有效。

表 9.3 直接电位法现场记录表和分析

位置	结构物对电解质电位,-mV(CSE)		电位差 mV	备注
	结构物	第三方结构物		
案例 1	870	870	0	疑似短路,需其他测试来确认
案例 2	890	870	20	状态不确定,需其他测试来确认
案例 3	1020	870	150	绝缘良好

(4) 对于多个并联绝缘部件,必须通过绝缘测试仪或追踪音频信号来确定实际短路位置。

9.6.2 通断电位法

(1) 如果管道与第三方管道的通断电电位均相同,则可以认定绝缘失效。如果绝缘部件两侧通电电位或断电电位的差值不同且超过 100mV(DC),则可认定绝缘有效。如果电位差不同但小于 100mV(DC),则绝缘状态不确定,需要增加测试电流或开展另一种测试。

（2）表9.4给出了两组数据示例。案例1中，管道和外部结构物的通电电位相同，且断电电位也相同，因此绝缘部件短路。尽管案例2中通电电位是相同的，但断电电位相差100mV，因此绝缘有效。对于良好的绝缘部件，不需要管道和第三方结构物之间的通电电位和断电电位均不同。

表9.4 通断电位法现场数据记录表

位置	结构物对电解质电位，-mV（CSE）				电位差，mV		备注
	管道		第三方结构物				
	ON	OFF	ON	OFF	通电	断电	
案例1	970	870	970	870	0	0	绝缘短路
案例2	970	870	970	970	0	100	绝缘有效

9.6.3 绝缘检查仪

绝缘检查仪是直接读数，直接给出绝缘有效或短路。

9.6.4 管中电流测试

（1）不允许管中电流通过的绝缘部件被认为是绝缘良好的。对于有效的绝缘部件，靠近绝缘部件任意一侧的管中电流必须为零。在绝缘部件附近，若能测量出存在很小且远离绝缘部件管中电流，表示绝缘部件有效。由于这个测试有可能得不出确定的结论，因此应在不同测试电流下进行第二次测试或用其他测试来确认。图9.19中上面的黑色管中电流数值表明绝缘有效。

（2）短路的绝缘部件会有电流通过。在绝缘部件两侧电流值相同且方向相同，表明绝缘部件短路。然而，电流也有可能会通过周围土壤并联通路或管内低阻电解质通路绕过绝缘良好的绝缘部件（杂散电流干扰）。如果绝缘部件位于地上，那么地上管两侧测量的电流将不包括土壤支路中的电流。如果绝缘部件位于地下，可以通过以下方法确定土壤通路绕过绝缘部件的现象：当通断测试电流时，绝缘部件一侧放出电流，电位❶偏正，另一侧吸收电流，电位偏负。可惜上述方法并不适用于管道内部存在低阻电解质通路情况，因此，绝缘部件是否存在低阻电解质应该引起重视。图9.19中下面的电流数值表明绝缘失效（无杂散电流干扰）。

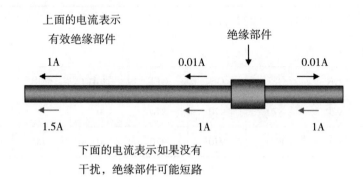

图9.19 采用管中电流进行绝缘部件测试

9.6.5 追踪音频信号

9.6.5.1 并行管道

（1）有效的绝缘部件会阻止来自发射机的信号。随着靠近绝缘部件信号逐渐消失，则绝缘部件有效。可以通过人为临时短路绝缘部件来进一步确认绝缘性，如果绝缘部件人为临时短路信号增强，则绝缘有效（图9.11）。

（2）来自发射机的信号可通过绝缘失效部件。当接收机经过绝缘部件时，信号没有变化，绝缘部件短路。可通过人为短路绝缘部件来进一步确认。如果人为短路后信号没有变化，则说明绝缘部件失效（图9.11）。

---

❶ 见第8章。

9.6.5.2 配送管道

(1) 配送管道类似于并行管道,只是绝缘部件种类繁多,分布更广[2]。利用信号追踪,可快速找到短路的绝缘部件。

(2) 发射信号电流将沿管道传播,穿过短路的绝缘部件和其他管道,返回发射机。一部分信号电流也会通过大地并联支路返回,其电流量与管道的总长度有关。

(3) 如果管道上的信号电流大于通过绝缘部件的信号电流,那么用信号追踪短路部件将不明显。应该移动发射机位置,直到有明确的信号电流流经绝缘失效部件。

(4) 来自发射机的信号将通过短路的绝缘部件,因此,如果当接收机经过绝缘部件时信号没有变化,那么绝缘失效,这可以通过人为短路绝缘部件来进一步确认。如果人为短路后信号没有变化,则证实绝缘失效。

9.6.6 埋地金属搭接点

9.6.6.1 利用通断电位确定地下结构物电连通性

(1) 如果两个结构物的通电电位相同,且断电电位也相同,那么可认为这两个结构物之间是电连通或存在金属搭接。如果测量绝缘部件两侧的断电电位或通电电位相差大于100mV(DC),则认为结构物绝缘良好;如果电位差小于100mV(DC)则绝缘状态不确定,需加大测试电流或进行其他测试。

(2) 如果确定有金属搭接点,则应进行后续测试,如追踪音频信号或电流测绘,以定位金属搭接点。

9.6.6.2 追踪音频信号,定位金属搭接点

(1) 音频信号会被所有与被测管段电连通的管道吸收。

(2) 在接近搭接点时,接收机测量的信号电流是被测管道吸收电流与第三方搭接管道吸收电流之和。越过搭接点之后,信号电流会突然下降,因为该电流将仅为被测管道吸收的电流。

(3) 如果在搭接点位置信号衰减到接近零,那么搭接点信号变化可能会无法识别。这种情况下,应移动发射机位置直至整个管段都能接收到足够强的信号。

(4) 在搭接点会检测到信号强度的突然变化,也可以沿着搭接的第三方管道进行信号确认。

9.6.6.3 电流测绘

在防腐层均匀条件下,管中电流将朝向整流器方向稳定增加。管中电流明显变化通常表明存在较多的防腐层破损点,但是如果流向整流器方向的管中电流突然大幅增加,很有可能与第三方结构物存在金属搭接。

9.6.7 绝缘电阻

9.6.7.1 安装前在非金属工作台上的绝缘电阻测试

(1) 测量值超过高压电阻表量程,表明绝缘有效。

(2) 电阻值小于10000Ω,认为绝缘部件不合格(尽管通常短路绝缘部件电阻小于10Ω)。

(3) 数字欧姆表上的测量读数为"OL",表明绝缘有效。

9.6.7.2 现场安装后绝缘部件电阻测试

(1) 当电流通过绝缘部件时,其总电阻(包括通过大地的并联支路和通过管内低阻电解质的并联支路)可以用式(9.1)来计算:

$$R_t = \frac{\Delta V}{I_{test}} \tag{9.1}$$

式中,R_t 为绝缘部件总电阻,Ω;ΔV 为(通电—断电)跨越绝缘装置的直流电压,V;I_{test} 为测试期间的总电流,A。

(2) 在用这种方法确定绝缘部件有效性之前,首先要知道结构物的接地电阻,因为这是并联电路的一条支路。对于大型结构物,接地电阻可能低至0.1Ω,因此这样低的并联电阻下,即使绝缘部件实际上是有效的，测量结果也可能表明绝缘失效。倘若考虑还可能存在管中低阻电解质通道，则会更加复杂。总电阻（R_t）小于结构物接地电阻表明绝缘部件短路，总电阻必须较高时，才可表明绝缘部件有效。

（3）如果可以通过测量管中电流来确定大地支路中的电流，那么绝缘部件和管内低阻电解质通道的实际电阻就可以用式（9.2）计算：

$$R_i = \frac{\Delta V}{I_{\text{test}} - I_e} \tag{9.2}$$

式中，R_i 为绝缘部件和管内低阻电解质通道的总电阻，Ω；ΔV 为通断电前后绝缘部件两侧电压变化量，V；I_{test} 为测试电流，A；I_e 为通过大地或管中的电流，A。

（4）绝缘部件电阻的准确性取决于流经大地支路的电流（I_e）测量的准确性，因为该电流往往占测试电流（I_{test}）的大部分，并可以提供是否存在低阻通道的证据。

（5）对于管内干燥或高电阻率输送介质，通过式（9.2）计算，如果电阻大于1000Ω则绝缘部件有效，电阻较低表明绝缘部件短路。

参 考 文 献

[1] NACE Standard SP0169-2013, "Control of External Corrosion on Underground or Submerged Metallic Piping Systems" (Houston, TX: NACE International).

[2] NACE Standard SP0286-2007, "Electrical Isolation of Cathodically Protected Pipelines" (Houston, TX: NACE International, 2007).

[3] J. E. Wright, *Practical Corrosion Control Methods for Gas Utility Piping*, 2nd ed. (Houston, TX: NACE, Item # 37542, 1995), pp. 41-51.

[4] NACE Standard SP0177-2014, "Mitigation of Alternating Current and Lightning Effects on Metallic Structures and Corrosion Control Systems" (Houston, TX: NACE International).

10 公路和铁路穿越套管

10.1 概述

本章讨论公路和铁路穿越套管电绝缘测试方法。

当套管与主管道之间的环形空间干燥时，阴极保护电流不会到达内部主管道，主管道腐蚀形式为环形空间中湿气导致的空气腐蚀。

套管与主管道之间可以是金属搭接、存在水或泥浆（电解质）或上述两者同时存在。当主管道和套管之间存在电解质时，阴极保护电流将通过套管，为主管道提供阴极保护电流。这种现象有的被称为电解质短路，但实际上并非金属搭接，在本章中，称这种状态为"电解质耦合"。

当主管与套管之间存在金属搭接（称为"短路"或"电子短路"）时，绝大多数阴极保护电流通过金属通路到达主管，而不是通过环形空间的电解质进入主管。

即使在地表测量的主管电位可能符合阴极保护准则，但这个测量数据也只反映了短路套管和（或）主管两侧的外部保护情况。短路套管内的主管将会出现阴极保护屏蔽，因此得不到保护。绝大多数阴极保护电流将优先通过套管与主管金属搭接点返回主管，只有极少量电流通过环形空间电解质流到主管上。

一般来说，主管与套管之间电绝缘测试方法有：固定参比法、通断电电位、强制去极化、电位衰减、电流衰减和环形空间电阻六种。本章将介绍前三种方法和一种预测金属搭接位置的方法。

通过测试桩或密间隔电位测试确定电位衰减，该方法可通过套管处管地电位的快速衰减定性判断套管与管道之间的短路，相关的测试方法在其他章节有详细说明❶。电流衰减法是通过连续测量管中电流来确定的，如果在套管处管中电流有显著上升，则表示套管短路。管道沿线电流测试桩相对较少，因此本章没有对这部分内容做详细论述。环形空间电阻的测量需要专业分析，因为在土壤中存在一个低电阻的并联支路，所以本章也不包括该部分内容。NACE SP 0200[1]中描述了套管测试方法，正如 Barlo 和 Lopez 得出的结论，应该使用多种测试方法来评估套管的电绝缘性[2]。

除与整流器有关的部分测试外，CP 测试员、CP 技术员、CP 技师和 CP 专家或等同资质人员均有资格完成现场测试。关于在整流器上进行测试的资质要求见第 1 章，应由 CP 技师和 CP 专家或具有相当资质的人员完成分析工作。

对项目的每个阶段都要进行危害评估和工作安全分析，并采取适当的预防措施❷。

10.2 工具和设备

所需工具有：

（1）万用表，可测 0.001~40V(DC) 直流电压，包括配套绝缘表笔和接线夹。

（2）硫酸铜参比电极。

以下设备将视所选测试内容而定：

（1）电流中断器。

（2）与测试电流大小匹配的直流电流表。

---

❶ 见第 2 章、第 4 章和第 7 章。
❷ 见客户安全手册或公司安全手册。

（3）便携式直流电源［6~12V(DC)］。

（4）如果直流电源无法调节，配备与电源电流和功率匹配的电阻。

（5）测试所需必要导线。

（6）小型手动工具箱。

10.3 安全设备

（1）符合公司安全手册和规程的标准安全设备和工服。

（2）上锁挂牌工具。

（3）带测试导线的电绝缘接线夹和表笔。

10.4 注意事项

（1）主管和套管之间的电解质耦合有时会得出类似电子短路（金属搭接）的测试结果。电解质耦合与电子短路不同，因为阴极保护电流没有被套管屏蔽，仍然可以通过套管到达主管表面。实际上，套管是通过环形空间中的电解质电阻耦合到主管上的。这种情况下，阴极保护电流会被施加到涂层较差或裸露的套管上。电解耦合有时被称为"电解质短路"。本书中"短路"仅指主管和套管之间的金属搭接，这两种情况如图10.1所示。

（2）应注意通过测量结构物对电解质电位差异来判断结构电连续性时，参比电极应放置在同一个位置（固定参比法）。

（3）电压表应能测量负值，电压表的负极连接硫酸铜参比电极，正极连接主管测试导线和（或）套管排气管。当电压表测试导线以这种方式连接时，电压表将显示负号、电位值和单位（单位为毫伏或伏）。若电压表不能显示负读数，则引线可能要反接，但该值仍必须记录为负值。

10 公路和铁路穿越套管

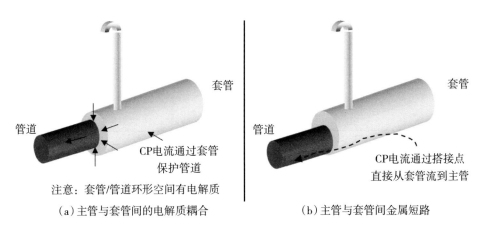

(a) 主管与套管间的电解质耦合　　　(b) 主管与套管间金属短路

图 10.1　主管与套管间电解质耦合和金属短路

10.5　测试程序

可开展下列一项或多项测试，以确认主管与套管之间的电绝缘性，辅助决策流程图见附录 10A。

10.5.1　固定参比法

（1）将参比电极放置在靠近套管末端固定位置，相对于该固定参比电极，分别测量主管和套管对地电位（图 10.2）。也可以直接测量主管和套管之间的电位差。

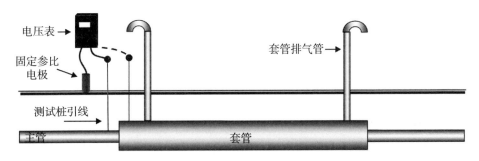

图 10.2　固定参比法测试套管绝缘性

（2）表 10.1 给出了固定参比法现场记录表。

表 10.1 固定参比法的典型现场记录表

位置	结构物对电解质电位，mV（CSE）		主管对套管电位 mV（CSE）	备注
	主管	套管		

10.5.2 通断电位法

通断电位法的目的是改变主管对地电位，如果套管与主管是电绝缘的，则主管对地电位与套管对地电位将不同。

（1）通断现有的一处阴极保护整流器。

（2）还有另外一种选择，利用临时直流电源和临时地床施加临时通断 CP 电流，临时地床要足够远，以确保套管不在通断电流阳极电压梯度场内。图 10.3 给出了典型的现场测试布置情况。

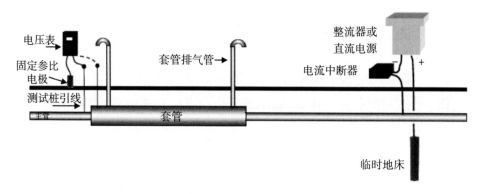

图 10.3 通断电位法测试套管绝缘性

（3）（1）或（2）中施加的通断电流的量必须在主管上引起大于 100mV 的电位变化。

（4）在所有测量中，参比电极应始终置于相同位置，记录主管和套管对该固定参比电极的通断电位。

（5）通断电位法典型现场记录见表 10.2。

表 10.2　通断电位法的典型现场记录表见纸稿

位置	主管对地电位，mV（CSE）				主管对套管电位，mV（CSE）		备注
	主管		套管		ON	OFF	
	ON	OFF	ON	OFF			

10.5.3　套管临时去极化法

套管临时去极化测试的目的是使套管暂时去极化，以比较主管和套管对地电位。

（1）在施加任何测试电流之前，测量主管和套管对地电位。

（2）临时直流电源的正极连接到套管上，负极连接到临时地床，在连接导线中串入电流表、可调电阻和电流中断器，如图 10.4 所示。

（3）也可以在主管和套管之间施加一个临时通断电流，套管充当阳极，可调电阻可用于控制电流输出，可调电阻和电池可以代替可调直流电源。

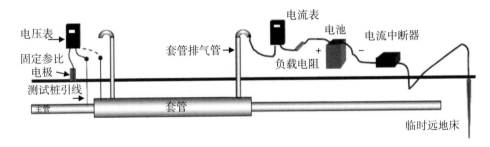

图 10.4　套管去极化测试确定套管绝缘性

（4）施加一个足够大的测试电流，使套管对地电位下降。

（5）测量主管和套管对固定参比电极的通断电位。

（6）将测试电流提高一倍，重复测试主管和套管对固定参比电极的通断电位。

（7）将测试电流提高到初始电流的 3 倍，重复测量主管和套管对固定参比电极的通断电位。

（8）前三个电流增量测试是必须的，后续是否进一步地增加电流测试视需要而定。

（9）需要注意的是，套管暂时用作阳极可能会对管道造成干扰。

10.5.4　预测主管与套管搭接点的位置

（1）金属搭接点的大致位置可通过下列测试来预测，测试分三部分：
①标定套管。
②从套管的一侧施加电流，并测量跨越套管的电压。
③从套管的另一侧施加电流，并测量跨越套管的电压。
（2）标定套管。
①测量套管排气管之间的电压或套管上一组测试引线之间的电压。
②如图10.5所示，用另一组导线将直流电源、负载电阻、电流中断器和电流表连接成套管馈流电路。

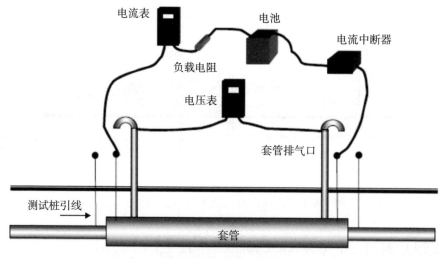

图10.5　标定套管电阻

③在套管上施加测试电流，使套管两端之间产生可测量的毫伏降。
④记录套管两端之间的通断电压降。

⑤记录测试电流和通电/断电电压降测量值。

⑥施加另一个测试电流值,重复上述测试。

(3) 在主管与套管一端之间馈流施加电流。

①测量套管排气管之间或套管两端测试引线之间的电压。

②如图10.6所示,用另一组导线将直流电源、负载电阻、电流中断器和电流表连接成主管和套管一样馈流电路。

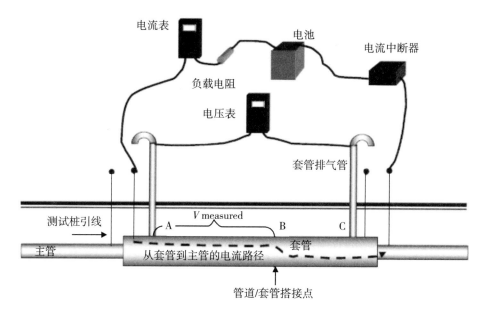

图10.6 从左侧标定套管与主管搭接点

③施加与上述套管标定中近似的电流。

④记录套管两端之间的通断电压降。

⑤记录测试电流和通断电压测量值。

⑥需要注意的是,图10.6中测量的是A和B两点之间的电压(套管 IR 降)。

(4) 在主管与套管另一端之间馈流。

①测量套管排气管之间或套管两端测试引线之间的电压。

②如图10.7所示,用另一组导线将直流电源、负载电阻、电流中断器和电流表连接成主管和套管另一端馈流电路。

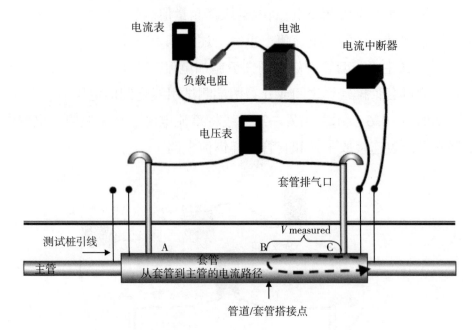

图 10.7　从右边标定套管与主管搭接点

③施加与上述套管标定中近似的电流。

④记录电流和套管两端的通断电位降。

⑤需要注意的是，图 10.7 中测量的是 B 和 C 两点之间的电压（套管 IR 降）。

⑥如果在所有三个测试中施加了相同的电流，那么最后两个测试中的电压降之和应该约等于第一次测试中的电压降。如果两者差异较大，那么应该重复测试。若仍然存在较大差异，则说明主管与套管之间可能存在多个搭接点。

10.6　数据分析

10.6.1　固定参比法

（1）若主管与套管之间的电位差大于 100mV，则套管与主管之间电绝缘良好。但电位差小于 100mV 时，套管与主管之间也可能是绝缘良好的。电位差小并不是决定性的，正如上文所述，需利用其他测试方法进一步确认。

（2）表10.3给出了固定参比法测试数据。案例1数据表明套管是疑似短路，但也可能两者电位碰巧相同，因此需要进一步测试。案例2数据表明，套管与主管是电绝缘良好的。

表10.3 固定参比法的现场测试数据示例

位置	结构物对地电位，-mV（CSE）		主管对套管电位 mV（CSE）	备注
	主管	套管		
案例1	820	820	0	疑似短路
案例2	920	820	150	绝缘良好

10.6.2 通断电位法

（1）如果主管和套管上的通断电位均相同，则可认为套管与主管电短路。如果主管通断电电位与对应的套管通断电电位相差超过100mV，则通常认为主管与套管绝缘良好。如果两者电位差值小于100mV，则套管仍然可能是良好的，需要馈入更大的测试电流或开展其他测试来进一步确认。

通断电流时，套管电位的小幅度波动很可能是电解耦合而非短路，套管通断电电位的小幅波动表明套管外表面吸收了阴极保护电流。在这种情况下，电流将通过套管壁和环向空间电解质到达主管表面，因此，电解质耦合允许主管获得阴极保护。不能将电解质耦合与短路相混淆，短路会导致阴极保护屏蔽，使主管得不到足够的阴极保护电流。

（2）表10.4给出了三组现场数据。在案例1中，主管和套管的通断电电位均相同，表明套管和主管短路。案例2中虽然主管和套管的通电电位相同，但两者的断电电位相差100mV，因此可认定套管与主管绝缘良好。电绝缘并不需要主管与套管之间的通断电电位都不同，套管上的较负电位并不一定意味着它与主管是短路的，它也可能有牺牺阳极保护。案例3中，两者的通断电电位差均大于100mV，可确认没有短路，然而，可以看出在套管上通断电电位有偏移，表明套管表面吸收了阴极保护电流，说明在环形空间有电解质。

表 10.4 通断电位法现场数据

位置	结构物对地电位，mV（CSE）				主管对套管电位，mV		备注
	主管道		套管		ON	OFF	
	ON	OFF	ON	OFF			
案例1	-870	-770	-870	-770	0	0	短路
案例2	-870	-770	-870	-870	0	-100	绝缘良好
案例3	-870	-770	-640	-600	-230	-130	电解耦合

10.6.3 套管去极化法

如果主管与套管绝缘良好，当施加测试电流时，主管电位可能会呈现轻微的正向偏移或负向偏移，但套管将会呈现明显的正向偏移（表10.5中案例1）。如果是短路，主管和套管电位将会正向偏移且偏移量相似（表10.5中案例2）。主管和套管之间电位差取决于主管和套管之间接触电阻。

表 10.5 套管去极化测试的典型现场记录

位置	施加电流 A	结构物对地电位，mV（CSE）				主管对套管电位差 mV	备注
		主管		套管			
		A/F[①]	ON	A/F[①]	ON		
案例1		-870		-850		20	
	0.25		-860		-720	140	
	0.50		-850		-580	270	
	0.75		-840		-200	640	
	1.00		-830		+75	905	绝缘良好

续表

位置	施加电流 A	结构物对地电位, mV (CSE)				主管对套管电位差 mV	备注
		主管		套管			
		A/F①	ON	A/F①	ON		
案例2		−980		−980		0	
	0.25		−920		−920	0	
	0.50		−750		−750	0	
	0.75		−580		−580	0	
	1.00		−400		−400	0	套管短路

①A/F,去极化测试前电位。

10.6.4 预测主管与套管搭接点的位置

(1) 根据第一次测试（图10.5）结果计算套管标定系数：

$$\text{CF} = \frac{\Delta I}{\Delta V} \quad (10.1)$$

式中，CF为标定系数，A/mV；ΔI为净测试电流，A；ΔV为套管的通电电位与断电电位差，mV。

(2) 根据第二次测试结果，计算套管第一处连接端部到搭接点之间的距离百分比（图10.7）：

$$X = 100 \times \frac{\Delta \text{mV} \times \text{CF}}{\Delta I} \quad (10.2)$$

式中，X为套管连接端到金属搭接点的距离（套管长度百分比）；ΔmV为通电电位与断电电位差，mV；CF为标定系数，A/mV；ΔI为净测试电流，A。

(3) 根据第三次测试结果，利用式（10.2）计算出套管另一侧端部到金属接触点的距离百分比，并对结果进行比较。

(4) 测试中（2）计算的套管长度百分比，加上（3）计算的套管距离百分比，应接近100%。如果存在较大的偏差，则说明可能有不止一个金属搭接点。

参 考 文 献

[1] NACE Standard SP0200-2014,"Steel-Cased Pipeline Practices"(Houston,TX：NACE International).

[2] T. J. Barlo, A. Lopez,"Cased Crossing Methods,"CORROSION/2000, paper no. 00726 (Houston, TX：NACE International, 2000).

附录10A　套管电绝缘测试流程图

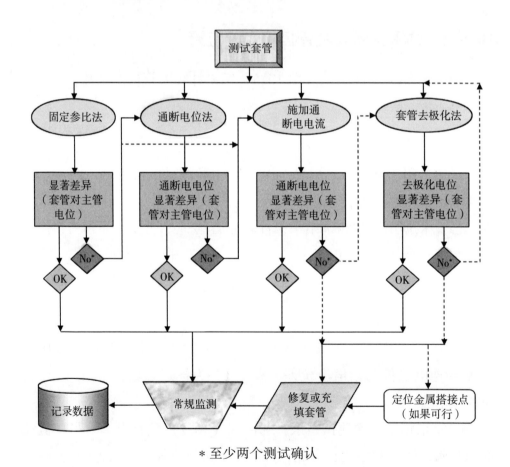

* 至少两个测试确认

11 交流干扰电压

11.1 概述

管道上的交流干扰电压是一个潜在的安全因素,高交流电流密度也可能导致腐蚀问题。对可能存在危险交流电压的结构物,任何与之接触的人都要意识到高压危险,并应采取相应的安全防护措施。自20世纪70年代以来,针对交流电腐蚀和安全问题已开展了大量的研究工作[1-6]。美国腐蚀工程师协会(NACE)和加拿大标准协会发布了一些推荐做法来应对这些问题[7]。

有三种耦合机理会在结构物(如与电力线平行的管道)上产生交流电压,分别是容性耦合、感性耦合和传导耦合(也称为阻性耦合)。

对于地上管道和设备,特别是与地面接触不良时应考虑电容效应,比如管道建设期间管道位于绝缘垫块或橡胶轮胎汽车上时。一般情况下,在管道焊接过程中管道上的交流电压会随着管道长度的增加而增大。

电感耦合是由交流输电线路激发的交变磁场引起的。当管道处于交变的磁场时,管道上将会感应产生交流电压。感应交流电压大小与管道和输电线路并行长度、管道与输电线路相对间距、相线相对位置、防腐层绝缘性、土壤电阻率以及输电线负荷等因素有关。一旦管道和输电线路建成,管道上的交流干扰电压将长期存在,但电压大小会随着输电线的负荷和管道沿线各点的位置不同而不同。

传导耦合或阻性耦合是输电线路接地极泄放电流进入管道的现象。大的故障电流或雷击电流导致进入附近管道的电流密度很大，不仅会产生高电压梯度，而且还可能会对管体和（或）防腐层造成损伤。研究表明，大电流不仅会产生烧蚀坑导致管道失效，也可能在烧蚀坑周围产生裂纹[4]。

交流干扰电压的预测是复杂的。一般来说，交流干扰电压将在管道和输电线之间的电气特性不连续处达到峰值，并在不连贯处之间或管道上感应电压极小值之间以指数方式衰减。输电线与管道之间的电气不连续可能包括以下几种情况：

（1）输电线与管道间距改变位置。

（2）并行开始或结束的位置。

（3）电力线换相。

（4）公共走廊中输电相线或管道数量的变化的位置。

由于管道特征变化导致的不连续处有时很难确定，因为这些信息不容易从图纸或文件中获取。管道特征的变化可由以下任何一种原因引起：

（1）防腐层电导率的变化。

（2）土壤电阻率剧烈变化（在某种程度上取决于防腐层绝缘性能）。

（3）管道尺寸或壁厚的变化。

（4）管道连续性中断（绝缘部件）。

在故障条件下，如果管道成为电流回路的一部分，则在电流流入点和管道周围区域形成电压梯度场。土壤电压梯度、人体对地电阻、接触时间以及人的身体状况等综合因素，将决定人接触结构物或跨步时流经人身的电流量，进而决定人身是否安全(图11.1)。

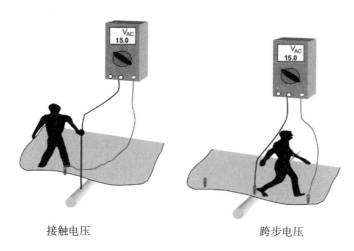

接触电压　　　　　　　　跨步电压

图 11.1　接触电压和跨步电压

11.2　工具和设备

根据测试内容的不同，以下设备将会有所不同：

（1）量程为 400V(AC) 的电压表。

（2）硫酸铜参比电极或参比接地棒。

（3）必要的测试导线。

（4）钳形交流电流表。

（5）带有绝缘手柄的小型工具。

11.3　安全设备

（1）符合公司安全手册和规程要求的标准安全设备和工服。

（2）与仪表配套绝缘接线夹和表笔。

（3）电绝缘手套。

11.4　注意事项

在特定设施上工作时，除必须遵守相应的操作规程之外，还应注意以下安全事项：

（1）只有接受过危险交流电压测量培训，且符合当地法规和规程要求的人员，才有资格从事危险交流电压作业或在其供电电源上工作。

（2）当在高压交流（HVAC）输电线附近工作时，要经常测量结构物对地交流电压，因为电压会随着负载和相对位置的变化而变化。

（3）注意与交流输电线长距离并行的导体上可能带有交流感应电压。

（4）在危险交流电压区域，当不使用接线端子时，应确保所有外露的接线端子（包括测试桩的接线端子）锁在封闭的箱体内。

（5）在开展阴极保护参数测量前，先测量一下结构物对地的交流电压。

（6）如果管地交流电压大于15V（AC），应采取适当安全措施，并告知其他工作人员管道上存在的危险，同时告知管理层或业主需要采取减缓措施[7]。

（7）注意管道和输电线之间的不连续点位置，因为它们可能是交流感应电压最高点。

（8）雷雨天气，禁止在结构物上作业。

（9）在与高压交流输电线平行的围栏或金属结构附近工作时，需要意识到在这些结构上可能会感应交流电压。

（10）对当地的诸如交通、危险的动物和昆虫等风险采取预防措施。

（11）只有具备交流杂散电流检测和分析资质的人员才能从事这些测试工作。

11.5 测试程序

11.5.1 电压表

11.5.1.1 模拟电压表

（1）模拟❶式电压表通过刻度盘和指针来读取，也可采用电子信号与模拟信号相结合的组合仪表。

---

❶ 见第2章。

（2）单一量程的交流电压表直接读取指示的刻度值即可。多量程仪表的满刻度值必须根据量程来确定，读取设置的量程，并确定实际的满刻度值。

（3）根据满刻度值划分的刻度数量，确定每个大格和小格的值。

（4）确定零（0）和指针指示位置之间的刻度数，乘以格数即为实际读数，如图11.2所示。

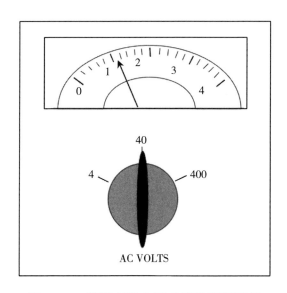

图11.2　模拟交流电压表读数面板示例

（5）以图11.2为例，根据多量程设置，满刻度值为40V（AC）（在这种情况下，刻度盘示数不是直接的乘数，而是表示满刻度值为40V，因此刻度读数要乘以10）。每个大格是10V（AC），每个小格是2V（AC）。指针位于5.5个小格位置。读数为[5.5×2V（AC）]=11V（AC）。

（6）也可利用大格读数的便利性。如（5）所述，指针前面1个大格是10V（AC），指针位于其上方小格的1/2处，那么读数就为11V（AC），即10V（AC）+0.5×2V（AC）=11V（AC）。

11.5.1.2 图表记录器

（1）图表记录仪可用于记录在一个位置上交流电压随时间的变化情况。

（2）图表本身就有读数刻度，读数类似于模拟仪表。

11.5.1.3 数字交流电压表

（1）数字交流电压表是一种具有数显功能（通常是液晶显示器）的电子仪器。注意液晶显示器容易受冻。数字电压表还可能附带其他测试功能，如直流电压、电阻、二极管测试、直流电流（A、mA 或 μA）。测试交流电压时，应确保调到交流电压挡上，该挡位一般会用正弦波符号（V~）表示。

（2）数字交流电压表量程可以手动调节，有的仪表也具有自动变换量程、数据保持和频率测量功能。

（3）每次测量时，如果仪表为手动调节量程，应首先将量程调到最大，然后逐步将量程降至最低，以获取准备读数。注意显示屏上的测量单位（V 或 mV）。

（4）数字电压表显示单位和极性，具有自动变换量程功能的电压表将根据其测量值自动调整量程。当测量值超过量程时，仪表会自动改变量程和（或）单位，例如，它可以从毫伏转换为伏。因此，每次测量时注意单位和极性是至关重要的（交流测试中不显示极性）。

（5）使用"保持"功能获取读数，以便可以对读数进行记录，特别是在一些不便读数的场合，一定要及时释放"保持"的读数，以便后续测量。

11.5.1.4 数据记录仪

（1）数据记录仪是一种数字电压表，通常通过内置程序，将交流电压测量结果将按预设的时间间隔存入存储器中。这些数据下载到计算机中后，可以图形显示。

（2）数据记录仪的功能因仪器而异，在制造商的操作手册中有详细说明。一般通过编程按命令或时间间隔采集数据。虽然电位测量带有时间标签并且精确到秒,但必须进行确认。例如,当对数据记录仪进行同步时,可能显示的是同一秒,但一个记录仪可能位于这一秒的开始,而另一个记录仪可能接近同一秒的末尾。事实上,数据记录仪记录的数据可能是不同秒的数据。

11.5.2 结构物对地交流电压

(1) 按照图 11.3 所示方法测量结构物与参比电极之间的交流电压。虽然可以使用硫酸铜参比电极,但与直流测量不同,参比电极的金属材料并不重要,也不需要在特殊的电解质中。由于交流电压测量通常与阴极保护直流电压测量一起进行,因此管地交流电压通常使用硫酸铜参比电极。

(2) 用测试导线将交流电压表公共端子和参比电极相连。

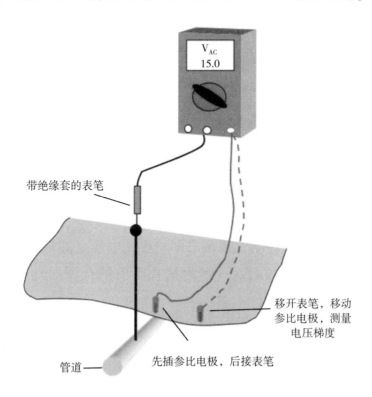

图 11.3 典型的管地交流电压测量

(3) 用测试导线将带绝缘套的表笔和交流电压表第二个端子相连。

(4) 首先,将参比电极插入地面。

(5) 将仪表调至交流电压挡位,如果没有自动变换量程功能,则调至最高量程。

(6) 将绝缘表笔与结构物或测试导线接触,并记录交流电压;如果使用数字仪表,请注意显示的单位(图 11.3)。

(7) 降低电压表量程,尽可能在最低量程上读数。

(8) 移开绝缘表笔,将参比电极沿垂直于管道的方向移动 1m(约 3ft),并重新测量。如果测量结果明显不同,将参比电极沿垂直于管道的方向移动 2m(约 6ft),重复测量(这也是作业人员与管道附属设备接触时可能站立的区域)。

(9) 确定管地交流电压测量期间输电线运行负荷占满负荷的百分比(可预测满负载下的交流电压)。

(10) 报告任何交流电压为 15V[7] 或更高的情况,并告知操作人员存在危险的交流电压。

11.5.3 交流干扰减缓装置

11.5.3.1 电气接地

(1) 测量操作期间均不得与任何暴露的接线端子接触。断开电缆时,不要与接线端子接触。一定要先连接电气接地,再连接结构物。

(2) 测量结构物与电气接地之间的交流电压。如果安装了直流去耦合器(参见 11.5.3.2 节),则测量直流去耦合器两端的交流电压(图 11.4)。

(3) 用钳形电流表测量交流电流(图 11.4)。

(4) 以网格模式测量电气接地周围的交流地电位梯度,如图 11.4 所示。

(5) 与以前的数据进行比较,以确保接地电阻相近,排流正常。

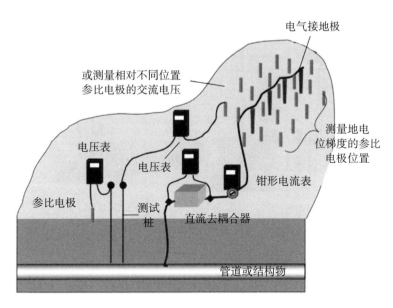

图 11.4　在电气接地极地表测量交流地电位梯度

11.5.3.2　直流去耦合器

直流去耦合器是一种允许交流电流通过，但阻止在阈值范围内阴极保护电流通过的装置，有电解质和电子两种类型可供选择（图 11.5 和图 11.6）。

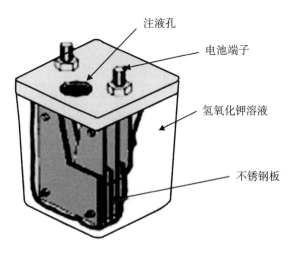

图 11.5　电解质式直流去耦合器（引自 NACE CP 培训课程）

图 11.6　电子直流去耦合器（引自 NACE CP 培训课程）

（1）电解质直流去耦合器。

①测量电解质直流去耦合器两侧的交流电压，即结构物和电气接地之间的交流电压。

②使用钳形交流电流表测量通过电解质去耦合器的交流电流。

③检查电缆和接头，确保其完好无损。

④测量电解质直流去耦合器两端的直流电压，即结构物和电气接地之间的直流电压。

⑤使用钳形直流电流表测量通过电解质去耦合器的直流电流。

⑥检查电池里的钢板，确认它们状态良好。

⑦检查氢氧化钾溶液，确认其液位正常。

⑧确认氢氧化钾溶液表面有一层油膜。

⑨确认测量值在电解质直流去耦合器的额定值之内。

（2）电子直流去耦合器（固态去耦合器）。

①测量电子直流去耦合器两端的交流电压，即结构物和电气接地之间的交流电压。

②用钳形交流电流表测量电子直流去耦合器流过的交流电流。

③检查电缆和接头，确保其完好无损。

④测量电子直流去耦合器两端的直流电压，即结构物和电气接地之间的直流电压。

⑤用钳形直流电流表测量通过电子去耦合器的直流电流。
⑥检查直流去耦合器内的元器件有无电弧或损坏的迹象。
⑦确认测量值在电子直流去耦合器的额定值之内。

11.5.3.3　交流电压梯度垫

（1）交流电压梯度垫的目的是使接近该结构的人处于安全电压范围内，当其接触结构物时，结构物与大地之间的电压差是安全的。由于交流电压梯度垫靠近地表安装，因此它不能像电气接地那样显著降低交流电压。

（2）用测试导线将交流电压表共用端子和参比电极相连。

（3）用测试导线将绝缘表笔和交流电压表第二个端子相连。

（4）首先，将参比电极插入靠近电压梯度垫中心的土壤中。

（5）将绝缘表笔与结构物或测试导线接触，并记录交流电压；移开绝缘表笔，将参比电极沿垂直于管道的方向移动1m（约3ft），并重新测量。移开绝缘表笔，将参比电极沿垂直于管道的方向移动2m（约6ft），重复测量。以1m（约3ft）的间隔（图11.7）继续测量，直至电压梯度垫边缘外1m处的砾石位置。在电压梯度垫的另一部分重复该测试。

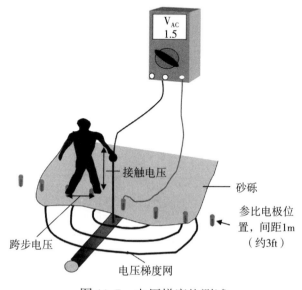

图11.7　电压梯度垫测试

（6）如果在阴极保护测试桩附近，采用牺牲阳极材料制作的梯度垫，则必须断开梯度垫以测量结构物真实极化电位，但这实际上是将安全装置断开了，因此，必须采用另一种方法来测量结构物的极化电位。在通过测试确认结构物对地交流电压安全之前，必须使用电绝缘工具和（或）绝缘手套断开梯度垫连接。

11.6 数据分析

11.6.1 跨步电压和接触电压

11.6.1.1 跨步电压

如图11.8所示，人走过电位梯度场就会遇到跨步电压，其等效电路如图11.9所示。Dalziel的结论是，99.5%的人能承受式（11.1）所

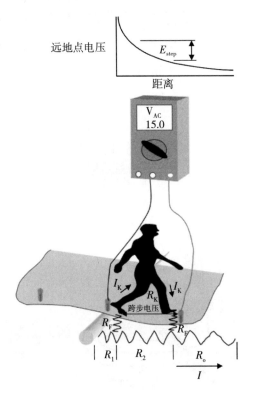

图11.8 跨步电压

计算的电流通过身体,而不发生房颤。

$$I_K = \frac{0.116}{\sqrt{t}} \tag{11.1}$$

式中,I_K 为流经人体的有效电流值(图 11.8、图 11.9),A;t 为触电时间,s。

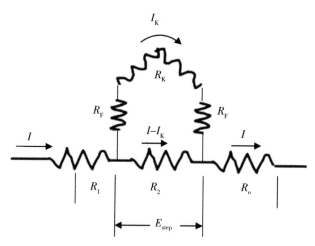

图 11.9 跨步电压回路等效电路图

根据欧姆定律,I_K 由式(11.2)得到:

$$I_k = \frac{E_{step}}{R_K + 2R_F} \tag{11.2}$$

式中,E_{step} 为人的双脚接触地面上任何两点之间的允许电位差;R_K 为人体电阻;R_F 为单只脚的接地电阻。

将式(11.1)与式(11.2)合并得到式(11.3):

$$E_{step} = \frac{0.116}{\sqrt{t}}(R_K + 2R_F) \tag{11.3}$$

单只脚的接地电阻由式(11.4)[1]给出:

$$R_F = 3\rho \tag{11.4}$$

式中，ρ 为土壤电阻率，$\Omega \cdot m$。

因此，跨步电压可以用式（11.5）计算：

$$E_{step} = \frac{0.116}{\sqrt{t}}(R_K + 6\rho) \tag{11.5}$$

人体电阻一般是 1000Ω。当 $R_K = 1000\Omega$ 时，式（11.5）变为式（11.6）或简化为式（11.7）：

$$E_{step} = \frac{0.116}{\sqrt{t}}(1000 + 6\rho) \tag{11.6}$$

$$E_{step} = \frac{116 + 0.7\rho}{\sqrt{t}} \tag{11.7}$$

上述公式及其详细讨论在 IEEE 标准 80 中也有阐述。

11.6.1.2　接触电压

图 11.10 和图 11.11 显示了人在身体接触点和地面之间可能遭受的接触电压。

接触电压下的 I_K 计算见式（11.8）：

$$I_K = \frac{E_{touch}}{R_K + \frac{R_F}{2}} \tag{11.8}$$

式中，I_K 为流经人体的电流值（图 11.8、图 11.9），A；E_{touch} 为人站在地面上的任何点与同时接触的任何点之间的允许电位差，V；R_K 为人体电阻，Ω；R_F 为单只脚的接地电阻，Ω。

将式（11.1）与式（11.8）合并得到式（11.9）：

$$E_{touch} = \frac{0.116}{\sqrt{t}}(R_K + \frac{R_F}{2}) \tag{11.9}$$

当 $R_F = 3\rho$ 时，式（11.9）将变为式（11.10）：

$$E_{\text{touch}} = \frac{0.116}{\sqrt{t}}(R_K + 1.5\rho) \tag{11.10}$$

人体电阻一般是 1000Ω。当 $R_K = 1000Ω$ 时，式（11.10）变为式（11.11）或简化为式（11.12）：

$$E_{\text{touch}} = \frac{0.116}{\sqrt{t}}(1000 + 1.5\rho) \tag{11.11}$$

$$E_{\text{touch}} = \frac{0.116 + 0.17\rho}{\sqrt{t}} \tag{11.12}$$

这些公式和详细的讨论在 IEEE 标准 80 中也有阐述。

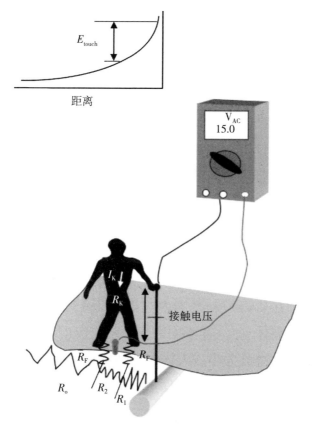

图 11.10　接触电压

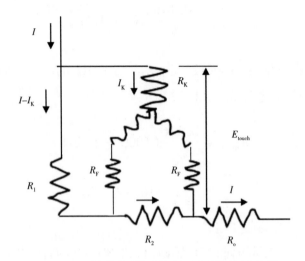

图 11.11　结构物附近接触电压的等效电路

11.6.2　结构物对地交流电压

（1）需要注意的是，前面关于安全跨步电压和接触电压的计算公式包括一个接触时间参数，适用于故障持续时间。

（2）在稳态条件下，超过 15V 的交流电压被认为是危险电压，例如感应交流电压[7]。这个接触可以是直接接触结构物，也可以通过金属物体接触，如金属棒、支管或导管等。因此，还必须考虑在远离结构物的点测量交流电压。在儿童可能接触结构物的区域，必须采用低于 15V（AC）的值作为安全交流电压[7]。

（3）超过 5mA 的电流也被认为是危险的[7]。这样的电流会使人感觉到震颤，但仍在肌肉控制范围内（电流为 15mA 时将会导致肌肉控制功能丧失和疼痛休克）。在不同的条件和交流电压下，可以根据预估的人体电阻来估计电流大小。人体电阻估值见表 11.1。表 11.1 数据表明，如果身体接触发生在潮湿条件下，应采用低于 15V（AC）的电压值作为危险值。

表11.1 有电流经过时的人体电阻值

条件	电阻，Ω
干燥的皮肤	100000~600000
湿皮肤	1000
身体内部：手对脚	400~600
身体内部：耳对耳	约100

（4）较高的交流电压最有可能出现在管道和输电线之间的电气不连续处，而不是在中间位置。确保交流电压测量是在电气不连续处，而不是在便于测试的测试桩附近进行；否则，可能测不到最高电压。

参 考 文 献

[1] M. A. Puschell, "Power Lines and Pipelines in Close Proximity During Construction and Operation," *MP* 12, 12 (1973): pp. 28-32.

[2] E. A. Cherney, "Pipeline Voltage Hazards on High Voltage AC Transmission Line Right-of-Way," *MP* 14, 3 (1975): pp. 29-33.

[3] A. W. Hamlin, "Some Effects of Alternating Current on Pipeline Operation," *MP* 19, 1 (1980).

[4] BC Hydro and Power Authority, *Study of Problems Associated with Pipelines Occupying Joint-Use Corridors with AC Transmission Lines* (Ottawa, Ontario: Canadian Electric Association, 2000).

[5] J. Dabkowski, A. Taflove, *Mutual Design Considerations for Overhead AC Transmission Lines and Gas Transmission Pipelines* (Washington, DC: American Gas Association, and Palo Alto, CA: Electric Power Research Institute, 1978).

[6] M. Frazier, *Power Line-Induced AC Potential on Natural Gas Pipelines for Complex Right-of-Way Configurations* (Washington, DC: American Gas Association, and Palo Alto, CA: Electric Power Research Institute, 1983).

[7] NACE Standard SP0177-2014, "Mitigation of Alternating Current and Lightning Effects on Metallic Structures and Corrosion Control Systems" (Houston, TX: NACE International).

12 土壤电阻率

12.1 概述

本章将介绍如何用 Wenner 四极法和土壤盒法[1]来测量土壤电阻率，同时也介绍了当测量空间受限[2]时，如何对四极法进行修正。

土壤电阻率测量对于预测电解质的腐蚀性和阴极保护系统设计[3-5]都很重要。

在土壤中使用四极法，对于土壤样品和液体样品则采用土壤盒。需要注意的是，采用四极法测量的土壤电阻率是与内侧两个电极间距相等深度的平均电阻率。必须确定将电阻测量结果（Ω）转换为电阻率结果（Ω·cm 或 Ω·m）的系数。

12.2 工具和设备

12.2.1 方法1——直流四极测量（等间距）

（1）直流电流表，量程为 0.01~10A，包括配套测试导线。

（2）直流电压表，量程为 1~4000mV 和 20V，包括配套测试导线。

（3）两根长测试导线，一端配接线夹，长度至少为最大电极间距的 1.5 倍。

（4）两根短测试导线，一端配接线夹，长度大于内侧两个电极最大间距的一半。

（5）四根电极，一端尖锐，另一端最好有手柄。

（6）可调直流电源或蓄电池及可变电阻。

（7）用于关断或反接的双刀双掷开关（三个挡位，中间挡位断开）。

12.2.2 方法2——交流四极测量

(1) 土壤电阻率测试仪（交流电），包括配套导线。

(2) 两根长测试导线，一端带接线夹，长度至少为最大电极间距的1.5倍。

(3) 两根短测试导线，一端带接线夹，长度大于内侧两个电极最大间距的一半。

(4) 四个电极，电极一端尖锐，另一端最好有手柄。

(5) 注意：如果要在相同的电极间距下进行多次测量，可以根据固定间距预先制作绑扎在一起的测试线。

12.2.3 方法3——直流四极测量（非等间距）

(1) 直流电流表，量程为0.01~10A，包括配套测试导线。

(2) 直流电压表，量程为1~4000mV和20V，包括配套测试导线。

(3) 两根长测试导线，一端带接线夹，长度至少为最大预计电极间距的1.5倍。

(4) 两根短测试导线，一端带接线夹，长度大于内侧两个电极最大预计间距的一半。

(5) 四个电极，电极一端尖锐，另一端最好有手柄。

(6) 可调直流电源或蓄电池及可变电阻。

(7) 用于关断或反接的双刀双掷开关（三个挡位，中间挡位断开）。

12.2.4 方法4——直流四极土壤盒

(1) 直流电流表，量程为0.001~1.0A，包括配套测试导线。

(2) 直流电压表，量程为1~4000mV和20V，包括配套测试导线。

(3) 已知标定值的土壤电阻率盒。

(4) 可调直流电源。

(5) 用于关断或反接的双刀双掷开关（三个挡位，中间挡位断开）。

12.2.5　方法5——交流四极土壤盒

（1）配有测试导线的土壤电阻（电阻率）测试仪。

（2）已标定的四极土壤盒。

12.2.6　方法6——交流两极土壤盒

（1）配有测试导线的土壤电阻率测试仪。

（2）已标定的两极土壤盒。

12.2.7　方法7——电阻率探针

配有测试导线和探针的土壤电阻率仪。

12.3　安全设备

（1）符合公司安全手册和规程的标准安全设备。

（2）如果在高压交流输电线附近测试，需使用绝缘接线夹和带绝缘手柄的表笔。

（3）需要注意的是，有些交流电阻率测试仪测试时，其C1端子和C2端子之间存在高电压。

12.4　注意事项

（1）确保仪器与导线之间以及导线与电极之间低阻连接。

（2）电极最好安装在湿润的土壤中。

（3）因为可能存在高电压，在测试过程中或土壤电阻率测试仪工作时，请勿触摸任何裸露的电缆连接头（C1和C2）或电极。

（4）不要让电极靠近平行的金属结构，也不要将电极置于大口径管道或埋地储罐上方，可能会导致测量误差。

(5) 当需要测量深层土壤电阻率时，传统的土壤电阻率仪可能对低电阻测试不够敏感，将有可能测不同准确的电阻率值。这时就需要用到方法 1，而不是方法 2。

(6) 如果没有足够开阔的地面测试区域或测试敏感性较差，可以考虑采用方法 3。

12.5 测试程序

本节介绍现场测试流程，12.6 节介绍对应的电阻率计算过程。

12.5.1 方法 1——直流四极测试（等间距）

(1) 确定测试深度，这个值将用于计算平均土壤电阻率。

(2) 将四根电极等间距插入地面，间距大小与拟测试的土壤深度相等。

(3) 将电极从一端到另一端依次标记为 C1、P1、P2 和 C2，如图 12.1 所示。

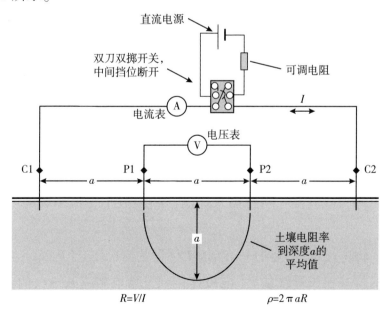

图 12.1 等间距直流四极土壤电阻率测试

（4）将一根长导线的一端连接到 C1 电极，另一端连接到电流表。安培表另一个接线端连接到双刀双掷开关接线端子（图 12.1）。

（5）将另一根长导线一端连接到 C2 电极，另一个接线端与双刀双掷开关另一个接线端子连接（图 12.1）。

（6）将电源的接线端子连接到双刀双掷开关的中间接线端子，这样直流电源的正极将通过双刀双掷开关连接到 C1 电极（图 12.1）。先不要通电。

（7）将电压表的正极连接到 P1 电极，负极连接到 P2 电极。

（8）在没有电流的情况下测量 P1 电极和 P2 电极之间的电压（V_o），并待其稳定。

（9）为了避免长时间通电导致电极极化，应在通电后，迅速完成相关测试工作，并断电。

（10）接通直流电源，几秒内快速测量并记录 P1 电极和 P2 电极间的电压（$V_{1\,on}$）以及施加的电流值（I_1），注意每个读数的极性。

（11）立即关断电流，测量 P1 电极与 P2 电极之间的断电电压（$V_{1\,off}$）。

（12）电源反接，重复步骤（9）至（11）。每个步骤对应读数为 $V_{2\,on}$、$V_{2\,off}$、和 I_2。

（13）通以不同的电流值重复步骤（9）至（12）的操作。

12.5.2 方法 2——交流四极测试

（1）确定测试深度，这个值将用于计算平均土壤电阻率。

（2）将四根电极等间距插入地面，间距大小与拟测试的土壤深度相等。

（3）将电极从一端到另一端依次标记为 C1、P1、P2 和 C2。

（4）将一根长导线从 C1 电极连接到土壤电阻率测试仪的 C1 端。

（5）将另一根长导线从 C2 电极连接到土壤电阻率测试仪的 C2 端。

（6）将一根短导线从 P1 电极连接到与 C1 同侧的土壤电阻率测试

仪的 P1 端。

（7）将一根短导线从 P2 电极连接到与 C2 同侧的土壤电阻率测试仪的 P2 端。如果 P1 和 P2 接反了，测试仪将不能平衡调零。

（8）仪器调零，如图 12.2 所示。如果不熟悉这个仪器，可参照以下操作步骤。

①顺时针旋转平衡盘和倍数刻度盘至最高设置。

②当临时将开关置于低灵敏度设置时，仪表指针会向右偏转。逆时针旋转倍数刻度盘直到指针转向左边，然后顺时针旋转倍数刻度盘，释放开关。

③将开关置于低灵敏度位置，旋转倍数刻度盘直到闭合开关时指针在零刻度位置既不向左偏转，也不向右偏转。

④将开关置于高灵敏度位置，重复步骤③。

图 12.2　交流土壤电阻率测试仪面板（引自 NACE CP 培训课程）

（9）记录刻度盘上指针指示的刻度和倍数值，电阻即为这两个数值的乘积：

$$R = \text{Dial} \times \text{Multiplier} \tag{12.1}$$

式中，R 为电阻，Ω；Dial 为表盘指针读数；Multiplier 为倍数。

12.5.3 方法3——直流四极测试（非等间距）

（1）虽然等距法相对要好些，但在电极间距比较大时，其测试的灵敏度将降低。这种情况下可采用非等间距四极法，非等间距四极测试是对方法1和方法2的修正。如果电极间距在其灵敏度之内，测试时可用土壤电阻率测试仪代替方法1和方法2中的电源、电压表和电流表。

（2）确定要测试平均土壤电阻率的深度，并将内侧的两个电极（P1和P2）间距设置成与深度相同。

（3）将两根电流电极（C1、C2）以与电压电极相同的间距插入土中，但是这个间距比两个电压电极的间距小很多。

（4）将电极从一端到另一端依次标记为C1、P1、P2和C2，如图12.3所示。

（5）将其中一根长导线连接到C1电极，另一端连接到电流表，电流表另一端连接到双刀双掷开关（图12.3）。

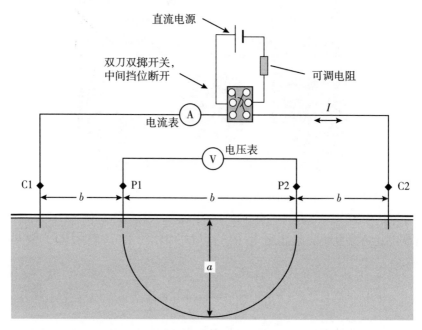

图12.3 非等间距直流四极土壤电阻率测试

（6）将另一根长导线一端连接到 C2 电极，另一个接线端与双刀双掷开关另一个接线端子连接（图 12.3）。

（7）将电源端子连接到双刀双掷开关的中间端子，这样直流电源的正极将通过双刀双掷开关连接到 C1 电极（图 12.3）。先不要通电。

（8）将电压表正极连接到 P1 电极，负极连接到 P2 电极。

（9）在没有电流的情况下测量 P1 电极和 P2 电极之间的电压（V_o），并待其稳定。

（10）为避免长时间通电导致电极极化，应通电后迅速完成相关测试工作，并关断电源。

（11）接通直流电源，几秒内快速测量并记录 P1 电极和 P2 电极间的电压（$V_{1\,on}$）以及施加的电流值（I_1），注意每个读数的极性。

（12）立即关断电流，测量 P1 电极与 P2 电极之间的断电电压（$V_{1\,off}$）。

（13）电源反接，重复步骤（10）至（12）。每个步骤对应读数为 $V_{2\,on}$、$V_{2\,off}$，和 I_2。

（14）通以不同的电流值，重复步骤（10）至（13）的操作。

（15）如果使用土壤电阻测试仪，则将步骤（9）至（14）的操作替换为步骤（8）和（9）。

12.5.4　方法 4——直流四极土壤盒

（1）选择具有代表性的土壤（水）样品，其体积至少是土壤盒体积的两倍，用塑料袋密封好。

（2）将土壤（水）样品完全填满土壤盒，并压实，避免留有空隙。清除大的石块，并记录相关信息。

（3）土壤盒四个接线端子与方法 1 相对应。两侧端部接线端子相当于 C1 和 C2，而两个内部接线端子对应于左边的 P1 电极和右边的 P2 电极（图 12.4）。

（4）用一根导线将 C2 端子和双刀双掷开关相连（图 12.4）。

(5) 将另一根导线连接到 C1 端子和电流表的一个端子上。电流表另一个接线端与双刀双掷开关的另一个接线端相连（图 12.4）。

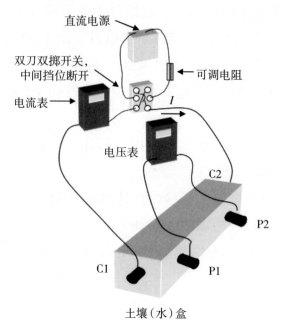

图 12.4　直流四极土壤盒测试

(6) 将直流电源端子连接到双刀双掷开关的中间端子，这样直流电源的正极将通过双刀双掷开关连接到 C1 接线端（图 12.4）。先不要通电。

(7) 将电压表正极连接到 P1 端，负极连接到 P2 端。

(8) 在未通电的情况下，测量 P1 电极和 P2 电极两端之间的电压（V_o），并待其稳定。

(9) 为避免长时间通电导致极化，应通电后迅速完成相关测试，并关断电源。

(10) 接通直流电源，几秒内快速测量并记录 P1 电极和 P2 电极两端间的电压（$V_{1\,on}$）以及施加的电流值（I_1），注意每个读数的极性。

(11) 立即关断电流，测量 P1 电极与 P2 电极之间的断电电压（$V_{1\,off}$）。

（12）电源反接，重复步骤（9）至（11）。每个步骤对应读数为 $V_{2\,on}$、$V_{2\,off}$ 和 I_2。

（13）通以不同的电流值重复步骤（9）至（12）的操作。

（14）依据步骤（10）至（12）的测试结果，电阻值计算如下：

$$R_1 = \frac{V_{1\,on} - V_{1\,off}}{I_1} \quad (12.2)$$

$$R_2 = \frac{V_{2\,on} - V_{2\,off}}{I_2} \quad (12.3)$$

式中，R_1 和 R_2 分别为电源正接和反接时测得的电阻值，Ω；$V_{1\,on}$ 和 $V_{2\,on}$ 分别为电源正向接通和反向接通时 P1 电极和 P2 电极间的电压值，V；$V_{1\,off}$ 和 $V_{2\,off}$ 分别为电源正向断开和反向断开时 P1 电极和 P2 电极间的电压值，V；I_1 和 I_2 分别为电源正接和反接时流过 C1 和 C2 的电流值，A。

（15）按照式（12.2）和式（12.3），计算不同电流下的电阻值。

（16）如果电阻值不相近，重复测试，直至得到相近的结果。

（17）计算电源正、反向情况下的电阻平均值：

$$R = \frac{R_1 + R_2}{2} \quad (12.4)$$

式中，R 为电阻平均值，Ω；R_1 和 R_2 分别为电源正接和反接时测得的电阻值，Ω。

土壤电阻率的计算见 12.6 节。

12.5.5 方法5——交流四极土壤盒

（1）选择具有代表性的土壤（水）样品，其体积至少是土壤盒体积的两倍，用塑料袋密封好。

（2）将土壤（水）样品完全填满土壤盒，并压实，避免留有空隙。清除大的石块，并记录相关信息。

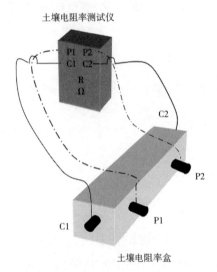

图12.5 交流四极土壤盒测试

(3) 土壤盒四个接线端子与方法2和方法3相对应。两侧端部的接线端子相当于C1和C2，而两个内侧接线端子对应于左边的P1电极和右边的P2电极（图12.5）。

(4) 用一根导线将土壤盒的C1端与土壤电阻率测试仪的C1端相连。

(5) 用一根导线将土壤盒的C2端与土壤电阻率测试仪的C2端相连。

(6) 用一根导线将土壤盒的P1端与土壤电阻率测试仪的P1端相连。

(7) 用一根导线将土壤盒的P2端与土壤电阻率测试仪的P2端相连。如果P1和P2接反了，测试仪将不能调零。

(8) 测试仪调零。如果不熟悉这个仪器，可参照以下步骤：

①将刻度盘和倍数刻度盘顺时针转至最高挡。

②当临时将开关置于低灵敏度设置时仪表指针会向右偏转。逆时针旋转倍数刻度盘直至指针指向左边，然后顺时针旋转倍数刻度盘，释放开关。

③将开关置于低灵敏度位置，旋转倍数刻度盘直到指针在零刻度位置，既不向左偏转，也不向右偏转。

④将开关置于高灵敏度位置，重复步骤③。

(9) 记录指针刻度和倍数，电阻即为这两个数值的乘积，见式（12.1）。

12.5.6　方法6——交流两极土壤盒

(1) 选择具有代表性的土壤（水）样品，其体积至少是土壤盒体积的两倍，用塑料袋密封好。

（2）将土壤（水）样品完全填满土壤盒，并压实，避免留有空隙。清除大的石块并记录相关信息。

（3）双电极土壤电阻率盒的端部是金属板。从土壤电阻率测试仪 C1 和 P1 引出的导线连接到同侧金属板上，从土壤电阻率测试仪 C2 和 P2 引出的导线连接到另一侧金属板上（图 12.6）。两根导线从测试仪的接线端子分别引出，而不是在测试仪的接线端子处短接。如果在仪器上 P1 与 C1 相连，同样地，P2 与 C2 相连，那么电阻测量结果将包含测试仪和土壤盒之间连接导线的电阻值。

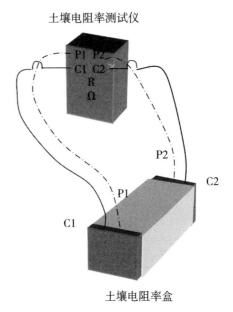

图 12.6　交流二极土壤盒测试

（4）按照 12.5.5 节（8）进行操作。

（5）记录指针读数和倍数，电阻即为这两个数值的乘积，见式（12.1）。

12.5.7　方法 7——电阻率探针

（1）通过旋转旋钮调整仪器，直至在耳机上可以听到零位声音（趋于零值时声音将减小，超过零值后声音又会增加）（图 12.7）。

（2）连接探针前，打开仪器并保持校准开关在已知值的情况下进行平衡调零，确认仪器已经校准，然后在第二个已知值上进一步复核。

（3）将探针插入土壤或水中。注意端部与探针之间是绝缘的，且端部和探针都必须与土壤保持良好的接触。

（4）调整旋转旋钮，直至听到零位声。

（5）直接从旋转旋钮指向的刻度上读取电阻率值。通常刻度值单

位为 $\Omega \cdot cm$。

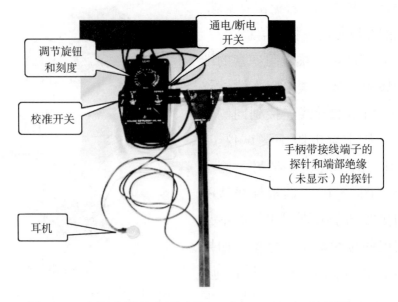

图 12.7　电阻率探针和测试仪（引自 NACE CP 培训课程）

12.6　数据分析

本节基于上述测试，给出电阻率的计算方法。有关土壤电阻率的进一步分析见参考文献[3-5]。

12.6.1　平均电阻率

12.6.1.1　方法 1——直流四极（等间距）

（1）利用 12.5.1 节步骤（10）至（12）的直流测试结果，采用式（12.2）和式（12.3）计算电阻值。

（2）按步骤（1）所述方式计算不同电流值下的测试值。

（3）如果电阻值不相似，重复试验，直至得到相似的结果。

（4）平均电阻值由式（12.4）确定。

（5）用式（12.5）计算电阻率，电极间距单位为厘米（cm）。

$$\rho = \frac{4\pi aR}{1 + \frac{2a}{\sqrt{a^2 + 4b^2}} - \frac{a}{\sqrt{a^2 + b^2}}} \quad (12.5)$$

式中,ρ 为电阻率,$\Omega \cdot cm$;a 为电极间距和平均测试深度,cm;b 为电极插入土中的深度,cm。

(6) 如果电极插入土壤深度 b 小于或等于电极间距 a[6,7] 的5%,则式(12.5)可简化为式(12.6)。

$$\rho = 2\pi aR \quad (12.6)$$

式中,ρ 为电阻率,$\Omega \cdot cm$;a 为电极间距和平均测试深度,cm;R 为式(12.4)计算所得电阻,Ω。

(7) 如果电极间距以英尺为单位,则式(12.6)就变为式(12.7)。

$$\rho = 191.5aR \quad (12.7)$$

式中,ρ 为电阻率,$\Omega \cdot cm$;a 为电极间距和平均测量深度,ft;R 为式(12.4)计算所得电阻,Ω。

(8) 算例。

假设:

$V_{1\,on} = 5.2V$,$V_{2\,on} = 4.9V$

$V_{1\,off} = 0.2V$,$V_{2\,off} = -0.2V$

$I_1 = I_2 = 0.25A$

$a = 1.5m = 150\ cm$

由式(12.2)得到:

$$R_1 = \frac{(5.2 - 0.2)V}{0.25A} = 20.0\Omega$$

由式(12.3)得到:

$$R_2 = \frac{[4.9 - (-0.2)]V}{0.25A} = 20.4\Omega$$

由式（12.4）得到：

$$R = \frac{(20.0 + 20.4)\Omega}{2} = 20.2\Omega$$

由式（12.6）得到：

$$\rho = 2\pi \times 150\text{cm} \times 20.2\Omega = 19038\Omega \cdot \text{cm}$$

12.6.1.2　方法2——交流四极测量

（1）使用式（12.5）计算电阻率，电极间距单位为厘米（cm）。

（2）如果电极插入土壤深度 b 小于或等于电极间距 a 的5%，则式（12.5）可简化为式（12.6）。

（3）如果电极间距以英尺为单位，则式（12.6）就变为式（12.7），计算结果单位仍为 $\Omega \cdot \text{cm}$。

（4）算例。

假设：

$$a = 1.5\text{m}(4.57\text{ft}) = 150\text{cm}$$
$$R = 18\Omega$$

由式（12.6）得到：

$$\rho = 2 \times 3.1416 \times 150\text{cm} \times 18\Omega = 16964\Omega \cdot \text{cm}$$

或由式（12.7）得到：

$$\rho = 191.5 \times 4.92\text{ft} \times 18\Omega = 16964\Omega \cdot \text{cm}$$

12.6.1.3　方法3——直流四极测量（非等间距）

（1）利用12.5.3节的步骤（11）至（13）的直流测试结果，采用式（12.2）和式（12.3）计算电阻值。

（2）按步骤（1）所述方式计算不同电流值下的电阻测试值。

（3）如果电阻值不相似，重复试验，直至得到相似的结果。

（4）平均电阻值由式（12.4）确定。

（5）如果电流极（C1和C2）的分布与电压极（P1和P2）的分布为不等距，电阻率采用式（12.8）计算。

12 土壤电阻率

$$\rho = \frac{\pi b R}{1 - \dfrac{b}{b+a}} \qquad (12.8)$$

式中，ρ 为电阻率，$\Omega \cdot cm$；a 为 P1 电极和 P2 电极的间距，cm；b 为 P1 电极和 C1 电极或 P2 电极和 C2 电极的间距，cm；R 为电阻，Ω。

12.6.1.4 方法 4——直流四极土壤盒

（1）利用式（12.2）和式（12.3）得到的电阻值，采用式（12.4）求电阻的平均值。

（2）电阻率采用式（2.9）计算：

$$\rho = \frac{RA}{L} \qquad (12.9)$$

式中，ρ 为电阻率，$\Omega \cdot cm$；A 为 P1 电极和 P2 电极之间土壤盒的横截面积，cm^2；L 为 P1 电极与 P2 电极的距离，cm；R 为式（12.4）计算所得电阻，Ω。

需要注意的是，如果制作的土壤盒的 $A=L$，实际上大多数土壤盒都是这样设计的，那么式（12.9）就变成式（12.10）：

$$\rho = R \qquad (12.10)$$

式中，ρ 为电阻率，$\Omega \cdot cm$；R 为由式（12.4）计算所得电阻，Ω。

这时，电阻率就等于电阻，但电阻率的单位是 $\Omega \cdot cm$，电阻的单位是 Ω。

（3）例如，假如 $R=2000\ \Omega$，则 $\rho=2000\ \Omega \cdot cm$。

12.6.1.5 方法 5 和方法 6——交流土壤盒（四极和两极）

（1）不论是四极还是两极交流土壤盒，土壤电阻率计算都采用式（12.9）计算。

需要注意的是，如果搭建的土壤盒的 $A=L$，那么式（12.9）就变成式（12.10），式中的 R 为 12.5.5 节和 12.5.6 节测量得到的电阻。

这时，电阻率就等于电阻，但电阻率的单位是 $\Omega \cdot cm$，电阻的单

位是 Ω。

(2) 例如，假如 $R = 2000\Omega$，则 $\rho = 2000\Omega \cdot cm$。

12.6.1.6 电阻率探针

(1) 刻度读数直接表示为电阻率，通常用 $\Omega \cdot cm$ 表示。

(2) 需要注意的是，电阻探针测得的土壤电阻率是"点"测量，即测量电极位置处的电阻率，其读数可能只提供电阻率的大概值，因为零点范围较宽，何时读数会因人而异。

12.6.2 土壤分层电阻率计算

(1) 预测土壤分层电阻率的方法之一是巴恩斯模型分析法。对土壤分层将用到并联电阻理论。人们认识到这种方法精度并不高，部分原因是测试过程中使用的平均电阻率法。

(2) 图 12.8 给出了三层土壤分层模型，下面将通过测量三个不同深度（a_1、a_2 和 a_3）的平均电阻率预测每一层的电阻率。

(3) 巴恩斯模型分析法假设土壤层是平行的，$A_{层号}$ 是每层的厚度。为了使这种方法有效，土壤电阻必须随着深度的增加而减小（不一定是电阻率，而是电阻），这是因为深度加大增加了更多的并联电阻。

式（12.11）为并联电阻计算公式：

$$R_t = \frac{1}{\frac{1}{R_1} + \frac{1}{R_2} + \frac{1}{R_3}} \tag{12.11}$$

式中，R_t 为总电阻，Ω；R_1、R_2 和 R_3 为并联支路的电阻，Ω。

如果只有两个并联电阻，且已知其中一个电阻和总电阻值，就可以使用式（12.12）计算出另一个未知电阻值：

$$R_2 = \frac{R_1 R_t}{R_1 - R_t} \tag{12.12}$$

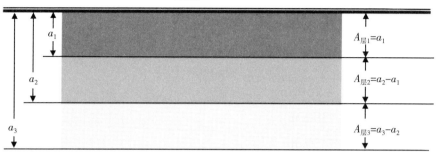

图 12.8 土壤电阻率层和巴恩斯分层计算

R—电阻，Ω；ρ—电阻率，$\Omega \cdot cm$

在这种情况下，R_t 是测量深度 a_2 的电阻值，R_1 是测量深度 a_1 的电阻值。因此，第 2 层（$R_{层2}$）的电阻采用式（12.13）计算：

$$R_{层2} = \frac{R_1 R_t}{R_1 - R_2} \quad (12.13)$$

式中，$R_{层2}$ 为第 2 层土壤电阻，Ω；R_1 为地表以下深度 a_1 的土壤电阻值，Ω；R_2 为地表以下深度 a_2 的土壤电阻值，Ω。

然后用式（12.7）计算各层土壤的电阻率，在式（12.14）中电阻率使用了新的符号表示：

$$\rho_{层2} = 2\pi A_{层2} R_{层2} \quad (12.14)$$

式中，$\rho_{层2}$ 为 $A_{层2}$ 土壤电阻率；$A_{层2}$ 为第 2 层土壤深度（图 12.8），cm；$R_{层2}$ 为先前计算的第 2 层土壤电阻值，Ω。

（4）算例。

假设：

$R_1 = 18\Omega$，$a_1 = 150\text{cm}$

$R_2 = 7\Omega$，$a_2 = 300\text{cm}$

$R_3 = 4\Omega$，$a_3 = 450\text{cm}$

（$R_{层1} = R_1 = 18\Omega$）

①第 1 层土壤。

第 1 层土壤与 a_1 的间距（深度）相同，因此由式（12.5）或式（12.7）得到：

$$\rho_1 = 2 \times 3.141593 \times 150\text{cm} \times 18\Omega = 16964\Omega \cdot \text{cm}$$

$$\rho_{层1} = \rho_1 = 16964\Omega \cdot \text{cm}$$

②第 2 层土壤。

式（12.12）得到：

$$R_{层2} = \frac{18 \times 7}{18 - 7} = 11.45\Omega$$

$$A_{层2} = 300\text{cm} - 150\text{cm} = 150\text{cm}$$

由式（12.9）得到：

$$\rho_{层2} = 2 \times 3.141593 \times 150\text{cm} \times 11.45\Omega = 10791\Omega \cdot \text{cm}$$

③第 3 层土壤。

以计算 $\rho_{层2}$ 的方式来计算第 3 层土壤电阻率。式（12.12）经修正得到式（12.14）：

$$R_{层3} = \frac{R_2 R_3}{R_2 - R_3} = \frac{7 \times 4}{(7-4)} = 9.33\Omega \tag{12.15}$$

$$A_{层3} = 450\text{cm} - 300\text{cm} = 150\text{cm}$$

式(12.9)经修正得到第3层土壤的电阻率计算公式:

$$\rho_{层3} = 2\pi A_{层3} R_{层3} \qquad (12.16)$$

$$\rho_{层3} = 2 \times 3.141593 \times 150\text{cm} \times 9.33\Omega = 8793\Omega \cdot \text{cm}$$

参 考 文 献

[1] F. Wenner, "A Method of Measuring Earth Resistivity," Bureau of Standards, Bulletin 12, 3 (1916): pp. 469-482.

[2] L. S. Palmer, "Examples of Geoelectrical Surveys," AIEE, paper no. 2791M (Bureau of Standards, 1958), pp. 231-244.

[3] A. W. Peabody, *Control of Pipeline Corrosion*, 2nd ed., R. L. Bianchetti, ed. (Houston, TX: NACE, 2001), pp. 85-90, 106.

[4] M. E. Parker, E. G. Peattie, *Pipeline Corrosion and Cathodic Protection* (Houston, London, Paris, Tokyo: Gulf Publishing Company, Book Division, 1984), pp. 1-15.

[5] W. von Baeckmann, W. Schwenk, W. Prinz, *Cathodic Corrosion Protection*, 3rd ed. (Houston, TX: Gulf Publishing Company, 1997), pp. 114-118.

[6] IEEE Standard 80, "Guide for Safety in AC Substation Grounding" (New York: IEEE Standards Board, 2001).

[7] ASTM G57-06, "Standard Test Method for Field Measurement of Soil Resistivity Using the Wenner Four-Electrode Method" (West Conshohocken, PA: ASTM International, n. d.).

13 油井套管

13.1 概述

本章主要介绍通过阴极保护参数测量来确定井套管阴极保护所需保护电流的相关程序。

NACE SP 0186—2007[1]介绍了预测腐蚀发生概率及腐蚀速率的一般流程，可概括为以下几步：

（1）分析井下环境资料，包括电阻率测井曲线、地层结构、钻井液和固井水泥。

（2）任选一根拖出的套管进行检测[2]。

（3）查阅压力试验结果。

（4）查阅井壁厚度测量结果[2]。

（5）分析目标井或该区域内其他井的历史腐蚀记录[3]。

（6）查阅井套管的电位分布图。

（7）查阅油/气/水井的维护记录。

（8）连续加密测量井套管的壁厚测量。

13.1.1 金属损失检测设备

井套管腐蚀检测设备可分为机械式、电磁式和超声波设备三种类型[4]。

机械式卡钳主要用于测量套管内壁的腐蚀状况。测量时，卡钳臂端部的钳脚在遇到内部腐蚀缺陷时，会随腐蚀缺陷扩展，而遇到套管凹陷或弯曲变形时会回缩。卡钳的检测信息会通过电信号传送至地面，并由车载式的专用设备进行解析。

电磁式检测器包括两种类型：(1)高分辨率漏磁检测和涡流检测器；(2)电磁测厚卡尺和材料特性检测的组合检测器。

检测时，利用检测器中的电磁铁（或永磁铁）来磁化套管，在检测器沿套管移动过程中，若套管没有缺陷，检测器检测到的磁通量是稳定的；若套管的壁厚或材料属性有变化，如出现夹层，磁力线就会发生扭曲。扭曲的磁力线或漏磁通会在感应线圈中感应出电流，感应电流的大小与管壁上缺陷的深度相关。对于套管壁厚均匀减薄的情况，检测器只能检测到缺陷前后边界处的信号，因为缺陷边界以内区域形成的漏磁通非常小。严格来讲，漏磁检测仪并不能分辨出缺陷位于套管的内壁还是外壁。

然而，如果通过检测器来施加一种高频交变电流，就能够在套管内表面感生出环形电流，感应线圈可探测到这个高频磁场，当套管内壁表面有裂纹或金属损失时，就会阻止环形电流的形成，环形电流的变形可表征套管内壁表面质量和内表面缺陷的大致深度。通过对比电漏磁信号确定的缺陷和涡流信号确定的缺陷，就可以通过排除法来确定外壁缺陷。

超声波检测器是在检测装置的环向布置超声波换能器，用于激励和接收超声波信号。回波信号用于分析套管的壁厚、内径、套管表面粗糙度及缺陷。另外，还可以判断固井水泥的状况。

由于每种检测设备都有一定的局限性，需要根据所要检测的缺陷类型来选择多种检测设备。尽管都存在局限，但都可以较为准确地评估套管的金属损失情况，只是这些设备只能在发生腐蚀以后用来探测腐蚀损伤。

13.1.2 阴极保护测量方法

确定套管阴极保护电流需求量的方法实质上有两种：(1)套管的极化曲线（E—$\lg I$）测量；(2)套管电位剖面测量。第一种方法是将套管作为极化电极，通过施加电流的极化状态来预测；第二种方法是通过沿套管轴向测量电位来判断套管是否吸收了足够的电流。除此之外，还可以通过构建套管的阴极保护数值计算模型来估算套管的阴极保护电流需求量。

13.1.2.1 E—$\lg I$ 测试

E—$\lg I$ 测试是一种确定套管对地（电解质）电位（E）与阴极保护电流对数（$\lg I$）对应关系的方法。测量套管对地电位时，须将参比电极置于远地点。一般采用的是铜/饱和硫酸铜参比电极（CSE），而远地点指的是地电位梯度接近零的位置。典型的 E-$\lg I$ 曲线如图 13.1 所示，图中 E-$\lg I$ 曲线直线段延长线的交点Ⅰ，即为极化的起点。图中曲线与上部直线交点（点Ⅱ）以上部分的曲线为析氢过电位线，这部分曲线符合塔菲尔方程。

最初，图 13.1 中两条直线的交点对应的电流值被认为是保护套管所需的阴极保护电流量。采用这种方式确定阴极保护电流需求量时，

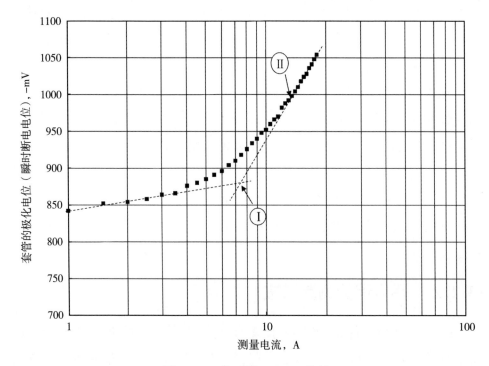

图 13.1 典型的 E—$\lg I$ 曲线

结果取决于两条直线的相对斜率,不仅离散而且得出的电流需求往往太低,不能满足套管的阴极保护需求。Blount 和 Bolmer[5]通过实验室实验和现场试验确认:图 13.1 中塔菲尔斜线向上的部分与曲线的交点(即点Ⅱ)就是控制腐蚀的目标点,且证实了这个结论具有一致性。这个点如今用于建立套管阴极保护的准则,在该指标下,套管远端的极化电位也满足准则要求。

E—$\lg I$ 测试的优点是可以直接在生产套管上进行测量,但要求套管与其他装置绝缘,或至少能够在井口位置上,以及在连接套管的所有导线、仪表管和导管上分别安装钳形电流表测量到从套管上回流的那部分电流。

该方法也有缺点:一是不能反映出套管较深部位的阴极保护状况;二是对测量数据存在错误解析的风险,因为测得的曲线往往并不平滑,主要是不同时段、套管的不同部位,极化水平会存在差异。

13.1.2.2 套管电位剖面测试

套管电位剖面测试测量的是套管给定深度位置上的电流量。在施加阴极保护电流之前,利用该方法可以判断电流流出点或阳极区(即正在腐蚀)的位置。图 13.2(a)和图 13.2(b)所示的都是电流流出的情况。当施加阴极保护电流后,套管表面会不断吸收电流并累积流向地表,如图 13.2(c)所示。部分套管表面既没有电流流入也没

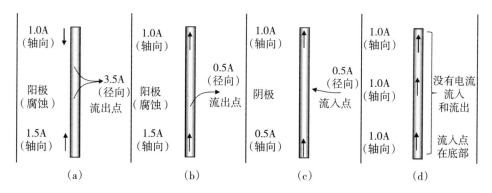

图 13.2 套管上电流流入和流出示意图

有电流流出的情况如图 13.2（d）所示。图 13.2（a）和图 13.2（b）也可以用来表示阴极保护不足的情况，同时图 13.2（d）表示阴极保护电流分布不均或阴极保护水平有差异的情况。

测量时，要确保套管与地面其他结构物和维修平台绝缘；否则，就需要用钳形电流表在井口位置测量回流到套管顶端的电流。

最早测量套管电位剖面是利用一种有缆测量装置，由一根钢丝绳和带双排触点的测量仪组成。测量仪的触点间距为 3~7.6m，触点通过电缆与地表的电压表相连。当测量仪停在套管内指定的测量点时，电压表会测量两个触点间的电位差，最小分辨率为 $1\mu V$。一般两个测量点的间距为 7.6~15.2m。这种测量仪需要在非导电性流体介质中行进，这意味着必须设置一个堵头，并使井液循环，测量完成后回收堵头。另外，测量时还必须保证触点与套管壁接触良好。

下一代的测量仪是一种阴极保护评估专用设备（CPET, Cathodic Protection Evaluation Tool），该装置由 4 组电极组成，每组有 3 个带液压传动的电极。每组电极之间的间距为 0.6m，如图 13.3 所示。这些电极与井孔是电绝缘的，在导电和非导电流体介质中都能使用。该测量仪可以测量不同排触点间的管道电阻，相邻间距为 0.6m 的两个电极之间的电压差（V_2），以及最外侧间距为 1.8m 的两个电极之间的电压差（V_6）。

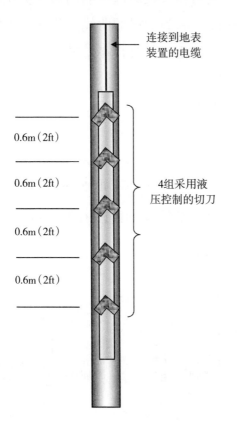

图 13.3 典型的电位剖面测量示意图

确定管道（套管）电阻及其轴向、径向电流方法如下：

（1）管道（套管）电阻测定方法。采用传统的四极法来测量电阻（操作方法与常用的电阻率测量仪器相同）。测量仪器通过最外侧的两个触点向套管施加大小已知的电流 I_{test}，再测量内侧间距为 2ft 的两个触点间的电压 V_2，根据欧姆定律即可计算出长度为 0.6m（2ft，两个触点间距）的套管电阻 R_2。

$$R_2 = \frac{V_2}{I_{test}} \tag{13.1}$$

（2）套管轴向电流确定方法。利用在每个测量点上测得的套管电阻值 R_2，根据欧姆定律可计算出套管上的轴向电流（$I_2 = V_2/R_2$）。采用相同的测量和计算方法可得到与仪器上其他触点的轴向电流，并取其平均值。通常会得到 0.6m 管段和 1.8m 管段长度上的轴向电流（$I_2 = V_2/R_2$，$I_6 = V_6/R_6$）。知道了每个测量点上的电流值和方向，连续测量点之间的差值即为径向电流。

如图 13.2 所示，套管上电流的方向向上时，表明电流流入套管；电流方向向下时，表明电流流出套管。因此，在每个测量点上必须识别出电流的方向。施加阴极保护后，在任意给定点上测量到的电流值等于该测量点以下那部分套管上所有的电流流入量减去电流流出量。此外，电流的方向应该指向套管的顶端且不断增大，因为阴极保护电流需要沿套管回流到电源的负极。由此，在成功施加阴极保护后，套管底部至顶端的轴向电流变化曲线应该是呈连续递增的趋势，这表明阴极保护电流是持续流入套管的。

虽然上述测量方法可能是目前确定套管阴极保护电流需求量的最好手段，但在实际工程中并不常用。主要的制约因素是实施测量直接成本和间接成本较高，其中包括：

（1）实施测量时，需要井停产，并拆除油管，而申请停产的次数本身有限制。除非有停产维修的需求，一般不太可能为测量而停产。

（2）根据井孔内流体介质属性和压力，在运行测试工具之前，很多井必须被封堵。

（3）套管内壁往往有大量的沉积物，虽然 CPET 测量仪器的切刀能够切除一些，套管内壁上的大部分污垢或沉积物需要在运行测试工具之前清除。

（4）目前在世界范围内，CPET 测量仪器的数量并不多。协调好井方和仪器方的时间非常重要，确保停井和测量能在同一时间段内完成。

（5）如果测试是为了核实阴极保护电流需求量，则需要在井下测量之前建成一套完备的阴极保护系统（包括整流器或其他合适的阴极保护电源，各种连接电缆等），并能够正常运行。出于安全考虑，在油管拉出的同时需要关闭阴极保护电源使其去极化。

（6）阴极保护电流初始的设定值应接近测量所确定阴极保护电流需求量，因为阴极极化需要时间，而且初期试验期间电流的不断增大也并不代表最终结果。

（7）即使在同一个生产区，完井作业也可能是不一样的，因此往往需要进行多轮的测试来确定适用所有套管的准则。

13.1.3　井套管阴极保护电流总需求量数学计算模型

关于确定井套管阴极保护总需求量的数学模型[1-7]可概括为以下几种：

（1）电流密度模型。

（2）电位衰减方程。

（3）改进的电位衰减方程。

（4）基于地层电阻率、非线性极化特性及井套管基本信息建立的计算机等效电路模型。

采用电流密度模型来确定井套管的阴极保护电流总需求量时，需要用到一些相同工况条件下井套管阴极保护电流密度的经验值。井深和完井方式不同时，例如，采用水泥固井的套管数量和固井水泥质量不同时,可能导致井套管的阴极保护电流总需求量出现较大偏差。建议可在一些地理条件已知的典型井套管上开展验证试验。

电位衰减模型是基于埋地管道电位分布模型修正而来,最初用于根据地表上井套管的对地电位来预测给定深度上的电位(详见 13.6.3 节),后来由 Dabkowski[9]进行细化,并由 Smith 等[10]通过计算机将其程序化。

13.1.4 井套管与阳极的间距

对于同一根井套管,当阴极保护系统的阳极与套管的间距不同时,阴极保护电流的需求量也不同。图 13.4 是基于 Blount 和 Bolmer[5]的研究数据绘制的曲线,从图中可以看出,如果阳极离套管太近,保护电流需求量会增加。阳极与套管的间距有一个最优值,当超过这个最优的间距时,进一步增加间距没有意义。Hamberg 等[12]在对近海井套管的研究中也证实了这一点。

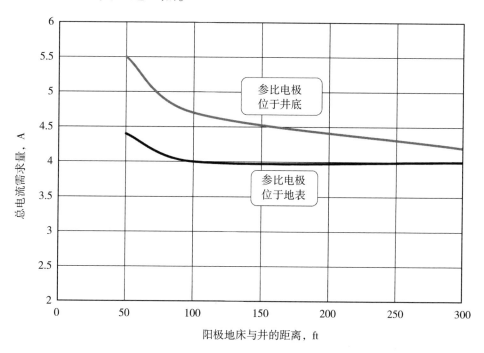

图 13.4 保护电流需求量与阳极—套管间距的关系图[18]

通过对比近阳极和远阳极时的电流分布图也可证实这一点。图13.5是采用阴极保护评价工具（CPET）测得的位于同一区域的两根相似井套管上电流分布图，其中套管A的深度为2600m；套管B的深度为2475m，套管A的阳极距套管35m，套管B的阳极距套管300m[13,18]。对于阳极较近的套管A，由于过多的电流被施加到了靠近地表的套管部位，由此可以解释电流需求量增加的原因。

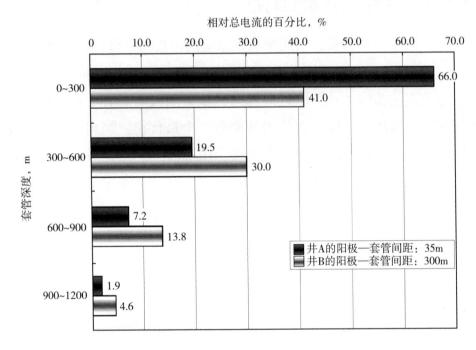

图13.5　套管电流分布与阳极和套管间距的关系[18]

Blount 和 Bolmer[5]发现对于深度达到1220m（4000ft）的井套管，阳极与套管的水平间距至少应达到30m。对于更深的井套管，这个间距还应进一步增加，并且所有套管均应如此。不管是进行 E—$\lg I$ 曲线测量还是电位剖面测量，安装临时阳极地床的位置应与即将安装的永久阳极地床的位置相近。

13.1.5　带涂层套管

用于井套管的防腐涂层必须保证有足够的耐划伤性能，可承受安装期间的严苛条件。尽管套管的防腐涂层难免会出现严重划伤,但 Orton 等[14]研究表明,即便接头裸露且损伤未修复,涂层也可以将套管的阴极保护电流的需求量降低到裸管的 10%以下。其他的好处就是在减少阴极保护电流量的同时,也减轻了对附近结构物及其他井套管造成的杂散电流干扰。

13.1.6 直流杂散电流干扰

杂散电流指在非指定路径上流动的电流,因此杂散电流干扰可定义为任何由杂散电流引起的对金属结构的电扰动现象。对于杂散电流流入的区域,其作用效果类似阴极保护,通常不必关注。然而,真正需要关注的是杂散电流回流至干扰源的方式。如果杂散电流从套管某个位置流出并进入土壤,该位置则成为阳极区,会加速腐蚀。

杂散电流如果从地表流入套管,则必然会从套管的井下部分流出并回流至干扰源;反之,当杂散电流从井口附近的装置或套管地表部分流出时,则杂散电流一定从套管的井下部分流入。这两种情况下(图 13.6)套管上都有一个电流流出点,因此应该给予关注。

当直流干扰源工作时,可以通过测量套管对地电位的正向偏移情况来判断杂散电流的流出点。因此通过井口位置放置参比电极测试管

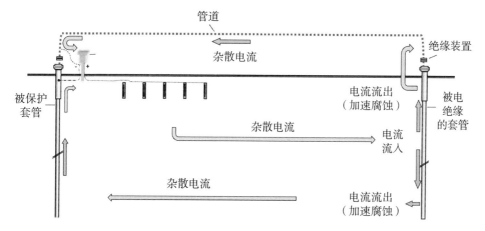

图 13.6 套管上杂散电流的流动路径示意图

对地电位的正向偏移可以探测到近地表的杂散电流流出。当杂散电流流入点在近地表位置时，也可以通过测量管对地电位的负向偏移情况来确定。对于套管与井口装置之间安装了绝缘接头的情况，杂散电流的流出点将会在井下较深的部位，此时就需要借助电位剖面测量仪器的测量记录来确定。

来自管道阴极保护系统的杂散电流也会从套管上流入和流出，从而对井套管造成杂散电流干扰。

直流杂散电流干扰可能是稳态的，如来自阴极保护系统[15-17]或高压直流输电线的接地极。直流杂散电流干扰也可能是动态的，如直流牵引系统、焊接、直流矿山设备或天然的杂散电流源地电流。[18]

直流干扰可采取下面一种或几种措施进行控制：

（1）提供一条金属导线为杂散电流提供回流路径。

（2）移走产生干扰的阳极地床或接地极。

（3）调整外部系统的电流分布。

（4）安装及（或）调整井套管的阴极保护系统来对抗杂散电流的干扰。

（5）安装常规的阴极保护系统[18]。

（6）使井口附近的电位分布均匀。

井套管的阴极保护系统也会对地表的装置或管道造成干扰。此时，通常会另外为整流器设置一条负回路来控制杂散电流的干扰并保护地面的装置或管道。

给套管涂覆涂层（13.1.5节）可以降低阴极保护电流的需求量，从而减轻杂散电流对附近套管的干扰影响。

如果从井下抽取的介质中含有大量盐水或低电阻率的电解质，套管还会存在内壁腐蚀的风险。当杂散电流绕过绝缘接头通过盐水作为通路时，就会发生这种情况。在这种情况下，腐蚀只发生在内表面电流流出的那一侧（详见第8章）。如果图13.6中右侧套管的电流通过内部介质这条路径绕过绝缘接头，绝缘接头的内壁就会发生腐蚀。

13.1.7　井套管绝缘

井套管与地面装置绝缘的目的有两个：
（1）消除套管与地面装置之前形成的宏观腐蚀电池。
（2）控制套管和地面装置的阴极保护电流分布。

此外，安装了绝缘装置的套管，可以直接从强制电流系统的连接电缆上测量流入套管的阴极保护电流。如果没有安装绝缘装置，则必须采取相应的措施来测量通过套管回流的阴极保护电流量，如采用钳形电流表在井口位置测量套管上的电流，以确认其满足阴极保护电流准则。

从阴极保护的角度来考虑，安装绝缘装置最理想的位置是井口，但一些运行人员会将绝缘装置安装在离井口较远的位置，主要是为了遵循消防流程的要求，并确保一旦发生火灾，绝缘材料不被熔化。所有的管路及管道支撑如果有旁通绕过绝缘装置，都必须与套管绝缘。

13.1.8　调试和监测

阴极保护系统必须持续有效地运行。一般需要常年监测直流供电系统的工作情况，确保为所有的回路提供所需的电流，同时每年还要进行详细的检查。NACE SP0186[1]给出了阴极保护系统运行和记录的具体内容。

直流电源的检查应由经过专业培训并取得在电气设备上工作资质的人员来进行（详见第1章）。

年度检查包括如下工作内容：
（1）全面检查直流电源系统。
（2）测量井—电解质电位。
（3）测量地面装置—电解质电位。
（4）如果安装了井口绝缘装置，应对其绝缘性能进行测试。
（5）如果没有安装绝缘装置，应在井口位置采用钳形电流表测量从套管回流的电流量。

（6）检查直流干扰控制系统的运行情况，确保其正常运行。

（7）开展阴极保护系统装置专项测试。

在有效的腐蚀控制程序中，腐蚀控制记录是最为重要的资料，可用于评估腐蚀控制程序是否需要强化，确认腐蚀控制系统设备运行正常。同时，也是作为后期测试和检修的基本依据。

13.2 工具和设备

13.2.1 电位剖面测量设备

电位剖面测量设备通常由专业的检测服务公司提供。

（1）绝缘装置测试仪。

（2）土壤电阻率测试仪（含测量引线，4个电极）。

（3）万用表：具备测量交流电压、直流电压和电阻功能。

（4）硫酸铜参比电极。

（5）300m长的18#（AWG）绝缘导线和绕线轮。

（6）用于测试管中电流的钳形电流表或电流环（仅适用于无绝缘装置的套管）。

（7）直流电源。

（8）接地极或阳极地床。

（9）阳极电缆和阴极电缆。

（10）用于设备组装和安装的手动工具箱。

13.2.2 $E—\lg I$ 曲线测量设备

（1）直流电压表：量程为 0.001~40V，带测量端子和绝缘表笔。

（2）硫酸铜参比电极。

（3）300m长的18#（AWG）绝缘导线和绕线轮。

（4）绝缘装置测试仪。

（5）土壤电阻率测试仪（含测量引线，四个电极）。

（6）万用表：具备测量交流电压、直流电压和电阻功能。

（7）两台带存储功能的数据记录仪：量程为 0.001~40V。

（8）用于测试管中电流的钳形电流表或电流环（用于无绝缘装置的套管）。

（9）带细调的可控硅整流器的直流电源（要求额定电流至少应为电流需求量的 2 倍。）

（10）交流发电机（用于无交流电源的场合）。

（11）通电/断电周期比较大的电流中断器。

（12）接地极。

（13）阳极电缆和阴极电缆。

（14）用于设备组装和安装的手动工具箱。

13.3 安全设备

（1）符合公司安全手册和规范要求的安全装备和防护服。

（2）绝缘夹、带绝缘手柄的表笔和临时供电用电缆。

（3）操作直流电源及其供电系统的人员须接受专业培训，并持有符合当地法规和管理条例认证要求的证书。

13.4 注意事项

在井周围开展工作的人员除必须遵守的安全规程之外，还必须遵守以下要求：

（1）将易产生电火花的电器设备放置在井口的电气危险区之外。

（2）如果需要使用便携式发电机，应将其放置在电气危险区之外，且保证其燃料充足，避免在测试过程中补充燃料。

（3）检查交流供电电缆及其接头，确保其安全可靠，且接线端子未暴露在外。

(4) 如果需要使用临时整流器,应将其外壳接地。

(5) 测量临时整流器的交流对地电压。

(6) 接线前应确认整流器及其电源处于关闭状态。

(7) 不要将连接参比电极的长导线沿高压交流输电电缆布置或置于其他的管道上。

(8) 不要在雷雨天气或有雷暴危险的区域作业。

13.5 测试程序

13.5.1 E—$\lg I$ 曲线测量

通常,安培表和带毫伏计的分流器可以交换使用,但在测量 E—$\lg I$ 曲线时,分流器更为实用,因为分流器的内阻不会因为量程的变化而变化。

测试期间,以小增量施加电流,然后手动将双向开关扳至电压表挡,并在高阻抗电压表上记录瞬间断电电位(图 13.7)。随后将双向开关扳回到电源一侧,恢复供电。增大电流的方法可以是增大电源输出,也可以是调整可变电阻器的阻值,或这两种方法联合使用(或采用每 2V 一个抽头的电池组)。重复上述测试流程,连续测量,绘制出的瞬时断电电位 E_{off}—$\lg I$ 的曲线要远远超出图 13.1 中所示的曲线拐点

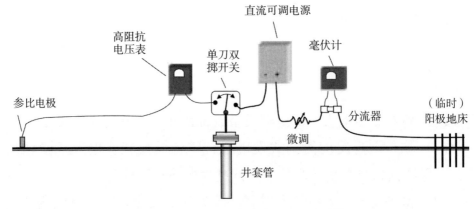

图 13.7　E—$\lg I$ 曲线测量原理图[18]

（即图 13.1 中的 II 点）。

文献[5,20]中介绍了基于大量的实验室实验和现场试验得出的 E—$\lg I$ 曲线测量最优做法，对比分析了不同电流增量下，极化达到稳定所需要的时间。结论是测量过程中电流的增量和时间间隔应保持稳定，且时间间隔应足够长，保证在下次调整电流前，套管能得到充分的极化。虽然电流增量和时间间隔往往与套管金属的特性相关，但 0.5A 的电流增量和 10min 的时间间隔具有普遍的适用性[18]。按照上述案例中的做法，完成一次从 0A 到 24A 的测量加上仪器的安装和拆除时间将需要 8h。在一些极化较快的特定环境下，可将时间间隔缩短为 5min，但如果时间间隔过小，会引起电流需求量异常增大，因为极化可能是上一个时间间隔的电流作用的，最终导致测得的 E—$\lg I$ 曲线不准确。

在采用人工手动测量 E—$\lg I$ 曲线时，还会存在一些其他的问题，包括为读取极化电位而导致的长断电周期；在阳极地床周围土壤变干的情况下，如何保证每个时间间隔内的电流稳定；在长时间测试的过程中，测量人员可能会错误地读取电位数据以及操作人员存在注意力不集中的时段。如果采用图 13.8 所示的自动测量方式，会获得很好的结果。测量设备可自动设置并保持电流增量不变，在断电周期内连续采集套管对电解质电位数据，通过绘制电位曲线，可明显地判断出断电瞬间的"冲击峰"，从而选择合适的时刻来读取断电电位。此外，还可以采用可控硅整流器（SCR）来控制电流的增量，保证在每个时间间隔内的电流增量是一致的。

过早结束测试是有风险的，因为随着测试过程的推进，套管上不同部位的极化水平存在差异，会出现短时的电位异常，而这种异常点可能会被误认为是所想得到的 E—$\lg I$ 曲线的拐点。因此，为避免出现上述情况，务必保证在测试过程中电位 E—电流 I 的曲线呈线性关系，并判断其后续的数据点已逐渐偏离线性关系，这表明极化正在进行中。

初始阶段的一些数据点往往可以忽略，因为一般认为此时处在活

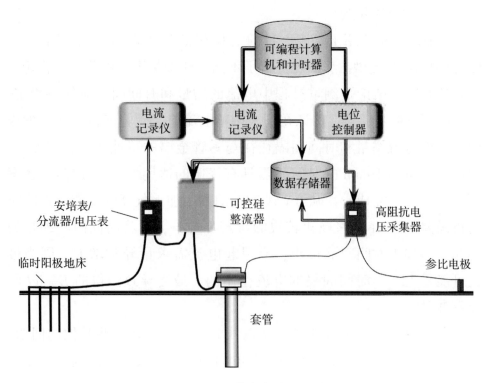

图 13.8 E—$\lg I$ 曲线自动测量原理图

化极化阶段，而真正应该关注的是浓差极化阶段。图 13.9 是后面要分析的图 13.11 中数据的线性图，图中左侧的直线对应的是活化极化阶段。根据 E—$\lg I$ 曲线确定的拐点值（按照图 13.11 中的 E—$\lg I$ 曲线"拐点"确定的阴极保护电流需求量是 13.5A），超出了线性图所确定的值（按图 13.9 中的线性关系曲线确定的套管阴极保护电流需求量是 12A），该值可作为该套管阴极保护的准则。

与 CPP 测试确定的电流需求相比，该方法后续的 E—$\lg I$ 分析效果较好，条件是在线形图上直线结束后选择拐点。如果不采用线性图表来分析 E—$\lg I$ 曲线，分析结果往往会出错[1,13]。

下面给出了 E—$\lg I$ 曲线的测量流程，前提是在井套管充分去极化后才能进行测试。

（1）确认井套管与地表结构电绝缘。

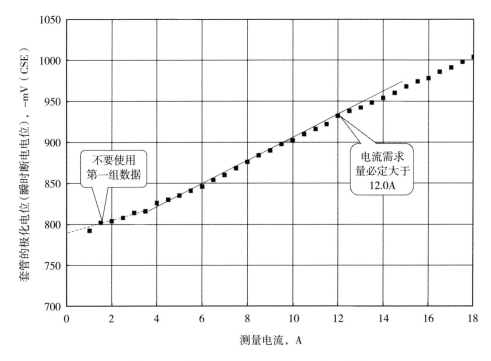

图 13.9 线性图表中绘制的 $E—\lg I$ 曲线

（2）测量井套管的自然电位，确认其没有被极化。如果发现已经被极化，则应推迟测量，直至查明极化的原因。

（3）如果井套管与地表的结构没有绝缘，则应采用钳形电流表测量流过油井套管的电流。如果不可行，则必须对井套管采取绝缘措施。

（4）按照图 13.7 或图 13.8 中所示的方式安装测量设备。

（5）测量临时阳极地床的接地电阻，并根据直流电源的额定输出电压计算最终可提供的电流量。

（6）必要时加大临时阳极地床的规模，确保当前的装置能够提供测试所需要的最大电流。

（7）测量套管的自然电位（静态、无腐蚀）。

（8）开启直流电源，设置第一个电流增量（如 0.5A）。

（9）当达到设定的时间间隔（如 10min）时，中断电流，记录井套管的瞬时断电电位。

(10) 恢复供电后立即增大电流到下一个增量（1.0A、1.5A等）并重复步骤（9）的测量过程。

(11) 在直角坐标系中画出电位相对电流的曲线。

(12) 在忽略测试初始阶段的一些数据点后，绘制出一条最佳拟合直线，继续测量直到永久偏离线性关系（图13.9中电流为12A的点）。要注意图13.9中先偏离后回归到线性关系的情况。

(13) 将同一组测量数据画在半对数图表中，其中电位采用线性坐标轴，电流采用对数坐标轴。

(14) 继续测量直到 $E-\lg I$ 曲线上的直线超过步骤(11)中确定的拐点。

(15) 直线与 $E-\lg I$ 曲线切线的交点对应的电流值就是套管阴极保护电流需求量指标（图13.1或图13.11中的B点）。

(16) 必须同时达到步骤(11)和(14)中的要求，才能结束测量。

(17) 如果由于某种原因导致断电时间过长，则要将电流值保持在上一次断电时的电流值，直至极化电位恢复到原来的值，然后才能继续调节电流进行测试。

(18) 测试完成后，关闭电源后仍要继续记录电位随时间的变化情况，以观察井套管的去极化情况。

13.5.2 井套管电位剖面（CPP）测量

(1) 除非要预测井套管的腐蚀区域，否则，在进行CPP测量之前，要先进行井套管极化，这就需要在井套管上安装永久的阴极保护系统。

(2) CPP测量服务商通常会有一套完整的测试流程。

(3) 在进行CPP测量之前，要求井套管已充分极化。一般采用远阳极地床为井套管提供恒定的阴极保护电流。

(4) 正式开始测量前，在远离阳极地床另一侧放置一支铜/饱和硫酸铜参比电极，且要距离管道足够远。

(5) 在测量过程中要持续观察测量数据情况。

（6）如果 CPP 测量结果出现图 13.10 中第一轮测量的情况，可能是井套管没有充分极化，须增大电流。

（7）理想的情况类似于图 13.10 中的第二轮测量结果，但如果达不到，则可能需要增大电流，并立即在局部重新进行测量。

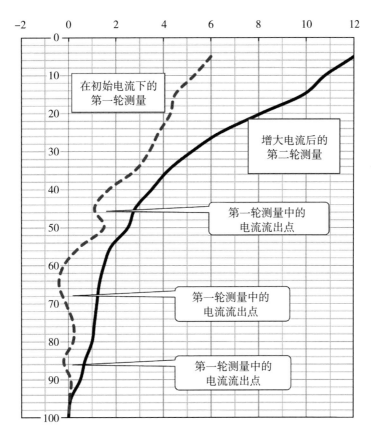

图 13.10　电位剖面测量示例

13.6　数据分析

13.6.1　E—$\lg I$ 曲线图分析

（1）见 13.5.1 节的讨论。

（2）测试期间进行首次的结果分析，需要进行重复分析和并确认。

（3）在线性坐标系中绘制出极化电位（瞬间断电电位）相对测量电流的曲线图。

（4）忽略初始阶段的一些数据点，绘制最佳拟合直线，如图13.9所示。

（5）注意直线永久偏离曲线的点（图13.9中电流为12A的点）。

（6）在半对数图表绘制出同一组测量数据的曲线，其中电位采用线性坐标形式，电流采用对数坐标形式。

（7）选取步骤（4）中确定的数据点之后的那个点，即图13.11中$E—\lg I$曲线中直线的起始点（示例中对应13A电流值的点）所对应的电流值作为井套管阴极保护电流需求量指标。

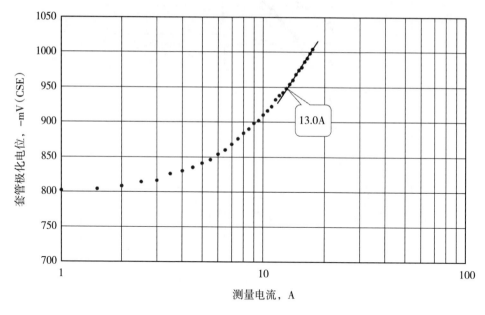

图13.11　$E—\lg I$曲线测量实例

13.6.2　套管电位剖面分析

在未实施阴极保护的情况下，通过观察井套管上的电流流出点可确定正在腐蚀的部位，并假设该位置之前都处于这种状态。

被简化和放大后的套管轴向电流随深度变化的曲线如图 13.12 所示，图中电流流出的位置就是阳极区，即正在发生腐蚀的位置。正斜率（即曲线向右侧递增）表示电流流入，负斜率表示电流流出。

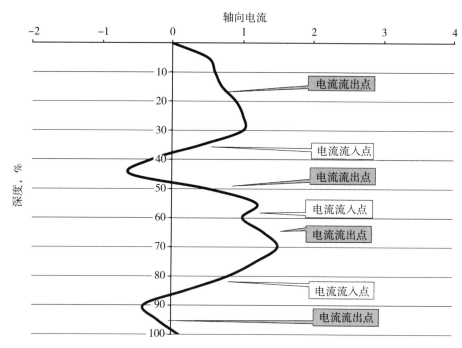

图 13.12　无阴极保护的套管轴向电流剖面测量曲线图

也可以根据该点上下套管轴向电流的差异，计算出径向电流，利用 13.6.2 节数据，图 13.13 给出了径向电流的计算，可以更好地反映出电流的流入和流出情况。

在实施阴极保护之后，CPP 测量的目的是确认从套管的底部至顶端的轴向电流是持续增加的。实施两种大小不同的阴极保护电流后的测量结果如图 13.10 所示。从图 13.10 中的曲线可以看出，第一轮测量结果显示实施阴极保护后并没有完全消除阳极区。在增大阴极保护电流后，就消除了所有的阳极区，图 13.10 中第二轮测试的结果显示套管的轴向电流由底部到顶端是持续增加的。

图 13.10 中第一轮测量的结果显示出了所有的电流流入部位，但

图中曲线有3处向右下侧倾斜，表示电流流出，第一处大概在47%深度的位置，第二处大概在76%深度的位置，第三处大概在88%深度的位置。

注意：电位剖面测量曲线不一定要穿过Y轴的零点才是电流流出点。

图13.10中第二轮测量得到的总电流值将作为井套管阴极保护电流需求量指标，需要注意的是，如果测量时仪器与井套管接触不良，就会导致测量结果出现偏差。

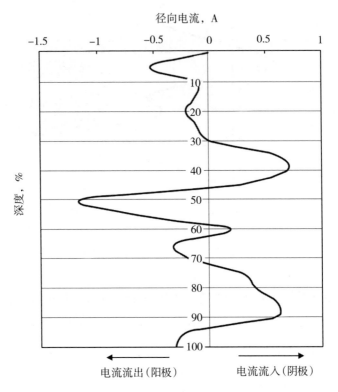

图13.13 由13.6.2节数据计算出的套管径向电流剖面曲线[18]

13.6.3 井套管阴极保护电流需求量数学计算模型

电流密度法是指根据电流密度经验值确定井套管阴极保护电流需求量。电流经验值需要在建设年代和完井方式相似的井上成功实施阴极保护，并测试后才能得出。

井套管电位衰减计算最初是利用地表上的电位衰减模型来预测套管给定深度上的电位的。电位计算关系式是由 Schremp 和 Newton[8] 提出的，如式（13.2）所示，用于计算电流中断前后套管给定深度的电位变化量。

$$e_x = e_0 \exp\left[\frac{-1.6487 r_1 x_1 I_1 \exp(-x_1/L_1)}{e_0}\right] \quad (13.2)$$

式中，e_0 为电流中断瞬间井口位置的电位变化量，mV；e_x 为深度为 x_1 处的电位变化量，mV；r_1 为最深处套管单位长度上的电阻，Ω/m；x_1 为到井口的距离，m；I_1 为套管最深处的电流，A；L_1 为套管最深处的长度，m。

文献[9-11]还介绍了一些更为复杂的数学模型。

参 考 文 献

[1] NACE International SP0186-2007, "Application of Cathodic Protection for Well Casings" (Houston, TX: NACE International, 2007).

[2] B. A. Gordon, W. D. Grimes, R. S. Treseder, "Casing Corrosion in the South Belridge Field," *MP* March (1984): p. 9.

[3] W. F. Gast, "A 20-Year Review of the Use of Cathodic Protection for Well Casings," *MP* January (1986): p. 23.

[4] B. Dennis, "Casing Corrosion Evaluation Using Wireline Techniques," *Journal of Canadian Petroleum Technology* 29, 4 (1990).

[5] F. E. Blount, P. W. Bolmer, "Feasibility Studies of Cathodic Protection of Deep Well External Casing Surfaces," *MP* 1, 8 (1962): pp. 10-23.

[6] D. H. Davies, K. Sasaki, "Advances in Well Casing Cathodic Protection Evaluation," *MP* August (1989): p. 17.

[7] J. K. Ballou, F. W. Schremp, "Cathodic Protection of Oil Well Casings at Kettleman Hills, California," *Corrosion* 13, 8 (1957): pp. 507-514.

[8] F. W. Schremp, L. E. Newton, "Use of Wellhead Electrical Measurements to Calculate Bottomhole Cathodic Protection of Well Casings," CORROSION/79, paper

no. 63 (Houston, TX: NACE International, 1979).

[9] J. Dabkowski, "Assessing the Cathodic Protection Levels of Well Casings," American Gas Association, January 1983.

[10] S. N. Smith, A. Hamberg, M. D. Orton, "Modified Well Casing Cathodic Protection Attenuation Calculation," CORROSION/87, paper no. 65 (Houston TX: NACE International, 1987).

[11] M. A. Riordan, R. P. Sterk, "Well Casing as an Electrochemical Network in Cathodic Protection Design," *MP* July (1963): p. 58.

[12] A. Hamberg, M. D. Orton, S. N. Smith, "Offshore Well Casing Cathodic Protection," CORROSION/87, paper no. 64 (Houston, TX: NACE International, 1987). [Reprinted from *MP* March (1988): p. 26.]

[13] W. B. Holtsbaum, "External Protection of Well Casings Using Cathodic Protection," Canadian Region Western Conference (February 20, 1989).

[14] M. D. Orton, A. Hamberg, S. N. Smith, "Cathodic Protection of Coated Well Casing," CORROSION/87, paper no. 66 (Houston, TX: NACE International, 1987).

[15] W. F. Gast, "Well Casing Interference and Potential Equalization Investigation," *National MP* May (1974): p. 31.

[16] G. R. Robertson, "Effects of Mutual Interference Oil Well Casing Cathodic Protection Systems," *MP* March (1967): p. 36.

[17] R. F. Weeter, R. J. Chandler, "Mutual Interference Between Well Casings with Cathodic Protection," *MP* January (1974): p. 26.

[18] S. D. Cramer, B. S. Covino, Jr., eds., *ASM Handbook Volume* 13*C*: *Corrosion*: *Environments and Industries* (Materials Park, OH: ASM International, 2006), p. 97.

[19] C. Brelsford, C. A. Kuiper, C. Rounding, "Well Casing Cathodic Protection Evaluation Program in the Spraberry (Trend Area) Field," CORROSION/2003, paper no. 03201 (Houston, TX: NACE International, 2003).

[20] E. W. Haycock, "Current Requirement for Cathodic Protection of Oil Well Casing," Corrosion November (1957): p. 767t.

14 地上储罐

14.1 概述

本章主要介绍地上储罐（AST）底板外侧阴极保护测试流程。

地上储罐的底座一般包括多块钢板焊接而成的底板和预先建成的基座。基座的材料通常采用颗粒材料、沥青或水泥等。有的储罐底部可能还会设置污油池。底板的部分区域可能会在空罐时向上隆起，之后在储罐内介质重压下，被向下压实。因此，空罐时底板隆起部分将会失去阴极保护，主要原因是底板隆起后形成真空区域，会吸入氧气。当然，由于底板与电解质分离，阴极保护电流也不会到达该区域。因此，基于上述情况，有些公司会规定储罐内介质的最小储存量。地上储罐底板外侧的阴极保护测试应在储罐最小储存液位下进行，以确保储罐底板与罐底基础紧密接触。已证实针对这种测试，1m（3.3ft.）的液位足以满足要求。颗粒材料铺装在环罐周的混凝土圈梁内。近些年，地上烃类储罐底部会铺设一种环保型的衬底，通常铺设至防火墙边沿。这种衬底材料可以是防渗透的黏土或塑料片材。塑料片材为非导电材料，将会阻止阴极保护电流从外侧进入储罐底板。采用这种绝缘衬底时，阳极必须与储罐底板位于衬底材料的同一侧。

地上储罐阴极保护系统的阳极地床有罐周浅埋阳极、远阳极、深井阳极、罐底斜井阳极和罐底网状阳极几种形式。如果铺设了绝缘衬底，则必须选用罐底网状阳极。

当采用远阳极时，储罐罐周的电位将会比其罐底正下方的电位更负。当采用罐底网状阳极时，储罐底板的电位跟阳极的网格布局有关。

不论采用上述哪种形式，最好是在储罐底板下以一定的间距安装电位监测装置来确定储罐底板的电位。

地上储罐通常与管道和接地系统是电导通的。测量时必须考虑管道和接地系统的影响。

如果储罐与其他金属结构是电绝缘的，则需要考虑本储罐造成阴极保护系统对其他结构以及其他阴极保护系统对本储罐造成的杂散电流干扰影响。

14.2 工具和设备

（1）带绝缘表笔的直流电压表，量程为 0.001~40V。

（2）铜/硫酸铜参比电极（CSE）。

（3）导线和绕线轮。

（4）绝缘装置测试仪。

（5）带导线和 4 根电极的土壤电阻率测试仪。

（6）万用表，需具备交流/直流电压和电阻测试功能。

（7）两个数据采集仪，测量和存储电压范围为 0.001~40V（可选）。

（8）用于测量管中电流的钳形电流表（专项测试）。

（9）细调可控硅整流器直流电流源。

（10）交流发电机（如果没有适当的交流电源）。

（11）电流中断器，可设置长通电周期和短断电周期。

（12）接地棒。

（13）电缆。

（14）组装和安装装置的手动工具。

14.3 安全设备

（1）符合公司安全手册和规程要求的标准安全装备和安全服。

（2）绝缘夹、带绝缘手柄的表笔和临时供电用电缆。

（3）操作直流电源及其供电系统的人员须接受专业培训，并持有符合当地法规和管理条例认证要求的证书。

14.4 注意事项

第 1 章和第 2 章中的注意事项同样适用于地上储罐。除此之外，在从事地上储罐阴极保护测试相关工作时还应注意以下事项：

（1）进入储存烃类及（或）燃气的储罐防火堤内要进行可燃气体检测。

（2）所有可能产生电火花的装置都应放置在电气危险区域之外。

（3）接触整流器之前，应先测量整流器外壳的对地电压。

（4）打开整流器机箱后观察箱内是否有会伤人的昆虫、啮齿动物或蛇，并采取必要的防护措施。

（5）检查整流器是否存在异常声音、温度、气味。如有异常，应关机、锁定并标记。

（6）安装电流中断器或每次调整电线接头之前应关闭交流电源。

（7）如果要使用便携式发电机，应将其放置在电气危险区域之外。

（8）确认所有裸露的接线端子都封装在上锁装置的箱内。

（9）如果临时使用整流器，其外壳应接地。

（10）测量整流器外壳对地交流电压。

（11）在进行任何接线操作之前，应确认关闭整流器。

（12）在雷暴天气，或任何有电风暴危害的区域应停止工作。

14.5 测试程序

14.5.1 测试前资料收集

（1）阴极保护测试历史数据。

（2）整流器的日常监测和年度检查数据。

（3）图纸资料：结构详图；阴极保护系统装置明细和位置；参比电极或参比管的类型和位置；跨接详情和位置。

（4）直流干扰测试结果及干扰减缓效果（如果有减缓设施）。

（5）绝缘装置资料。

（6）防腐涂层资料。

（7）储罐底板的检测数据或其他相关检测的数据（如果有）。

（8）储罐内介质的液位高度。

14.5.2 储罐对电解质电位测量

（1）储罐对电解质电位测量即采用直流电压表测量得到的储罐相对参比电极的电位差，如图 2.10 所示。

（2）测量储罐对电解质电位时需要使用高阻抗的电压表、参比电极和导线。

（3）需要注意的是，图 2.10 中所测量得到的储罐对电解质电位只代表参比电极所在位置的保护情况。

14.5.3 电压表

14.5.3.1 数字式电压表

（1）数字式电压表的输入阻抗一般为 10MΩ，最高的输入阻抗可达到 200MΩ。当使用输入阻抗较低的数字式电压表时，应使参比电极与土壤的接触电阻尽可能低，且导线与储罐连接牢固。

（2）数字式仪表是一种可直接显示读数的电子设备，通常配有液晶电子显示屏。数字电压表一般会具备其他功能，如交流电压表、欧姆表、二极管测试仪、直流安培表、直流毫安表和直流微安表等，还有自动匹配量程、数据保持和频率识别功能。一些特殊的测量仪表或数据采集仪通常还具备存储读数、极性、日期和时间的功能。用于测量结构物对电解质电位的仪表通常应具备测量直流电压、自动匹配量程、数据保持和数据记录功能。

（3）对于不具备自动匹配量程功能的数字式电压表，在测量时应选择合适的量程。首先选择直流电压的最大量程进行测量，确保交流电压在安全范围后，随后逐步减小至可获取测试数值的最小量程，同时显示测量电压的单位和极性。

（4）具备自动匹配量程功能的数字式电压表，在测试时会根据测量值的大小自动改变量程，并显示相应的单位和极性。如果测量值不断变化，仪表会自动改变量程以及读数的单位。读数的单位往往容易被忽视。例如，读数的单位可能从"V"变到"mV"，因此每次测量除了电压值，还应注意读数的单位和极性。

（5）数据保持功能可帮助操作人员获取当前量程下的读数，便于随后记录。为进行后续测试必须释放"Hold（保持）"键。

（6）数据记录功能因设备不同而异，制造商会在操作手册中进行说明。测量时，通过编程输入测量的指令，或基于距离，或基于时间间隔。尽管记录的电位数据都有时间标签，且能精确到秒，但仍需进行确认。例如，对于正在进行同步记录的数据记录仪，所显示的时刻都在同一秒，但可能一台记录仪的读数时间是这一秒的起点，而另外一台记录仪读数可能是在这一秒的终点。这样测试的结果实际上是有一秒的差异的。通过对比杂散电流干扰段电位波形图的相似性就可以证实这个问题。

14.5.3.2　指针式电压表

（1）指针模拟式电压表的输入阻抗要比数字式电压表低很多，且会随量程的变化而变化。

（2）多数情况下，使用指针式电压表时，由于地下储罐周围的土壤条件并不足以支持参比电极与土壤的接触电阻达到足够低来满足所需的测量精度。此时，需要在两种不同的输入阻抗下进行测量，并按14.6节中的方法计算出真实的电位值，或采用电位器电路模型来计算。

（3）指针式电压表的基本组件是一个固定的永磁铁和一个转动线圈，线圈通过一个框架安装于永磁铁的内部。当电流通过线圈时，会产生与永磁铁磁场方向相反的磁场,线圈在磁场的作用下发生转动,电流越大,转动幅度越大。此时固定在线圈上的指针也随之按比例偏转,此时从标准的刻度盘上可读取数值。流过线圈的电流是这个测量回路的电流,根据欧姆定律,电流的大小取决于电压表两个测量端子之间的电压。这是一种典型的达松伐耳传动机构。

(4) 指针式电压表的零位可能在刻度盘的左边,也可能在中间。如果零位在刻度盘的左边,测量时,回路的正极就要与电压表的正极相连,负极与负极相连;否则,指针就会被卡住,无法偏转。如果测量时发现极性接反了,应交换电压表的表笔,或通过极性切换开关来转换极性,并记录此时测量接线的极性。当零位在刻度盘的中间时,指针的偏转取决于测量回路的极性,此时读数的极性和测量接线的极性必须一起标注。

14.5.3.3 指针式电压表读数

(1) 如果模拟式电压表是单量程的,其量程值即为刻度盘所示的最大示值。

(2) 如果指针式电压表是多量程的,其量程值将根据量程选择旋钮的指示值来确定(如图2.9所示,全量程为2×1.0=2.0)。

(3) 根据零到满刻度之间的刻度数来计算每个大刻度和每个小刻度的值。

(4) 读数时应注意指针所在的位置,如果指针的端部为箭头状,读数时应读取箭头尖端所指示的位置。如果指针为长条形,一般会有一定的宽度,此时应保持视线与指针的连线与刻度盘垂直,使指针在表盘上的投影最窄,再读取指针对应的示值。如果表盘上有反光镜,应使指针与其镜像重合,直至看不到指针的镜像,再进行读数。

(5) 读取的表盘刻度数乘以量程按钮对应的数值计算得出测量电压值。

(6) 以图2.9的读数为例,根据量程选择旋钮指示,当前的满量程是2V(DC),那么此时的表盘刻度值就要乘以2,也就是表盘刻度所指示的 0.5 实际是 1.0V。表盘上的总刻度数是 20，因此分刻度值就是 0.1V(2.0/20=0.1V)，当指针指向 6.5 时，此时的读数就为 [6.5 刻度×0.1V(DC)/刻度]=0.65V(DC)。在这个示例中，也可以直接用读取的表盘刻度值乘以量程选择旋钮的指示值，即 0.325（刻度值）×2（旋钮指示值）=0.65V(DC)，但这种方法不一定总适用。

（7）另外一种方法就是以表盘上的大刻度值为起点，指针的上一个大刻度值是 0.5V(DC)，而指针此时所在的位置超过 0.5V(DC) 还有 1.5 个小刻度，此时的读数即是 0.5V(DC)+1.5 个小刻度×0.1V(DC)/小刻度=0.65V(DC)。

14.5.4 参比电极

（1）测量用的参比电极通常为铜/饱和硫酸铜参比电极（CSE）。但如果土壤被氯离子污染，则应使用银/饱和氯化银参比电极，因为氯离子会污染铜/饱和硫酸铜参比电极。

（2）标准中要求测量前要对参比电极进行校准，一般采用另外一支作为标准电极的参比电极来对测量用参比电极进行校准，如果两者之间电位差超过 5mV，则应按照第 2 章的附录 2A 中说明进行维修，记录校准的结果、日期和时间。要时常采用实验室用的甘汞电极对标准电极进行校准。

（3）如果使用数字式电压表，在测量时，建议将参比电极接电压表的负极或 COM 口。如果将参比电极接到电压表的正极，此时记录读数时应在前面加上"-"，因为此时相当于表笔接反了，所以读数的极性也应该反过来，详见 14.5.5 节。

14.5.5 极性

（1）测量结构物对电解质电位时，极性非常重要。无论电压表的接线如何，只能用一种方式记录测量读数。

（2）专业术语"结构物—电解质（结构物对参比电极）电位"是

指结构物相对于电解质的电位。测量时,电压表的正极接结构物,负极接参比电极。当使用数字式电压表显示负号时,必须记录为负值(当测量的电压值为正值时,数字电压表通常不显示符号)。

(3)当采用左侧零刻度的指针式电压表测量电位时,接线需要颠倒过来,确保指针向右偏转才能够读出数值。此时,结构物接电压表的负极(指针向右偏转表示电压值为负值),参比电极接电压表的正极。操作人员必须记住测量仪表的接线方式。如果读数为负值,必须如实记录。

14.5.6 测量

(1)如果使用数字式电压表,电压表的负极接参比电极。取下参比电极多孔塞的盖帽,将参比电极的多孔塞插入结构物附近潮湿的土壤或水中。不要将参比电极顶端浸入水中,除非采取了密封措施(如果采用指针式电压表,将电压表的负极接结构物,记录读数为负值)。

(2)当将电压表的另外一端接结构物时,须保证与结构物接触电阻尽可能低。

(3)另外,表盘上直接读取的电位一般为负值,并记录为负值。

(4)当读数出现波动时,可能是导线接触不良,或导线接头部分断裂。

(5)所有的读数必须包含极性、数值、单位和参比电极类型四个要素。例如,相对铜/饱和硫酸铜参比电极的电位为-850mV,可记录为-850mV(CSE)。

(6)对于数字式电压表,只要其正极接结构物,负极接参比电极,电压表会自动显示数值、极性和单位。若读数为正,则不显示极性。

(7)如果数字式电压表带自动匹配量程的功能,每次测量和记录时应注意电压表读数所对应的单位,因为每次读数的单位可能会随量程的变化而变化。

(8)当使用指针式电压表测量结构物的瞬间断电电位时,指针会在断电瞬间出现明显的摆动。

（9）当使用数字式电压表测量结构物的瞬间断电电位时，通常很难识别出准确的瞬时断电电位值，尤其是带自动匹配量程功能的数字式电压表。因为在断电的瞬间，电压表首先要判断和选择出合适的量程。如果通电电位和断电电位的差异很大，且通电/断电频率较快时，很难捕捉到真实的断电电位值。此时，应关闭自动匹配量程功能，并固定在显示最大值的量程，通常需要按住量程按钮直至读取至准确的测量值。

（10）数字式电压表是一个数据采集装置。测量瞬间断电电位时，其第一个读数中往往会包含一部分的 IR 降，如图 14.1 所示。因此，建议读取断电后第二个数据作为结构物的瞬间断电电位值。

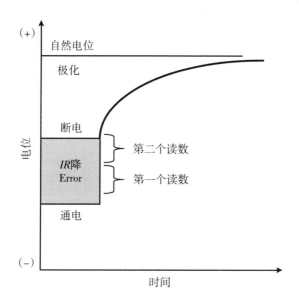

图 14.1　电流中断后结构物对电解质电位变化曲线

阴极保护准则见 NACE SP 0169—2007[1] 和 NACE SP0193—2006[2]

14.5.7　通电/断电电位测量

（1）在为地上储罐提供直流电流的电源回路及所有跨接线上串入同步电流中断器。

（2）在设置通电/断电周期时，将通电时间设置得长一些，确保结构物能得到充分极化。断电时间则应设置得尽量短，断电时长以保证测量人员或自动采集的电压表能够捕捉到瞬时断电电位为宜。

（3）记录通电/断电周期中的通电时间和断电时间。

（4）根据通电时间和断电时间来确定通电电位和断电电位。不能认定最负电位总是通电电位，因为有可能发现并记录到电位逆转。

（5）当通过对比断电电位与去极化电位确定极化量时，通常在去极化之前先进行通电/断电电位测试以作为比较基准。

（6）如果采用自动记录电压表（数据记录仪）记录读数时，可通过采集到的电位波形来识别并排除断电瞬间的冲击影响；否则，应至少在断电后 0.6s 读取断电电位。

（7）如果采用数字式电压表，应读取断电后显示的第二个读数。因为从电位衰减曲线来看，第一个读数中往往还包含了一部分 IR 降，如图 14.1 所示。

（8）如果采用指针式电压表，可观察到 IR 降消除后指针回转的速度有一个明显减慢，读取该点数据作为断电电位。

（9）当同时中断多个直流电流源时，建议采用一台位置固定的数据记录仪来观察电流中断器的同步误差（图 14.2）。

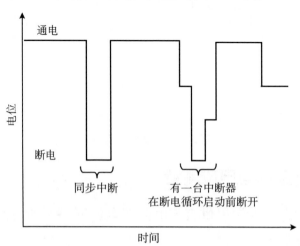

图 14.2　同步和非同步通电/断电时的电位波形图

14.5.8 储罐罐周—电解质电位

（1）储罐的通电电位和断电电位测量按照 14.5.2 节至 14.5.7 节中的流程进行。

（2）应注意沿储罐周围测量的电位仅代表地上储罐底板边缘部分的阴极保护状态。

（3）当采用远阳极时，储罐罐周的电位会有所差异，且沿罐周向罐中心衰减，因此在罐中心的电位要稍微偏正。

（4）当采用近阳极时，一般在两个阳极中点位置的电位要正于正对阳极位置的电位。

（5）当采用罐底网状阳极时，在阳极网格中间的电位要正于正对阳极带位置的电位。

（6）沿罐周测量储罐的对地电位时，应沿储罐圆周方向以固定间距测量。测量间距建议根据储罐的直径和长度，与储罐连接的其他装置及阳极地床类型来确定。下面是测量的一般要求：

①对于直径达到 6m（20ft）的储罐，在罐周均匀选取 4 个点，或沿罐周以大约 4.5m 的间距进行测量。测量导线可以接到与储罐相连的其他设备上（如管道）。直径为 12m（40ft）的储罐，推荐在罐周按照八方位罗盘的形式，均匀选取 8 个点进行测量（图 14.3）。储罐的直径越大，测量点数要相应地增加。

②如果是罐周分布式阳极，测量点则必须位于两支阳极的中间（图 14.3）。

（7）由于上述测量得到的储罐对地电位并不代表整个罐底板，因此还需要采取其他手段去测量一些关键位置的电位。采用的方法包括在罐底埋设长效参比电极、多孔参比管、端部带多孔塞的硬质管。

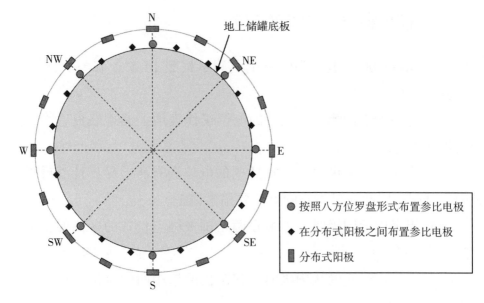

图 14.3 罐周电位测量点示意图

14.5.9 长效参比电极

（1）长效参比电极（一般是铜/饱和硫酸铜参比电极或锌参比电极）在储罐底板施工前安装在储罐基础中，再通过导线连接至储罐周围的测试装置中（图 14.4）。

（2）安装时，应对长效参比电极进行校准。若安装后再进行校准，则需要关闭所有直流电源。

（3）关闭所有直流电源后，在最靠近长效参比电极处放置一个便携式参比电极，测量并记录两个参比电极之间的电位差和极性。

（4）将电压表依次连接地上储罐和每个长效参比电极进行测量（详见 14.5.5 节）。

（5）记录测量值和极性以及电压表接线的极性。一般越靠近储罐的中心位置电位会越正（更小的负电性），但有时储罐底板中心位置的含氧量较低，也可能会获得更高的极化水平。

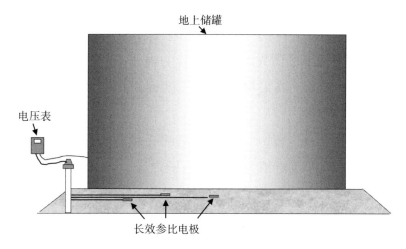

图 14.4　储罐底板长效参比电极安装示意图

14.5.10　多孔参比管

（1）按照 14.5.6 节的步骤测量通电电位和断电电位。

（2）使用带孔参比管测量电位的原理如图 14.5 所示。使用多孔参比管时的测量流程会稍有不同，这里给出两种方案，建议测试前对多孔参比管进行注水。

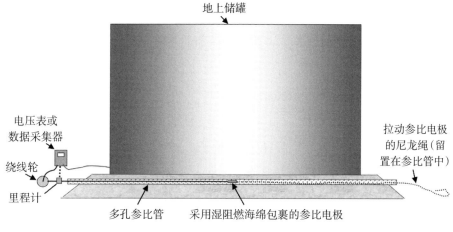

图 14.5　用来插入参比电极的多孔参比管

①方案一：人工使用电压表进行测量。

a. 将绕线轮引出的导线与长效参比电极连接，接头进行防水处理。

b. 将参比电极绑在预先穿过参比管的绳子上，拉动绳子带动参比电极在参比管中前进，或采用一根带长度标记的硬质塑料管推动参比电极在参比管中前进。

c. 在参比电极上包覆一层海绵。海绵必须与参比电极的多孔塞接触良好。包覆后的直径要稍大于参比管的内径。

d. 如果采用数字式电压表或数据记录仪，将其负极接到绕线轮的导线，正极接到地上储罐上。如果采用指针式电压表，应为电位计或双输入阻抗型。在每个位置，都要在两种不同的输入阻抗下各进行一次测量。

e. 在预先安装的永久绳子上另外连接一根临时用的绳子，绳子的长度应大于参比管的长度。

f. 在参比管两端各安排一名人员通过无线电或声音信号通信的方式来控制绳子的前进和停止，或用塑料管推动参比电极。

g. 用干净水冲洗参比管。

h. 用干净的水浸泡包覆参比电极的海绵。

i. 拉动参比电极至储罐的前边沿时，要在另一端的绳子上做好标记。

j. 记录储罐的通电电位和断电电位。

k. 以固定的间隔长度（一般为1~2m）拉动绳子，带动参比电极在管内前进。每拉动一次，在绳子上做一次标记，并记录储罐的通电电位和断电电位。

l. 重复步骤k的操作，直至参比电极到达储罐的另一边。

m. 拉出参比电极，拆下导线和绳子。

n. 如果发现需要更换参比管中的永久绳子，则不需拆下临时绳子，仅拆下导线，并从另一端拉出来即可。

o. 如果无须更换，则将绳子和导线一起拉回至起点位置。

p. 上述工作完成后，用端帽盖住参比管的两端。

②方案二：使用数据记录仪自动测量。

a. 在长效参比电极上连接绕线轮导线，接头要进行防水处理。

b. 将参比电极绑在永久绳子上，测量时，拉动绳子带动参比电极在参比管中以固定的方向前进，或采用一根硬质的聚乙烯管推动参比电极在参比管中前进。

c. 在永久绳子上另外接一根临时用的绳子，绳子的长度大于参比管的长度。

d. 拉动绳子和导线使参比电极穿过参比管，如果需要更换永久绳子，则接上一根新的绳子，测试完成后留在参比管中。

e. 在参比电极上包覆一层海绵。海绵必须与参比电极的多孔塞接触良好。包覆后的直径要稍大于参比管的内径。

f. 用干净的水冲洗参比管。

g. 用干净的水浸泡包覆参比电极的海绵。

h. 将测量导线通过里程计接到数据记录仪（电压表）的负极，并将行进长度输入数据记录仪。电压表正极接到地上储罐（图14.4）。

i. 拉动参比电极至储罐的前边沿，重置里程计，并在另一端的临时绳子上做好标记。

j. 记录储罐的通电电位和断电电位。

k. 缓慢拉动绳子（或推动塑料管），保证数据记录仪有足够的时间记录每个测量位置上储罐的通电电位和断电电位。

l. 连续拉动绳子，直至参比电极到达储罐的另一边。

m. 拉出参比电极，并拆下导线和绳子。

n. 拉回绳子和导线，绳子仍留在参比管中。

o. 上述工作完成后，用端帽盖住参比管的两端。

14.5.11 带多孔塞的参比管

（1）带多孔塞参比管的工作原理是将参比电极放入一根内部充满水的硬质塑料管内，在与土壤接触的参比管端部可有效测取电位，多孔塞用于保持参比管内水不泄漏不被污染。预计会冻结时，测试结束后应排空管内的水。

（2）通常采用多根参比管，带多孔塞的一端要延伸到储罐底部不同的位置，因为从每根参比管上测量到的电位仅代表其多孔塞所在位置的储罐对地电位。测量时，需要弄清楚每根参比管安装在储罐底部的具体位置。

（3）参比管内部应充满干净的水，其安装连接如图 14.6 所示。

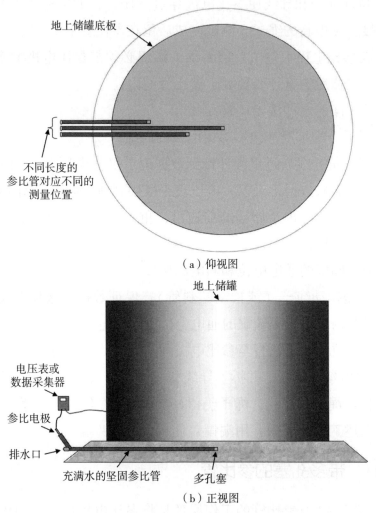

图 14.6　带多孔塞参比管的安装示意图

（4）按照14.5.6节中的流程测试储罐的通电电位和断电电位。

（5）如果采用数字式电压表测量电位，则将参比电极引线接到电压表负极，储罐接到电压表正极（图14.6）。如果采用指针式电压表测量电位，则应选择双输入阻抗型电压表，测量时每个位置要在两种输入阻抗下各测量一次电位，或者采用电位计。

（6）将参比电极插入参比管并与参比管内部的水接触。如果将参比电极全部浸入水中，则事先要对其接线端进行防水处理。参比电极的接线端必须保持干燥。

（7）记录储罐的通电电位和断电电位、电位极性和参比管编号。

（8）测试完成后，排空参比管内部的水。用端帽盖住露出地面的一端。

14.5.12 杂散电流干扰

（1）首先应判断地上储罐是否受到来自外部电流源的直流杂散电流干扰（详见第8章）。经外部电流源的业主同意后，中断其供电，并测试外部电源中断后储罐的对地电位。详细描述外部结构物布局和测量位置。应当注意的是，当干扰源重新开启后，地上储罐上电位出现负向偏移表示杂散电流流入点，电位正向偏移表示杂散电流流出点。杂散电流的流入和流出可能出现在同一个储罐上。如果是储罐群，杂散电流还可能从一个储罐流入，从另一个储罐流出，杂散电流也可能从互联管道上流入/流出。

（2）在中断地上储罐的阴极保护系统情况下，测量与储罐绝缘的其他装置的电位，这些结构可能会受到来自储罐阴极保护系统的干扰影响（详见第8章）。对于受干扰的外部装置，除记录相关数据外，还应绘制外部装置分布草图。

（3）对于与储罐跨接的外部装置，应记录跨接点的位置，以及流过跨接线的电流大小和方向。

（4）当相邻两点测量到的电位差异超过20%时，应进行验证。立即重新测量电位的异常变化，测量时通过浇水或选择润湿土壤确保参比电极与土壤接触良好。这种电位的异常变化可能是受到了频率较低的动态杂散电流干扰。

（5）测试期间储罐的断电电位波动超过 20mV 时，就需要对动态杂散电流干扰进行核实。

（6）一旦确定存在动态杂散电流干扰，应在波动最严重的位置安装数据记录仪连续记录储罐对地电位随时间的变化情况。如果可以，应连续记录 22~24h。

（7）另外，当采用手动测量时，应记录每次读数的数值和时间，绘出电位—时间的曲线图，以便观察电位的变化趋势。

（8）在动态杂散电流干扰的工况下，应另外采用一台数据记录仪连续记录每个测量点的电位，采样率设为 1s/5min。

14.6 数据分析

数据分析可以帮助判断储罐的对地电位是否满足阴极保护准则的要求，还可以帮助确认储罐的阴极保护系统接线是否正确，绝缘装置是否有效，识别杂散电流干扰的情况和系统的故障。

14.6.1 阴极保护准则

（1）在 NACE SP 0169[3]、NACE SP 0285 的第 6 章中详细介绍了阴极保护准则以及一些相关的地方法规。阴极保护测试人员应充分了解这些准则以及适用这些准则的特定条件和注意事项。

（2）对于地下和水下钢结构，表明达到充分阴极保护的准则有 3 个，具体如下：

①已形成文件的准则，经过实践证明其对于特定管道的外腐蚀控制是有效的，可用于该管道系统以及具备相同特征的其他管道或结构物。

②最小 100mV 阴极极化准则，在极化形成或衰减过程中测量到金

属结构筑的最小极化应不低于100mV。极化是指自然电位（自腐蚀电位）与瞬时断电电位的差值，如式（14.1）所示。可以在施加阴极保护电流后的极化形成或中断所有阴极保护电流后的极化衰减过程中测量到，如式（14.2）所示。

极化：

$$\Delta E_p = E_{off} - E_{native} \qquad (14.1)$$

去极化：

$$\Delta E_{depol} = E_{off} - E_{depol} \qquad (14.2)$$

式中，ΔE_p 为阴极保护准则要求的阴极极化电位（最小100mV）；E_{off} 为所有电流中断瞬间的电位，mV；E_{native} 为施加阴极保护前的自然电位，也称自腐蚀电位，mV；ΔE_{depol} 为准则要求的去极化电位（最小100mV）；E_{depol} 为阴极保护电流关闭后的去极化电位，mV。

③结构物对电解质的电位相对于铜/饱和硫酸铜参比电极应为-850mV(CSE)或更负，这一电位可以是直接测得的极化电位或阴极保护电流正常作用时的通电电位。通过中断所有阴极保护电流源测得的瞬时断电电位可作为极化电位。在采用通电电位进行评价时，需要考虑电流流经土壤和金属通路时产生的电压降（这里的考虑意味着采用NACE SP 0169—2013中所述的良好工程实践做法）。参比电极和金属结构物对电解质边界之间的电压差，即 IR 降，是测量读数时的误差，在应用该准则之前需要从通电电位中减去这部分误差，如式（14.3）所示。NACE SP 0169—2013中讨论了几种消除 IR 降的方法，实质上 IR 降就是通电电位和断电电位之间的那部分电压差。

$$E_c = E_{on} - IR \qquad (14.3)$$

式中，E_c 为准则要求的阴极保护电位 [-850mV(CSE)或更负]；E_{on} 为阴极保护电流作用下的电位，mV；IR 为参比电极与金属结构物对电解质边界之间的电压差，mV。

(3) 图 2.14 中左侧是施加电流后的电位变化情况,中间空白部分对应的是电流中断的情况,右侧对应的是关闭电流后的电位变化情况。在施加电流和中断电流的瞬间均可观察到 IR 降。在 IR 降形成或消失之后电位的变化对应的是结构物的极化或去极化效应。100mV 极化可适用于极化形成或衰减的过程。

(4) 只要满足上述准则中的任意一条即可判断储罐得到了有效的保护。例如,储罐的极化电位正于 -850mV(CSE),但从储罐的去极化曲线上判断其满足 100mV 极化准则,也可认为储罐得到了有效的保护。

(5) 在两种或两种以上的金属结构偶接时,除非已知其中最活泼(更强电负性)的结构物的电位,否则 100mV 极化准则将不适用。

(6) 除钢以外,其他金属对应的阴极保护准则见 NACE SP 0169—2007。

14.6.2 *IR* 降

(1) 确定参比电极与结构物之间的结构物对电解质电位中包含的 *IR* 降误差,需要具备良好的工程实践经验,特定情况下结构物自身也会产生 *IR* 降。

(2) 在电流可中断的场合,可以通过测试结构物的瞬间断电电位来消除 *IR* 降。瞬间中断电流输出后,回路中的电流减小为零,*IR* 降也变为零。

(3) 如果在给定位置测得的通电电位不变,阴极保护电流大小相同,测量工况条件一样,则上一次测量瞬间断电电位时确定的 *IR* 降可用于同一测量位置。

(4) 除非有充分的依据证明 *IR* 降的大小确实不变,否则固定 *IR* 降并不适用于所有的测量点。

(5) 如果测量表明在过去和当前的电位下,金属结构确实未发生过腐蚀,则认为这个含 *IR* 降的通电电位也是可接受的。

14.6.3 参比电极电位换算

(1) 对于埋设在地上储罐底板下的长效参比电极,或者如果采用银/氯化银参比电极(SSC),则测量电位需要换算成相对同一种参比电极的电位。通常,为了便于分析,都换算成相对于饱和硫酸铜参比电极的电位。

(2) 在确定读数换算方法时,应注意电压表的正极接长效参比电极,负极接便携式参比电极。

(3) 对于没有采用便携式饱和硫酸铜参比电极校准的长效硫酸铜参比电极也应进行电位的换算。

(4) 应注意:校准时测得的电位差会随温度变化而变化[详见第2章的2.4.4节(13)]。

(5) 在同一温度下,电位换算按式(14.4)计算:

$$E_{true} = E_{meas} + E_{cal} \quad (14.4)$$

式中,E_{true}为储罐相对于标准(便携式)参比电极的电位(假如标准参比电极位于长效参比电极所在的位置);E_{meas}为用长效参比电极测量到的储罐对电解质电位;E_{cal}为长效参比电极(+)与标准(便携式)参比电极(-)之间的电位差。

假设:$E_{meas_{Zn}} = +250 mV$;$E_{cal_{Zn/CSE}} = -1100 mV$;

则 $E_{true} = +250 mV_{Zn} + [-1100\ mV(CSE)] = -850 mV(CSE)$

(6) 图14.7给出了换算示例。

①银/氯化银参比电极(SSC)相对饱和硫酸铜参比电极(CSE)的换算因子是-50mV(CSE);

②甘汞电极(SCE)相对饱和硫酸铜参比电极(CSE)的换算因子是-70mV(CSE);

③锌参比电极相对硫酸铜参比电极(CSE)的换算因子是-1100mV(CSE)。

不同文献的换算因子多少会有一些差异[1,3-4]。在实际工程中，长效参比电极换算因子需要在关闭所有外部电源后，通过测量来确定。

在图14.7中，+250mV(Zn)换算成相对饱和硫酸铜参比电极的电位是-850mV(CSE)。

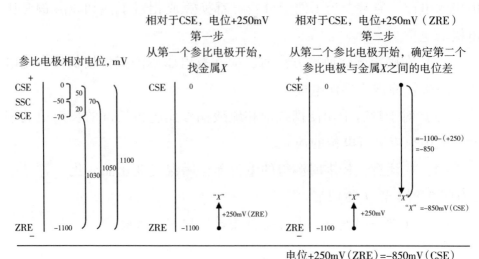

图14.7　参比电极之间的相互关系及换算示例

14.6.4　直流电流中断

（1）观察在固定位置上的电位数据曲线图，确认测试期间安装在整流器回路中的中断器都正常工作。

（2）识别其中一台电流中断器出现故障时，对储罐电位测量结果的影响。

（3）注意在断电周期内储罐的去极化量。

14.6.5　杂散电流干扰

（1）不管哪种干扰源，在干扰源正常工作时，被干扰结构物上的电流流入点电位会负向偏移。电流流入点往往不需要太关注，除非储罐的底板涂覆了防腐涂层，当流入的电流过大时会引起涂层的剥离。

然而，流入的电流最终要回流到干扰源，如果电流从被干扰结构物的其他位置流出，就会加速流出点的腐蚀。电流可能从同一储罐的另一侧流出，也可能从与该储罐电连通的相邻储罐上流出。

（2）在干扰源正常工作时，杂散电流流出点的电位会正向偏移。此时应引起注意，尤其是电位正于-850mV（CSE）的位置，其腐蚀会加剧。第8章中给出了杂散电流干扰减缓的措施。

（3）如果检测到动态杂散电流干扰，首先识别出干扰源以确定能否排除干扰。一般可通过查看电位数据记录并分析其周期变化规律来判断。

（4）如果无法排除，则需要在一个测量点安装一个固定式的数据记录仪，另外在每个测量点上采用一个便携式数据记录仪来测量电位。结构物对电解质电位校正方法见第8章。

（5）测试期间储罐的断电电位波动超过20mV时，则需要对动态杂散电流干扰下测得的电位进行修正。

（6）首先将静态期电位，或测试期间电位的平均值确定为固定式数据记录仪所测量到的真实电位。对于每个测量点，可计算同一时刻便携式记录仪和固定式数据记录仪电位的差值。该差值可作为电位修正矢量，用于修正便携式数据记录仪上的测量数据。式（14.5）是基于固定式数据记录仪进行电位修正的计算公式。

$$E_\mathrm{p} = E_\mathrm{s} - 6(E_{sa} - E_{pa}) \tag{14.5}$$

式中，E_p 为便携式数据记录仪所在位置的真实电位值；E_s 为固定式数据记录仪上的真实电位值；E_{sa} 为固定式数据记录仪在 a 时刻上记录的数值；E_{pa} 为便携式数据记录仪在 a 时刻上记录的数值。

如果同时使用两台固定式数据记录仪分别在位置 a 和位置 c 上进行记录，则可利用式（14.6）和式（14.7）来确定位置 b 上的电位误差。

$$\varepsilon'_b = [\varepsilon'_a(c-b)/(c-a)] + [\varepsilon'_c(b-a)/(c-a)] \tag{14.6}$$

式中，a 为第一台固定式数据记录仪安装位置；b 为便携式数据记录仪安装位置；c 为第二台固定式数据记录仪安装位置；ε'_a 为在 x 时刻位置 a 上的电位差；ε'_b 为在 x 时刻位置 b 上的电位差；ε'_c 为在 x 时刻位置 c 上的电位差。

$$E_p = E_{P_{measured}} - \varepsilon'_b \quad (14.7)$$

式中，E_p 为便携式数据记录仪所在位置的真实电位值；$E_{P_{measured}}$ 为便携式数据记录仪记录的电位值。

参 考 文 献

[1] M. H. Peterson, R. E. Groover, "Tests Indicate the Ag/Ag Cl Electrode Is Ideal Reference Cell in Seawater," Materials Protection and Performance 11, 5 (1972): pp. 19-22.

[2] NACE International, NACE SP0193-2001, "External Cathodic Protection of On-Grade Carbon Steel Storage Tank Bottoms" (Houston, TX: NACE International, 2001).

[3] NACE International, NACE SP0169-2013, "Control of External Corrosion on Underground or Submerged Metallic Piping Systems" (Houston, TX: NACE International).

[4] W. von Baeckmann, W. Schwenk, W. Prinz, Handbook of Cathodic Corrosion Protection: Theory and Practice of Electrochemical Protection Processes, 3rd ed. (Oxford, UK: Gulf Professional Publishing, 1997), p. 80.

15 地下储罐

15.1 概述

本章主要介绍地下钢质储罐（UST）与土壤接触部分的阴极保护测试流程。

地下储罐是指部分或全部埋入土壤中的储罐。地下储罐的三种安装方式如图 15.1 所示，包括储罐外壁全部外表面或部分外表面与土壤接触的情况。本章中的储罐 A 为半地下储罐；储罐 B 为覆土储罐；储罐 C 为地下储罐。如果储罐 A 和储罐 B 内部储存的是危险品，绕罐周可能建有防火墙，最近建造的储罐可能还安装了防渗垫以收集泄漏物质。此外，一些老旧的储罐外壁可能是裸露的，而目前新建的储罐都要求外壁涂覆防腐涂层。需要注意的是，储罐可能是加压罐，也可能是常压罐。

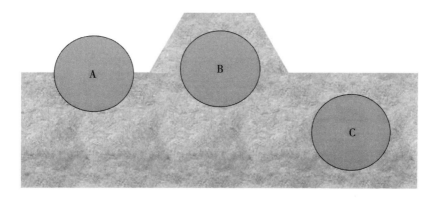

图 15.1 地下储罐安装方式示意图
A—半地下储罐；B—覆土储罐；C—埋地储罐

用于各种目的的地下储罐数量十分庞大。据美国国家环境保护局2010年报告，仅在美国用于储存石油和危险品（含非金属储罐）的储罐数量就达607000座。烃类物质泄漏的后果包括地下水（饮用水源）污染，通过下水道污染溪流或河流以及火灾/爆炸。相比潜在的事故后果损失，每座储罐的维修和更换成本并不算高。虽然很多地下储罐尺寸较小，但测试难度较大，可能会导致测试人员被迫降低阴极保护测试的质量。但一旦失效，后果会比较严重。因此，对于地下储罐阴极保护测试也要与其他的设备一样严格要求。

汽车加油站的燃料储存系统是比较复杂的装置之一。储罐上都安装了进油管、排气管和加油管，都需要接地，如图15.2所示。这些储罐的连接管上可能安装了绝缘接头，以便将储罐与管路和接地系统绝缘。这种情况下，储罐的阴极保护系统就成为一个独立的系统。

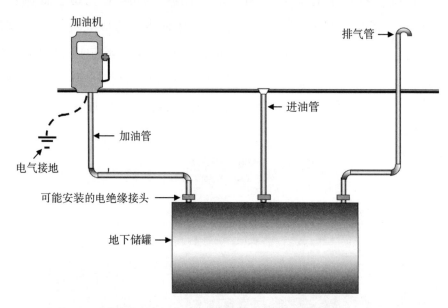

图15.2 地下储罐燃料分散管路原理图

储罐的阴极保护或采用牺牲阳极形式，或采用强制电流形式。牺牲阳极通常直接焊接在储罐壁上，或通过导线与储罐连接。如果储罐安装了衬套，牺牲阳极则应放置在罐壁与衬套之间。

与埋地管道不同的是，地下储罐连接的端口如果埋地也要进行测试。阴极保护测试流程已在第1章至第5章进行了介绍。

还必须考虑来自其他公用管道或站内管道阴极保护系统的杂散电流干扰以及被测结构物对其他结构物的杂散电流干扰影响。

15.2 工具和设备

（1）直流电压表，量程为0.001~40V，带导线和绝缘表笔。

（2）铜/硫酸铜参比电极（CSE）。

（3）导线和绕线轮。

（4）绝缘装置测试仪（可选）。

（5）土壤电阻率测试仪，配备导线和4个电极（设计测试）。

（6）具备测量交流/直流电压和电阻功能的万用表。

（7）两台数据采集仪，测量和存储电压范围：0.001~40V（可选）。

（8）用于测量管中电流的钳形电流表（专业测试）。

（9）细调可控硅整流器的直流电流源（设计测试）。

（10）如果没有交流电源，需要交流发电机（设计测试）。

（11）可设置较长通电时间和较短断电时间的中断器（用于阴极保护系统可中断的场合）。

（12）接地棒（仅用于设计/诊断试）。

（13）电缆（仅用于设计/诊断测试）。

（14）组装和安装装置的手动工具。

15.3 安全设备

（1）符合公司安全手册和规范要求的安全装备和防护服。

（2）绝缘夹、带绝缘手柄的表笔和临时供电用电缆。

（3）只有接受过专业培训，并持有符合当地法规和管理条例认证要求的证书的人员才可在直流电源或其供电系统上工作。

（4）交通管制路障和指示牌。

15.4 注意事项

《阴极保护测试规程》第 1 章和第 2 章中的注意事项同样适用于地下储罐。除此之外，在地下储罐上进行测试工作时还应注意以下事项：

（1）如果可行，进入储存烃类或燃气的储罐防火堤内要进行可燃气体检测。

（2）所有可能形成电火花的装置都应放置在电气危险区域之外。

（3）如果采用整流器供电，在接触整流器之前，应先测量整流器外壳的对地电压。

（4）打开整流器机箱后观察箱内是否有会伤人的昆虫、啮齿动物或蛇，并采取必要的防护措施。

（5）检查整流器是否存在异常的声音、温度及气味，如有异常，应关机、锁定并标记。

（6）安装电流中断器或调整电线接头之前应关闭交流电源。

（7）当要使用便携式发电机或便携式用电装置时，应将其放置在电气危险区域之外。

（8）确认所有裸露的接线端子都封装在带上锁装置的箱内。

（9）如果使用临时整流器，其外壳应接地。

（10）测量整流器外壳对地交流电压。

（11）在进行任何接线操作之前，应确认已关闭整流器。

（12）在雷暴天气，或任何有电风暴危害的区域应停止工作。

（13）在车辆通行区域进行测量时，应设路障，必要时由专人指挥交通。

15.5 测试程序

15.5.1 测试前资料收集

（1）以往的阴极保护测试数据。

(2) 牺牲阳极或整流器的日常监测和年度检查数据。

(3) 图纸：储罐和管道详图；阴极保护系统装置详图和位置信息；参比电极或参比管的类型和位置；跨接详图和位置。

(4) 直流干扰测试结果及干扰减缓效果（如果有减缓设施）。

(5) 绝缘装置资料。

(6) 防腐涂层资料。

(7) 储罐检测数据（如果有的话）。

15.5.2 储罐—电解质电位测量

(1) 储罐—电解质电位即采用直流电压表测量得到的储罐金属相对参比电极的电位差，如图 15.1 所示。

(2) 测量储罐—电解质电位时需要使用高阻抗的电压表、参比电极和连接导线。

(3) 需要注意的是，图 15.3 中所测量得到的储罐—电解质电位只代表相对参比电极所在位置的情况，并不代表储罐其他埋地部分的电位。

15.5.3 电压表

15.5.3.1 数字式电压表

(1) 数字式电压表的输入阻抗一般为 10MΩ，最高的输入阻抗可达到 200MΩ。当使用输入阻抗较低的数字式电压表时，应使参比电极与土壤的接触电阻尽可能低，且导线与储罐连接牢固。

(2) 数字式仪表是一种可直接显

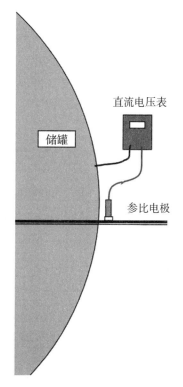

图 15.3 半地下储罐—
电解质电位测量示意图

示读数的电子设备,通常配有液晶电子显示屏。数字电压表一般会具备其他功能,如交流电压表、欧姆表、二极管测试仪、直流电流表、直流毫安表和直流微安表等,还有自动匹配量程、数据保持和频率识别功能。一些特殊的测量仪表或数据记录仪通常具备存储读数、极性、日期和时间的功能。用于测量结构物对电解质电位的仪表通常应具备测量直流电压、自动匹配量程、数据保持和数据记录功能。

(3) 对于不具备自动匹配量程功能的数字式电压表,在测量时应选择合适的量程。检查确认不存在危险的交流电压后,首先选择直流电压的最大量程进行测量,随后逐步减小至可获取测试数据的最小量程,测试数据的单位和极性也会显示并且必须予以记录。

(4) 具备自动匹配量程功能的数字式电压表,在测试时会根据测量值的大小自动改变量程,并显示相应的单位和极性。如果测量值不断变化,仪表会自动改变量程以及读数的单位。读数的单位往往容易被忽视。例如,读数的单位可能从"V"变到"mV",因此每次测量除电压值外,还应注意读数的单位和极性。

(5) 数据保持功能可帮助操作人员冻结当前量程下的读数,便于随后记录。

(6) 数据记录功能因设备不同而异,制造商会在操作手册中进行说明。测量时,通过编程输入测量的指令,或基于距离,或基于时间间隔。尽管记录的电位数据都有时间标签,且能精确到秒,但仍需进行确认。例如,对于正在进行同步记录的数据记录仪,所显示的时刻都在同一秒,但可能一台记录仪的读数时间是这一秒的起点,而另外一台记录仪读数可能是在这一秒的终点。这样测试的结果实际上是有一秒的差异的。通过对比杂散电流干扰段电位波形图证实这个问题。

15.5.3.2 指针式电压表

(1) 指针式电压表的输入阻抗要比数字式电压表的低很多,且会随量程的变化而变化。

(2) 多数情况下,使用指针式电压表时,由于地下储罐周围的土壤条件并不足以支持参比电极与土壤的接触电阻达到足够低来满足所需的测量精度。此时，需要在两种不同的输入阻抗下进行测量，如果两次测量值不一致，则按式（15.1）计算出真实的电位值：

$$E_{true} = \frac{V_h(1-K)}{1-K\frac{V_h}{V_l}} \qquad (15.1)$$

式中，E_{true} 为真实电位值，V；V_h 为最大输入阻抗下测量的电压值，V；V_l 为最小输入阻抗下测量的电压值，V；K 为最小输入阻抗与最大输入阻抗之比，$K=R_l/R_h$；R_h 为最大输入阻抗，Ω；R_l 为最小输入阻抗，Ω。

（3）指针式电压表的基本组件是一个固定的永磁铁和一个转动线圈，线圈通过一个框架安装于永磁铁的内部。当电流通过线圈时，会产生与永磁铁磁场方向相反的磁场，线圈在磁场的作用下发生转动，电流越大，转动幅度越大。此时固定在线圈上的指针也随之按比例偏转，此时从标准的刻度盘上可读取数值。流过线圈的电流是这个测量回路的电流，根据欧姆定律，电流的大小取决于电压表两个测量端子之间的电压。这是一种典型的达松伐耳传动机构。

（4）指针式电压表的零位可能在刻度盘的左边，也可能在中间。如果零位在刻度盘的左边，测量时回路的正极就要与电压表的正极相连，负极与负极相连；否则，指针就会被卡住，无法偏转。如果测量时发现极性接反了，应交换电压表的表笔，或通过极性切换开关来转换极性，并记录此时测量接线的极性。当零位在刻度盘的中间时，指针的偏转取决于测量回路的极性，此时读数的极性和测量接线的极性必须一起标注。

15.5.3.3 指针式电压表读数

（1）如果指针式电压表是单量程的，其量程值即为刻度盘所示的最大示值。

（2）如果指针式电压表是多量程的，其量程值将根据量程选择旋钮的指示值来确定，如图2.9所示。

（3）根据零到满刻度之间的刻度数来计算每个大刻度和每个小刻度的值。

（4）读数时应注意指针所在的位置，如果指针的端部为箭头状，读数时应读取箭头尖端所指示的位置。如果指针为长条形，一般会有一定的宽度，此时应保持视线与指针的连线与刻度盘垂直，使指针在表盘上的投影最窄，再读取指针对应的示值。如果表盘上有反光镜，应使指针与其镜像重合，直至看不到指针的镜像，再进行读数。

（5）以总的刻度数乘以每个分刻度代表的数值计算出读数。

（6）以图2.9的读数为例，根据量程选择旋钮指示，当前的满量程是2V(DC)，那么此时的表盘刻度值就要乘以2，也就是所指示的0.5V实际是1.0V。表盘上的总刻度数是20，因此每个刻度值就是0.1V(2.0/20=0.1V)，当指针指向6.5时，此时的读数就为［6.5个刻度数×0.1V(DC)/分刻度值］=0.65V(DC)。在这个示例中，也可以直接用读取的表盘刻度值乘以量程选择旋钮的指示值，即0.325（刻度值)×2（旋钮指示值)= 0.65V(DC)，但这种方法不一定总适用。

（7）另外一种方法就是以大刻度值为起点，此时指针的上一个大刻度值是0.5V(DC)，而指针所在的位置超过0.5V(DC)有1.5个刻度，此时的读数即是0.5V(DC)+1.5个刻度×0.1V(DC)/分刻度值= 0.65V(DC)。

15.5.4 参比电极

（1）测量用的参比电极通常为铜/饱和硫酸铜参比电极（CSE）。但如果土壤被氯离子污染，则应使用银饱和氯化银参化电极，因为氯离子会污染铜/饱和硫酸铜参比电极。

（2）标准中要求测量前要对参比电极进行校准，一般采用另外一支作为标准电极的参比电极对测量用参比电极进行校准，如果两者之间差值超过 5mV，则应按照第 2 章的附录 2A 中说明进行维护，记录好校准的结果、日期和时间。要时常用实验室用的甘汞电极对标准电极进行校准。

（3）如果使用数字式电压表，在测量时，推荐将参比电极接电压表的负极或 COM 口。如果将参比电极接到电压表的正极，此时记录读数时应在前面加上"-"，因为此时相当于表笔接反了，因此读数的极性也应该反过来，详见 15.5.5 节。

15.5.5 极性

（1）测量结构物对电解质电位时，极性非常重要。无论电压表的接线如何，结构物对电解质电位的极性都不会改变，必须做好相应的记录。

（2）专业术语"结构物对电解质电位"（结构物对参比电极电位）是指结构物相对于参比电极的电位。测量时，电压表的正极接结构物，负极接参比电极。当使用数字式电压表显示负号时，必须记录为负值。当测量的电压值为正值时，数字电压表通常不显示符号。

（3）当采用左侧零刻度的指针式电压表测量电位时，接线需要颠倒过来，确保指针向右偏转才能够读出数值。此时，结构物接电压表的负极（指针向右偏转时表示电压值为负值），参比电极接电压表的正极。操作人员必须记录测量仪表的接线方式。如果读数为负值，必须如实记录。

15.5.6 测量记录

（1）如果使用数字式电压表，电压表的正极接结构物，并确保接触良好。

（2）数字式电压表的另外一端接参比电极，取下参比电极的多孔塞盖帽，将参比电极的多孔塞插入结构物附近潮湿的土壤或水中。不要浸没参比电极接线的顶端，除非采取了密封措施。

（3）若读数异常，可能导线接触不良，或导线接头部分断开。

（4）所有的读数必须注明极性、数值、单位和参比电极类型。例如，相对铜/饱和硫酸铜参比电极的电位为-850mV可记录为-850mV（CSE）；

（5）对于数字式电压表，只要其正极接结构物，负极接参比电极，电压表会自动显示数值、极性和单位。

（6）如果数字式电压表带自动匹配量程的功能，每次测量和记录时应注意电压表读数所对应的单位，因为每次读数的单位可能会随量程的变化而变化。

（7）当使用指针式电压表测量结构物的瞬间断电电位时，指针会在断电瞬间出现明显的摆动。

（8）当使用数字式电压表测量结构物的瞬间断电电位时，通常很难识别出准确的瞬时断电电位值，尤其是带自动匹配量程功能的数字式电压表。因为在断电的瞬间，电压表首先要判断和选择出合适的量程。如果通电电位和断电电位的差异很大，且通电/断电频率较快时，很难捕捉到真实的断电电位值。此时，应关闭自动匹配量程功能，并固定在显示最大值的量程，通常需要按住量程按钮，直至读取到准确的测量值。

（9）数字式电压表是一个数据采集装置。测量瞬间断电电位时，其第一个读数中往往会包含一部分的 IR 降，如图14.1所示。因此，建议读取断电后第二个数据作为结构物的瞬间断电电位值。

15.5.7 通电/断电电位测量

（1）在地下储罐提供直流电流的电源回路及所有跨接线上串入同步电流中断器。

（2）在设置通电/断电周期时，将通电时间设置得长一些，确保结构物能得到充分极化。断电时间则应设置得尽量短，断电时长以保证测量人员或自动采集的电压表能够捕捉到瞬时断电电位为宜。

(3) 记录通电/断电周期中的通电时间和断电时间。

(4) 根据通电时间和断电时间来确定通电电位和断电电位。不要认定最负电位总是通电电位，因为难免会出现电位逆转的情况。

(5) 一般在去极化测试之前先进行通电/断电电位测试作为比较基准，随后再将断电电位值与自然电位进行比较。

(6) 如果采用自动记录的电压表或数据记录仪记录读数，可通过采集到的电位波形来识别并排除断电瞬间的冲击影响；否则，应至少在断电后0.3s（最好是0.6s）读取断电电位。

(7) 如果采用数字式电压表，应读取断电后显示的第二个读数。因为从电位衰减曲线来看，第一个读数中往往还包含了一部分的 IR 降，如图14.1所示。

(8) 如果采用指针式电压表，可观察到 IR 降消除后指针回转的速度有一个明显减慢，读取该点数据作为读取断电电位。

(9) 当同时中断多个直流电流源时，建议采用一台固定式数据记录仪来观察电流中断器的同步误差（图14.2）。

15.5.8 储罐对电解质电位——半地下储罐

(1) 储罐的通电电位和断电电位测量按照15.5.2节至15.5.7节中的流程进行。

(2) 应注意沿储罐周围测量的电位仅代表储罐与土壤接触的边缘部分的阴极保护状态。

(3) 当阳极沿储罐四周布置时，储罐周围的电位会随其与阳极间距不同而变。根据阳极与储罐相对深度，一般储罐底部的电位负电性会更弱。

(4) 对于阳极密集排列的情况，一般在两个阳极中点位置要比正对阳极位置负电性更弱。

(5) 在地表测量储罐的对地电位时，应以固定的间距沿储罐圆周方向进行测量。测量间距建议根据储罐的直径和长度，与储罐连接的其他装置、防腐层涂层的状况及阳极地床的类型来确定。一般推荐按照图 15.4 所示的方式沿储罐进行密间隔电位测量❶。

图 15.4　半地下储罐的地表密间隔电位测量示意图

（6）由于在地表测量的储罐对地电位并不代表储罐底部的电位。一般会采取其他方式来确定一些关键点的电位，如埋设长效参比电极，安装多孔参比管，或安装一端带多孔塞和填充物的硬质管，并将其延伸至储罐底部（详见 15.5.11 节至 15.5.13 节）。

15.5.9　储罐对电解质电位——覆土储罐

（1）按照 15.5.2 节至 15.5.7 节中的流程测量储罐的通电电位和断电电位。

（2）应注意在储罐顶部及周围测量的电位仅代表储罐相对参比电极所在位置的电位。

（3）对于沿储罐周围布置阳极的情况，储罐周围的电位会受阳极区的影响，一般越靠近阳极电位越负，储罐底部的电位相比其他位置要稍偏正。

（4）当阳极密集排列时，一般在两个阳极中点位置要比正对阳极位置的负电性更弱。

（5）在地表测量储罐的对地电位时，应以固定的间距沿储罐圆周方向进行测量。测量间距建议根据储罐的直径和长度，与储罐连接的

---

❶　见第 4 章。

其他装置、防腐层涂层的状况及阳极地床的类型来确定。一般推荐从地表开始向储罐顶部进行密间隔电位测量来判断储罐的阴极保护状况❶，测量路径如图 15.5 所示。

图 15.5　覆土储罐的地表密间隔电位测量示意图

（6）在地表测量的储罐对地电位并不代表储罐底部的电位。一般可采取其他方式来确定一些关键点的电位，如埋设长效参比电极，安装多孔参比管，或安装一端带多孔塞的管道，并将其延伸至储罐底部（详见 15.5.11 节至 15.5.13 节）。

15.5.10　储罐对电解质电位——埋地储罐

（1）在可行的情况下，按照 15.5.2 节至 15.5.7 节中的流程测量储罐的通电电位和断电电位；当牺牲阳极与储罐直接连接时，只能测量通电电位，为便于分析安装试片来进行测量，具体见第 2 章 2.5.8 节。

（2）应注意在埋地储罐顶部测量的电位仅代表参比电极所在位置正下方那一部分的阴极保护状况。

（3）远参比电极反映的是储罐对地电位的平均值，并不能指示特定位置是否欠保护。

（4）对于密集排列的近阳极，一般在两个阳极中点位置的电位要正于正对阳极位置的电位。

---

❶　见第 4 章。

（5）在地表测量储罐的对地电位时，应以固定的间距沿储罐圆周方向进行测量。测量间距建议根据储罐的直径和长度，与储罐连接的其他装置、防腐层涂层的状况及阳极地床的类型来确定。一般建议在较大的地下储罐上进行密间隔测量（详见4.5.6节）。

（6）由于在地表测量的储罐对地电位并不代表储罐底部的电位。一般可采取其他方式来测量一些关键点的电位，如埋设长效参比电极，安装多孔参比管，或安装一端带多孔塞的管道，并将其延伸至储罐底部（详见15.5.11节至15.5.13节）。

15.5.11 长效参比电极

（1）长效参比电极通常有铜/硫酸铜参比电极（CSE）和锌参比电极。在储罐安装的同时，将长效参比电极靠近储罐安装（图15.6）。每个长效参比电极都通过导线连接至地上的测试桩。

（2）安装时，应对长效参比电极进行校准。但也可以安装后再进行校准，只是需要关闭所有直流电源。

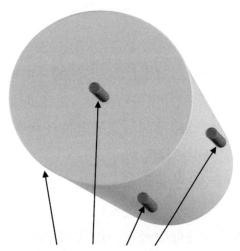

通过导线与地表测试桩连接的
参比电极沿储罐间隔排列

图15.6 储罐周边及底部长效参比电极布置示意图

(3) 关闭所有直流电源后,在最靠近长效参比电极的位置放置一个便携式参比电极,测量并记录两个参比电极之间的电位差和极性(见第6章)。

(4) 电压表的正极接地下储罐,负极依次连接每个长效参比电极进行测量(见15.5.5节)。

(5) 记录测量值和极性以及电压表接线的极性。一般越靠近储罐中心位置,电位会越正。详见第6章中校准部分的内容。

15.5.12 多孔参比管

(1) 按照15.5.2节至15.5.7节中的流程测量通电电位和断电电位。

(2) 使用多孔参比管测量电位的原理如图15.7所示。可采用不同的步骤通过多孔参比管进行电位测量,这里给出了两种方案,测试前都需要对多孔参比管进行注水。

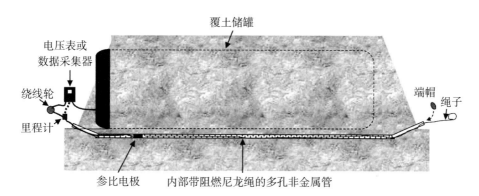

图15.7 用来插入参比电极的多孔参比管

①方案一:人工使用电压表进行测量。

a. 在长效参比电极上绕线轮引出导线,接头进行防水处理。

b. 将参比电极绑在预先穿过参比管的绳子上,测量时拉动绳子带动参比电极在参比管中前进,保持方向不变,或采用一根硬质的塑料管推动参比电极在参比管中前进。

c. 在参比电极上包覆一层海绵。海绵必须与参比电极的多孔塞接触良好。包覆后的直径要稍大于参比管的内径。

d. 如果采用数字式电压表或指针式电压表，负极接到绕线轮引出导线，正极接到地下储罐上。如果采用指针式电压表或电位计，应为双输入阻抗型，在每个位置都要在两种不同的输入阻抗下各进行一次测量。

e. 在永久留置的绳子上另外连接一根临时用的绳子，临时绳子的长度应大于参比管的长度。

f. 在参比管两端各安排一名人员通过无线电或声音信号通信的方式来控制绳子的前进和停止。

g. 用干净的水浸泡包覆参比电极的海绵。

h. 拉动参比电极至储罐的前边沿时，要在另一端的绳子上做好标记。

i. 记录参比电极位置和储罐的通电电位和断电电位。

j. 以固定的间隔（一般为 1~2m）拉动绳子，带动参比电极在管内前进。每拉动一次，在绳子上做一次标记，并记录储罐的通电电位和断电电位。

k. 重复步骤 j 的操作，直至参比电极到达储罐的另一边。

l. 拉出参比电极，拆下导线和绳子。

m. 如果发现需要更换参比管中的永久绳子，则不需拆下临时绳子，仅拆下导线并从另一端拉出来即可。

n. 如果不需要更换绳子，则将绳子和导线一起拉回至起点位置。

o. 上述工作完成后，用端帽盖住参比管的两端。

②方案二：使用数据记录仪自动测量。

a. 在长效参比电极上连接绕线轮导线，接头要进行防水处理。

b. 将参比电极绑在永久绳子上，测量时拉动绳子带动参比电极在参比管中前进，保持方向固定。

c. 在永久留置绳子上另外接一根临时用的绳子，临时绳子的长度要大于参比管的长度。

d. 拉动绳子和导线使参比电极穿过参比管，如果需要更换永久绳子，则接上一根新的绳子，测试完成后留在管中。

e. 在参比电极上包覆一层海绵。海绵必须与参比电极的多孔塞接触良好。包覆后的直径要稍大于参比管的直径。

f. 用干净的水浸泡包覆参比电极的海绵。

g. 将测量导线通过里程计接到电压表的负极，并将行进长度输入数据记录仪。电压表正极接到地下储罐上。如果使用指针式电压表，则应选择双输入阻抗型电压表，在每个位置，都要在两种不同的输入阻抗下各进行一次测量。

h. 拉动参比电极至储罐的前边沿时，重置里程计，并在另一端的临时绳子上做好标记。

i. 记录参比电极位置和储罐的通电电位和断电电位。

j. 设置数据记录仪在参比电极每行进一定距离后自动记录一个通断周期内的电位值。

k. 缓慢拉动绳子，保证数据记录仪有足够的时间记录每个测量位置上储罐的通电电位和断电电位。

l. 连续拉动绳子，直至参比电极到达储罐的另一边。

m. 拉出参比电极，并拆下导线和绳子。

n. 拉回绳子和导线，绳子仍留在参比管中。

o. 上述工作完成后，用端帽盖住参比管的两端。

15.5.13 带多孔塞的参比管

（1）带多孔塞参比管的工作原理是利用一根内部充满水的坚固塑料管，一端安装多孔塞，埋设于储罐底部的土壤中，另一端露出地面，测量时将参比电极从露出地面的一端插入，即可测量到储罐底部的对地电位。多孔塞能够保证参比管中的水不泄漏，不被污染。

（2）通常采用多根参比管，将带多孔塞一端延伸到储罐底部不同的位置。因为从每根参比管上测量到的电位仅代表其多孔塞所在位置的储罐对地电位。测量时，需要弄清楚具体哪根参比管安装在储罐底部的指定位置。

（3）参比管内部应充满干净的水，其安装接线如图 15.8 所示。

（4）按照 15.6 节中的流程测试储罐的通电电位和断电电位。

（5）如果采用数字式电压表测量电位，则将连接参比电极的导线接到电压表负极，储罐接到电压表正极（图 15.8）。如果采用指针式电压表测量电位，则应选择双输入阻抗型电压表或电位计，测量时每个测点要在两种输入阻抗下各测量一次电位。

（6）将参比电极插入参比管，并与参比管内部的水接触。如果将参比电极全部浸入水中，则事先要对其接线端进行防水处理；否则，参比电极的接线端必须保持干燥。

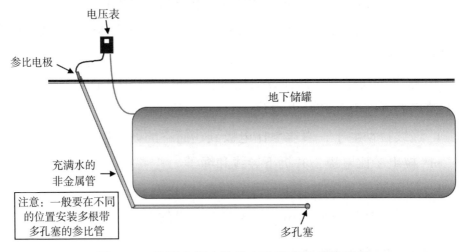

图 15.8　储罐底部安装带多孔塞参比管的示例

（7）记录储罐的通电电位和断电电位，电位极性和参比管编号。

（8）测试完成后，排空参比管内部的水，用端帽盖住露出地面的一端。

15.5.14 杂散电流干扰

（1）首先应判断地下储罐是否受到来自外部电流源的直流杂散电流的干扰（详见第 8 章）。经外部电流源的业主同意后，中断其外部电流源，并测试断电后储罐的对地电位。绘制外部结构物草图和测量位置。应当注意的是，当干扰源重新开启后，储罐上杂散电流流入点的电位会出现负向偏移，杂散电流流出点的电位会正向偏移。杂散电流的流入和流出可能出现在同一个储罐上，如果是储罐群，杂散电流还可能从一个储罐流入，从另一个储罐流出。

（2）当中断地下储罐的阴极保护系统时，测量与储罐绝缘的其他装置的电位，这些结构物可能会受到来自储罐阴极保护系统的干扰影响（详见第 8 章）。对于受干扰的外部装置，除记录相关数据外，还应绘制外部装置的分布草图。

（3）对于与储罐跨接的外部装置，应记录跨接点的位置，以及流过跨接线的电流大小和方向。

（4）当相邻两点测量到的电位差异超过 20% 时应进行核实，重新测试异常的电位"变化"，测量时通过浇水或选择湿润土壤保证参比电极与土壤接触良好。这种电位的异常变化可能是受到了频率较低的动态杂散电流干扰。

（5）测量期间储罐的断电电位峰—峰值的波动超过 20mV 时，就需要对动态杂散电流干扰进行校准。

（6）一旦确定存在动态杂散电流干扰，应采用数据记录仪在波动最严重的位置连续记录储罐对地电位随时间的变化情况。如果可以，连续记录 22~24h。

（7）当采用手动测量时，应记录每个读数的数值和时间，绘出电位—时间的曲线图，以便观察电位的变化趋势。

（8）在动态杂散电流干扰的工况下，应另外采用一台数据记录仪连续记录每个测量点的电位，采样率设为 1s/5min。

15.6 数据分析

数据分析可以帮助判断储罐的对地电位是否满足阴极保护准则的要求，还可以帮助确认储罐的阴极保护系统接线是否正确，绝缘装置是否有效，识别杂散电流干扰的情况和系统的故障。

15.6.1 阴极保护准则

（1）在 NACE SP 0169、NACE SP 0285 的第 6 章中详细介绍了阴极保护准则以及一些相关的地方法规。阴极保护测试人员应充分了解这些准则及其适用这些准则的特定条件和注意事项。

（2）对于地下和水下金属结构，表明达到充分阴极保护的准则有 3 个，具体如下：

①已形成文档的准则，经过实践证明其对于特定管道的外腐蚀控制是有效的，可以应用于该管道系统以及具备相同特征的其他管道。

②最小 100mV 极化准则，在极化形成或衰减过程中测量到金属结构物的最小极化量应不低于 100mV。极化是指自然电位（自腐蚀电位）与瞬时断电电位的差值，如式（15.2）所示。它可以在施加阴极保护电流后的极化形成或中断所有阴极保护电流后的极化衰减过程中测量到，如式（15.3）所示。

极化：

$$\Delta E_p = E_{off} - E_{native} \qquad (15.2)$$

去极化：

$$\Delta E_{depol} = E_{off} - E_{depol} \qquad (15.3)$$

式中，ΔE_p 为阴极保护准则要求的极化量（最小 100mV）；E_{off} 为所有阴极保护电流中断瞬间的断电电位，mV；E_{native} 为施加阴极保护前的自然电位，也称自腐蚀电位，mV；ΔE_{depol} 为阴极保护准则要求的去极化量（最小 100mV）；E_{depol} 为阴极保护系统关闭后的去极化电位，mV。

③结构物对电解质的电位相对于铜/硫酸铜参比电极应为-850mV（CSE）或更负，这一电位可以是直接测得的极化电位或阴极保护电流正常作用时的通电电位。通过中断所有阴极保护电流源测得的瞬时断电电位可作为极化电位。在采用通电电位进行评价时，需要考虑电流流经土壤和金属通路时产生的电压降（这里的考虑意味着采用 NACE SP 0169—2013 中所述的良好工程实践）。通常，参比电极与金属结构物对电解质边界之间的电压差，即 IR 降，是测量读数时的误差，在应用该准则之前需要从通电电位中减去这部分误差，如式（15.4）所示。NACE SP 0169—2013 中讨论了几种消除 IR 降的方法，实质上 IR 降就是通电电位和断电电位之间的那部分电压差。

$$E_c = E_{on} - IR \tag{15.4}$$

式中，E_c 为准则要求的阴极保护电位 [-850mV（CSE）或更负]；E_{on} 为阴极保护电流作用下的电位，mV；IR 为参比电极与金属结构物对电解质边界之间的电压差，mV。

（3）图 2.14 中左侧是施加电流后的电位变化情况，右侧对应的是中断电流后的电位变化情况。其中，IR 降在施加电流的瞬间就形成了，在中断电流后的瞬间又消失。在 IR 降形成或消失之后电位的变化对应的是结构物的极化或去极化效应。100mV 极化可在极化形成或衰减的过程中判断。

（4）只要满足上述准则中的任意一条即可判断储罐得到了有效的保护。例如，储罐的极化电位正于-850mV（CSE），但从储罐的去极化曲线上判断其满足 100mV 极化准则，也可认为储罐得到了有效的保护。

（5）在存在两种或两种以上的金属结构物偶接时，除非已知其中最为活泼金属的电位；否则，100mV 极化准则将不适用。

（6）除碳钢以外，其他金属的阴极保护准则各不相同，见 NACE SP 0169—2007。

15.6.2 IR 降

（1）确定结构物与参比电极之间的结构物对电解质电位中的 IR 降误差需要具备良好的工程实践经验。IR 降一般来自参比电极到结构之间的电压降，有时结构物自身也会形成 IR 降。

（2）在电流可中断的场合，可以通过测试结构的瞬间断电电位来消除 IR 降。瞬间中断电流输出后，回路中的电流减小为零，IR 降也变为零。

（3）如果给定测量的位置不变，阴极保护电流大小不变，测量工况条件不变，而且结构物也没有改变，则最近一次通电/断电电位测试确定的 IR 降可用于同一测点。

（4）除非有充分的依据证明 IR 降的大小确实不变，否则，这种方法并不适用于所有的测量点。

（5）如果测量表明在以往电位和当前电位下，金属结构物确实未发生过腐蚀，则认为含 IR 降的通电电位仅对实际测点可接受。

15.6.3 参比电极电位换算

（1）在地下储罐下面安装长效参比电极的情况下或如果采用了银/氯化银参比电极（SSC），需要将测量电位换算成相对同一种参比电极的电位。通常，为了便于分析，都换算成相对于饱和硫酸铜参比电极的电位。

（2）在确定读数换算方法时应注意将电压表的正极接长效参比电极，负极接便携式参比电极。

（3）对于没有采用便携式饱和硫酸铜参比电极校准的长效硫酸铜参比电极也应进行电位的换算。

（4）应注意，校准电位差会随温度变化而变化（详见第 2 章）。

（5）在同一温度下，电位换算按式（15.5）计算：

$$E_{true} = E_{meas} + E_{cal} \tag{15.5}$$

式中，E_{true}为金属结构物相对于标准（便携式）参比电极的电位（假设标准参比电极位于长效参比电极所在的位置）；E_{meas}为用长效参比电极测量到的储罐对电解质电位；E_{cal}为长效参比电极（+）与标准（便携式）参比电极（-）之间的电位差。

假设：$E_{meas_{Zn}}=+250mV$；$E_{cal_{Zn/CSE}}=-1100mV$；

则 $E_{true}=+250mV(Zn)+[-1100mV(CSE)]=-850mV(CSE)$

（6）图14.7给出了换算示例。

①银/氯化银参比电极（SSC）相对饱和硫酸铜参比电极（CSE）的换算因子是-50mV（CSE）；

②甘汞电极（SCE）相对饱和硫酸铜参比电极（CSE）的换算因子是-70mV（CSE）；

③锌参比电极相对硫酸铜参比电极（CSE）的换算因子是-1100mV（CSE）。

不同文献的换算因子多少会有一些差异[1-3]。在实际工程中，长效参比电极换算因子需要在关闭所有外部电源后，通过测量来确定。

在图14.7中，+250mV（Zn）换算成相对饱和硫酸铜参比电极的电位是-850mV（CSE）。

15.6.4 直流电流中断

（1）检查固定位置上的电位数据曲线图，确认测试期间安装在整流器回路中的中断器都正常工作。

（2）识别受电流中断器故障影响的储罐电位读数。

（3）注意观察储罐在电流中断期间的去极化量。

参 考 文 献

[1] NACE International, NACE SP0169-2013, "Control of External Corrosion on Underground or Submerged Metallic Piping Systems" (Houston, TX: NACE International).

[2] W. von Baeckmann, W. Schwenk, W. Prinz, Handbook of Cathodic Corrosion Protection: Theory and Practice of Electrochemical Protection Processes, 3rd ed. (Oxford, UK: Gulf Professional Publishing, 1997), p. 80.

[3] NACE International, NACE SP0285-2011, "External Corrosion Control of Underground Storage Tank Systems by Cathodic Protection" (Houston, TX: NACE International, 2011).

16 热电发生器

16.1 概述

热电发生器（TEG）是一种可用于强制电流阴极保护系统的直流电流源。由于其单位瓦特的发电成本相对较高，主要用于无法为变压整流器提供交流电、土壤电阻率低和电流需求量中等偏低的情况。一般可根据具体条件进行专门的设计。

热电发生器的电特性与常规的整流器有明显区别，操作者需要充分理解其工作的原理。为此，本章简要概述热电发生器的工作原理和设计思路。

热电发生器是直接将热能转化成电能的装置。热电效应是由汤玛斯·泽贝克（Thomas Seebeck）发现的，将两种不同的金属连接，当对连接点进行加热时，两金属的冷端之间会产生电位差，连接两端时会有电流流动。现代的热电发生器都采用高掺杂的半导体材料，如碲化铋（Bi_2Te_3）、碲化铅（PbTe）、钙锰氧化物或这些半导体材料的化合物，根据应用需求来选择材料。

由P型半导体和N型半导体组成的热电偶如图16.1所示。

当加热热电偶的热结点时，载流子获得动能并向冷结点迁移。此时，N型半导体由于聚集大量负电荷而带负电，P型半导体由于聚集大量的正电荷而带正电。由此P型半导体端成为正极，而N型半导体端成为负极。每一个热电偶产生的电压较小，但产生的电流很大。通常，热结点和冷结点的温度差大约为370℃（666℉），其中热结点温度大约为530℃（986℉），冷结点温度大约为160℃（320℉）。当将多个热电偶串联在一起时就能得到较高的电压。

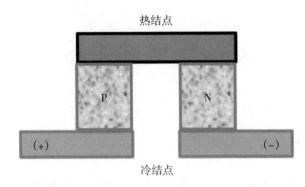

图 16.1　热电偶两端的电位差示意图

最基本的热电发生器由一个热源、多个热电偶组成的热电堆和一个散热器（或称冷却翅片）组成。热电堆是其中的核心部分，由多个掺入了 P 型半导体材料或 N 型半导体材料的单元串联及（或）并联而成，如图 16.2 所示。

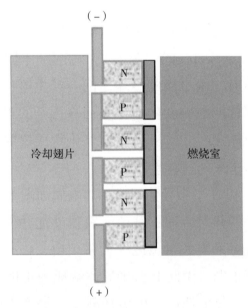

图 16.2　热电堆排列组合示意图

热电发生器工作时，周围的空气会吸收热量而温度上升，且环境温度越低，空气吸收热量多，温度上升幅度越大。热电模块的有效温差和功率会随空气温度增加而降低，其变化率为 0.28%/℃。热电发生器的功率与温度、电流、回路电阻等因素相关。尽管热电发生器的输出电压与热电堆的温差成正比，但每一种热电材料都有工作温度上限，且为保证其热电转换效率，也要求将工作温度限制在一定的范围内。

对于热电材料，电流流动会引起热量从热端向冷侧传递，由此导致高温侧温度降低，温差也会随之缩小。因此，热电发生器能短时间内在短路状态下工作，但不能在开路状态下工作；否则，会因过热而烧坏热电模块。这点与整流器完全相反。

当热电发生器的内阻与负载电阻相等时，其功率转换将达到最大。由于单位功率的高成本，希望最大限度地使用电能。通常，热电发生器的内阻为 $0.4 \sim 1.0\Omega$。制造商会根据给定工作模式给出相应的电学参数。在阴极保护系统中，外部电路电阻主要是阳极接地电阻。因此在设计时，应尽量使外部电路的电阻与电源内阻相匹配，使输出达到最佳。

与整流器不同的是，热电发生器不运行时会在外电路中为被保护结构和阳极提供不同金属通路，从而产生电偶电流，这种电流对被保护结构是有破坏性的。因此，必须在回路中安装一个电流反向开关（或二极管）来阻止有害电流的流动，只允许电流从外部电路的正极向负极流动。需要注意的是，二极管存在击穿电压或导通前必须达到的阈值电压，在设计时应予以考虑。

由于热电发生器产生的电压通常相对较低，被保护结构物与阳极之间的反电动势成为一个重要因素，在计算所需电压的回路电阻时必须考虑。

以下测试步骤如与制造提供的操作指南不同，应以制造商提供的操作指南为准。

16.2 工具和设备

所选用的工具和设备应适用于电子元件测量,并能为测量人员提供安全防护。测量所需的最基本的仪器和用具如下:

(1) 直流电压表,量程为 0.001~50V,配备带绝缘表笔的测量引线。

(2) 可选钳形直流电流表,量程适应于热电发生器输出的直流额定电流。

(3) 工具包括:扳手套件或 16mm($5/8$in)以下可调扳手;平口螺丝刀和十字螺丝刀;可用于调节阴极保护电源输出的小型螺丝刀。

(4) 1Ω 的标准电阻,用于测量和计算热电发生器的输出电流和功率。

16.3 安全设备

(1) 符合公司安全手册和规范中要求的标准安全设备和防护服。

(2) 高温手套。

(3) 电气锁定装置及标牌。

(4) 绝缘夹和带绝缘表笔的测量引线。

16.4 注意事项

(1) 如果安装了变压器,裸露端子的电压可能会达到 48V 以上。

(2) 从事热电发生器测试和调节的工作人员必须具备相应的资质及(或)持有符合当地法规和公司规章要求的证书。

(3) 尽管热电发生器的输出电压要低于整流器,但须遵守相同的安全规则。在接触热电发生器的箱体之前要测量外壳的对地电压,确保安全。禁止直接用手抓起箱体的安全锁,一旦有危险电压存在,手指将很难摆脱安全锁。以前建议先用手背尝试去接触箱体,但这样的操作并不安全，同样有触电的危险。

（4）热电发生器在运行时，主要的危险是来自燃烧室、热电模块和散热片的高温。在接触这些区域时，须采用专用的工具或穿戴高温手套。

（5）在对热电发生器上的相关部件进行操作之前，应将锁定装置和标识牌安装在供气装置上。

（6）开启热电发生器的箱体时要十分小心，注意里面可能有攻击性昆虫（蜜蜂、黄蜂或马蜂）、蛇或其他啮齿动物的巢穴。在不影响空气流动的情况下，一些可进入的孔洞应予以堵塞。

（7）热电发生器内所有的隔网应保持清洁且不影响空气流动，当隔网上有空洞时应进行维修或更换。

（8）查阅热电发生器监测数据以确定其历史运行状况。

（9）调整输出电压和输出电流异常的热电发生器之前，应对热电发生器进行检查，或对整个结构物（包括连接点）进行诊断调查以确认原因。

（10）若在未查明输出异常原因的情况下进行调节，可能会对被保护结构物造成更大的伤害。

（11）确认被保护结构物的接线正确。正极接阳极，负极接被保护结构物。

16.5　设计依据

热电发生器的输出参数将取决于预先设计的海拔高度、环境温度、外部负载电阻和自然老化情况。

当热电发生器安装位置的海拔与制造商生产厂区的海拔不同时，燃料压力需要根据安装位置的海拔高度来设定。热电发生器的制造商会提示这些信息。

热电发生器的输出总功率会随环境温度的变化而变化。制造商也会提供相关的信息。当环境温度上升时，热电模块的有效温差和功率会随之下降，下降的比率为0.28%/℃。例如，当环境温度由-30℃（-22℉）

上升到30℃（+86℉）时，热电发生器的输出功率会降低16.8%。因此，一般应根据一年中气温最高时的环境温度进行设计。

热电发生器不同于整流器，提高输出电压时，输出电流不一定成比例增大，这取决于热电发生器的电力输出特性曲线（图16.3）。热电发生器仅提供给定外部负载电阻下的额定功率。当外部负载电阻高于或低于最佳负载电阻值时，输出功率均会下降。

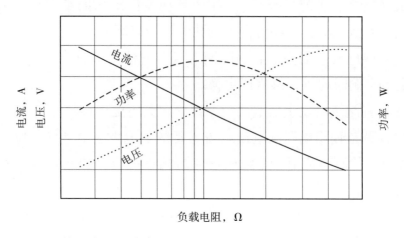

图16.3 热电发生器功率、电压和电流与外部回路电阻的关系曲线

在设计热电发生器系统时，关键是根据特定热电发生器曲线和阳极接地电阻设计以达到要求的输出电流。如图16.3所示。当负载电阻非常低时，单个热电发生器的输出电流达到最大，而总输出功率只有当负载电阻在特定的范围内时才能达到最高，一般为±1Ω。随着负载电阻的增加，输出功率随之降低。从式（16.1）可以看出，输出功率降低或外部负载电阻增加都会导致输出电流减小。

$$I = \sqrt{\frac{P}{R}} \qquad (16.1)$$

式中，I 为输出电流，A；P 为输出功率，W；R 为负载电阻，Ω。

此外，阳极与被保护结构之间还存在一个电位差，称为"反电动势（emf）"，大概为1~2V，这个反电动势电压与热电发生器的输出电压相反。在计算阳极与被保护结构之间的实际输出电压时需要减去这部分反电动势。

图 16.3 给出了热电发生器的特性曲线，不同型号的热电发生器特性曲线也是不同的。

尽管本章内容并不作为设计文件，但可给出典型的设计步骤：

（1）确定所需的保护电流。

（2）选择热电发生器。

（3）根据类似图 16.3 的特性曲线确定获得要求的输出电流所需的电阻。

（4）通过公式计算所要求的输出电压：$E = IR + \mathrm{emf}$。

（5）确认在最高的环境温度下可获得所要求的输出电压。

（6）若依据当前电阻不能提供所要求的功率、电压和电流，应调整阳极支数。

（7）若阳极支数无法调整，则考虑采用变压器或多个热电发生器。

（8）其他相关装置的选型，如阴极保护电源控制面板、重复点火装置、自动切断装置、超载保护器。

16.6 启动和运行操作步骤

由于热电发生器的特性与整流器不同，其输出功率由热电堆的温差和负载电阻决定。因此，其启动步骤也大不相同。热电发生器的启动时间往往较长，因为并非点火后就马上达到最终输出功率，且燃料的压力和风门开度也是随时间增大的。必须注意热电发生器的输出功率不能超过其额定功率，否则就会过热。

阅读制造商提供的启动步骤，因为可能与下面的步骤有所不同：

（1）检查燃料的供应压力，确保燃料没有泄漏（注意检查时不可采用明火照明）。

（2）检查电气连接，确认系统的接线牢固可靠。

（3）当安装位置的海拔与制造工厂的海拔有差异时，应调节燃料输送压力。

(4) 详细了解热电发生器的电路原理图。

(5) 通常,跨接线柱或跨接线必须移至接线板的其他端子上,以断开外部负载,并安装一个标准的精密内阻来进行热电发生器的设定。阅读说明书,确认热电发生器的实际"设置"位置。

(6) 将电压表连接热电模块的输出端,以测量设定电压。

(7) 开启燃料管截止阀。

(8) 按下火花塞点火,燃烧室应出现燃烧的声音。如果听不到燃烧的声音,则应排空燃料管内的空气,并重新从步骤(6)开始操作。如果重新点火后仍然没有燃烧,火花塞可能自动关闭,必须重置。

⚠警告:热电发生器工作时,燃烧室、热电堆、冷却翅片以及烟囱的温度能达到100~530℃(212~986℉),不要触摸上述装置。当需要调节时,应穿戴高温手套并采用专业的工具。

(9) 按照制造商的要求,热电发生器启动后需要稳定运行一段时间,一般是50~60min,多数情况下20min即可达到稳定状态,但须根据电压V_{set}是否达到稳定来确定。

(10) 对照制造商提供的V_{set}—时间曲线,如果热电发生器的电压V_{set}高于预期值,应降低燃料输送压力(不要随意缩短启动时间,否则会导致电压V_{set}及对应的温度超过制造商规定的最高值,最终造成热电堆失效)。

(11) 调节燃烧室的风门时,采用扳手反向拧松锁定螺母后,再用螺丝刀调节,直至电压V_{set}达到最大值。禁止触摸燃烧室。

(12) 在燃料充足的条件下,启动后的电压V_{set}增大或不变时,连续调节燃料输送量,直至显示燃料不足,再将燃料输送量调回至充足的状态。

(13) 等待10min之后再测量电压V_{set}。

(14) 对比电压V_{set}的测量值和制造商提供的参考值,差值应不超过±0.1V，否则返回上步骤（9），重新操作。

（15）取下接线板上的连接杆或连接线，移除内部精密负载电阻，安装外部负载。如果没有连接负载，禁止启动热电发生器，否则会导致过热而损坏热电堆。

（16）在关闭热电发生器的同时，也要关闭燃料截断阀。

16.7 附件启动流程

16.7.1 限制器/转换器（L/C）

限制器/变流器有两个作用：一是作为分流式限压器，调节热电发生器的输出电压；二是作为直流/直流转换器（DC/DC 转换器），切换电压的输入和输出。

（1）确认设备的出厂设置参数。
（2）断开热电发生器的外部负载，接通其内部负载。
（3）测量热电发生器的输出电压。
（4）通过限制器/转换器调整电位器，使输出电压达到期望值。

16.7.2 阴极保护控制面板

由于热电发生器的输出在一定范围内是可调的，阴极保护控制面板通常配有调节功能。阴极保护控制面板由可调电阻、电压表和带分流器的电流表组成。通过面板上的仪表可读出输出电压和输出电流，但考虑到面板的仪表长时间暴露在空气中，测量结果可能不准确，还需要采用高质量的便携式万用表测量输出电压和输出电流。须注意回路中接入任何额外的电阻都可能会降低热电发生器的效率和输出总功率（图 16.3）。

（1）在热电发生器连接外部负载运行过程中，测量输出电压和输出电流。
（2）断开外部线路，调节可调电阻使输出电流达到期望值。

(3) 重新连接外部线路,确认面板上显示的测量值是否正确。

(4) 必要时,可重复上述步骤。

16.7.3 压敏继电器(VSR)

当输出电压低于预先设定的最低值时,压敏继电器会触发报警。

(1) 确认 VSR 的出厂设置参数。

(2) 拆除 VSR 两侧的接线。

(3) 测量输出端的电压。

(4) 设置输出电压报警阈值。

(5) 用欧姆表测量 VSR 常闭触点间的电阻,正常情况下电阻应为 0Ω。

(6) 调节 VSR 电位器直至触点断开(当输出电压高于 VSR 的触发点时是处于常闭状态的)。

(7) 增大输出电压直至 VSR 重置。

(8) 调节电压测试 VSR 的设定值。

(9) 重新连接外部线路。

16.8 故障处理

热电发生器的大多数故障跟燃料输送或空气混合系统有关。表 16.1 给出了一些典型故障的处理方法。具体做法见相应的章节。

表 16.1 热电发生器故障汇总

故障	可能的原因	处理方法
燃烧室无法点火燃烧	供气阀门未开启或供气压力不够	确认燃料阀门开启,增加供气压力
	燃料管路中进入空气	净化燃料管路[1]
	燃料过滤器脏堵	排空调压器沉淀池,并更换过滤器[1]
	燃料输送压力设置不当	调整燃料歧管压力
	燃料喷嘴堵塞	更换燃料喷嘴
	燃料喷嘴尺寸不匹配	更换尺寸合适的喷嘴[1]

续表

故障	可能的原因	处理方法
燃烧室无法点火燃烧	进气格栅调节不当	调整进气格栅开口
	火花塞点火不良（SI）	检测火花塞，必要时进行维修
燃烧室点火后熄灭	燃料输送压力低	提高燃气进气压力
	燃料输送压力调节不当	调整燃料歧管压力
	燃料过滤器脏堵	排空调压器沉淀池，并更换过滤器
	燃料喷嘴局部堵塞	更换燃料喷嘴[①]
	燃料喷嘴尺寸不匹配	更换尺寸合适的喷嘴
	安全切断阀（SOV）未工作	检查安全切断阀，必要时进行更换
	空气过滤器脏堵	关闭燃料输送管路，清理空气过滤器
	进气格栅调节不当	调整进气格栅开口
输出功率或电压偏低	输出电压设置不当	根据现场工况条件设置电压并进行调节
	燃料输送压力设置不当	调整燃料歧管压力
	燃料过滤器脏堵	排空调压器沉淀池，并更换过滤器
	燃料喷嘴局部堵塞	更换燃料喷嘴[①]
	燃料喷嘴尺寸不匹配	更换尺寸合适的喷嘴
	安全切断阀（SOV）未工作	检查安全切断阀，必要时进行更换
	流经散热器的空气量不足	清理散热片和散热导管
	空气过滤器脏堵	关闭燃料输送管路，清理空气过滤器
	风门调节不当	重新调节风门
	限制器/转换器损坏	检查限制器/转换器，并进行必要的维修
	限制器/转换器调节不当	重新调节限制器/转换器
	热电堆损坏	检查并进行必要的维修
输出功率过高	燃料输送压力设置不当	调整燃料输送歧管压力
输出电压过高	限制器/转换器调节不当	重新调节限制器/转换器
	限制器/转换器损坏	检查限制器/转换器，并进行必要的维修
输送电压0~2V，输出电流为0	热电发生器无输出（燃料输送故障或V_{set}设置问题）	见上述输出偏低时的处理步骤

续表

故障	可能的原因	处理方法
正常到高输出电压，输出电流为0	外部回路开路（阳极地床、电缆、连接点等）	检查电缆的电连续性，包括阳极地床、电缆连接点等，并进行必要的维修（见第1章1.8节）
输出电压为0，输出电流正常	电压表故障，或电压挡和电流挡接错	检查测量仪表，必要时进行维修
输出电压减小，输出电流增加	外部回路电阻减小（可能是季节变化引起，也可能存在短路）	确认回路电流变化的原因，必要时进行调整

①关闭燃料供应，其他措施可能也要求关闭燃料供应。

16.9 设备维护

热电发生器正常运行后，其本身的维护工作量很小。然而，其外部回路的维护要求与整流器阴极保护系统一样。管道阴极保护电流的漏失对其完整性造成不利影响。因此，有必要进行定期检查。如果系统所服务的管道是受监管的，当地的监管机构会要求一个最小的时间间隔（如每两个月）进行一次检查。如果可能的话，最好每月检查一次，确保系统的输出满足预定目标。

每月或每两个月应测量一次热电发生器的输出电压和输出电流，并记录燃料输送压力作为最低要求。每年要对装置进行一次详细的检查，尤其安装在偏远地区的装置。

16.9.1 V_{set}测试

测量热电发生器的电压（V_{set}），并与当前环境温度和海拔条件所要求的V_{set}值相比较。

当测量的V_{set}与规定值的差异在±0.2V以内时，认为热电发生器的工作状态正常，可继续运行；当测量的V_{set}超过所规定值0.2V以上时，应降低燃料输送压力；当测量的 V_{set} 比规定值低 0.2V 以上时，首先应查找原因，可能是燃料输送压力、进气量或燃气品质发生了变化。调节燃料输送压力到最近一次记录值。也可能是燃气的过滤器太脏或喷嘴被堵塞导致输送压力降低。检查散热片和空气过滤器是否被堵塞，或调节进气格栅。保证提供给热电发生器的燃料清洁干燥且热值恒定非常重要。

16.9.2 燃料输送系统

在对燃料输送系统进行维护前，应先关闭燃料输送管路并待装置冷却后进行。

16.9.2.1 沉淀池

（1）打开沉淀池底部排液旋塞直至杂质排空。

（2）关闭排液旋塞。

16.9.2.2 燃料过滤器

（1）拆除压力开关的接线。

（2）断开燃料管与截止阀的连接。

（3）断开通风软管。

（4）拆除调节器。

（5）拆除过滤器和垫圈（通常镶嵌在调节器的底部）。

（6）安装新的过滤器的和垫圈。

（7）重新组装并安装调节器。

（8）重新连接通风软管、燃料管及接线。

（9）进行泄漏检测，必要时旋紧。

16.9.2.3 燃料喷嘴

（1）拆除空气过滤网。

（2）断开燃料管与截止阀的连接。

（3）从燃料管上拆下喷嘴。

（4）用放大镜检查喷嘴，确保其没有被堵塞。

(5) 必要时更换尺寸相同的喷嘴，具体尺寸取决于燃料管的型号。

(6) 重新组装并进行泄漏检测。

16.9.3 常规检查

如果系统无异常情况，热电发生器的日常检修流程如下：

(1) 关闭热电发生器，并待其冷却至常温。

(2) 排空调压器沉淀池。

(3) 更换燃气过滤器。

(4) 检查燃气喷嘴，必要时进行更换。

(5) 检查冷却系统，清除散热片、空气过滤器和机柜内部上的碎屑或污物。

(6) 开启燃气输送系统，检查是否有泄漏。

(7) 按定流程启动热电发生器。

(8) 测量并记录 V_{set}，必要时进行调节。

参 考 文 献

[1] Manufacturer's installation and operating manual for the specific unit.